생명은
끝이 없는 길을 간다

Wisdom of the Elders
by David Suzuki and Peter Knudtson
Original Copyright ⓒ David Suzuki and Peter Knudtson
This original edition was published in English by Greystone Books, a division of The Douglas
& McIntyre, Ltd., Canada
Korean translation copyright ⓒ 2008 by Motivebook
This Korean edition was published by arrangement with Greystone Books, Canada
through Best Literary & Right Agency, Korea
All right reserved.

이 책의 한국어판 저작권은 베스트 에이전시를 통한 원저작권사와의 독점 계약으로 도서출판 모티브북이 소유합니다. 신 저작권법에 의해 한국 내에서 보호를 받는 저작물이므로 무단 전재와 무단 복제를 금합니다.

생명은
끝이 없는 길을 간다
WISDOM OF THE ELDERS

데이비드 스즈키, 피터 너슨 지음 | 김병순 옮김

모티브북

감사의 말

전문가로서 이 책의 초고를 검토하고 아낌없는 비판을 해준 아케 훌트크란츠와 안드레스 로페즈, 알폰소 오르티즈, 로빈 라이딩톤에게 고마움을 전한다. 그리고 이 책의 주제와 관련해서 솔직하게 토론하고 많은 자료들에 대해 귀중한 의견을 제공한 데보라 버드 로즈, 팜 콜로라도, 하비 페이트, 조안 할리팩스, 리처드 리, 클로드 레비스트로스, 니콜라스 피터슨, 다릴 포시를 비롯해서 그 밖에 많은 분들께도 감사드린다. 그러나 이 책의 내용에 대한 책임은 모두 우리에게 있다.

그리고 이 책의 핵심이 되는 원주민들의 생각을 해석해서 인용할 수 있게 해준 저자, 학자, 정보 제공자—원주민과 비원주민 모두—에게 더욱 큰 감사의 말씀을 드린다. 또한 관대한 마음으로 발간되지 않은 귀중한 자료들을 제공해준 토머스 반야크야와 데보라 버드 로즈에게도 고마움을 전한다. 끝으로 이 책을 만들고자 했던 정신을 잃지 않도록 붙잡아주고 문체와 정확성, 이해력을 높이기 위해 애쓴 편집자 레슬리 메레디스와 여러 실무자들, 그리고 밴쿠버 원주민 문화 고문인 비올라 토머스에게도 감사의 말씀을 드린다.

차례

감사의 말 ...05
저자 서문 ...11
머리말 ...15

1 자연을 바라보는 시각 : 주술사와 과학자 ...35
누가 이 세상 최초의 사람들인가? ...43
원주민이 자연을 아는 방식과 과학이 자연을 아는 방식 ...45
원주민이 바라보는 자연과 과학이 바라보는 자연 ...51
원주민의 사고와 과학적 사고는 서로를 풍부하게 한다 ...57

2 아득히 먼 시대 : 모든 생명체의 연관성 알기 ...61
황금색 태양빛의 힘 ...65
콜롬비아 동부 열대림(아마존 북서부) 데사나족

창조자 그리고 모양을 만드는 자 ...68
미국 애리조나 주 북동부 호피족

아득한 시대라고 부르다 ...73
알래스카 내륙 지역 코유콘족

최초의 사냥꾼, 사야 ...77
캐나다 북동부 브리티시컬럼비아 주 둔네자족(비버족)

동물을 보고 웃는 것은 신성한 법을 어기는 행위다 ...80
말레이시아 취옹족

꿈꾸는 시대의 계율 ...86
오스트레일리아 북부 지역 알라린 공동체

생명은 끝이 없는 길을 간다 ...91
북아메리카 북극권 툰드라 지대의 이누이트족

3 어머니 땅: 살아 있는 체계로서의 자연 ...**94**

우주의 기본 법칙 ...98
콜롬비아 동부 열대림(아마존 북서부) 데사나족

우리의 원로, 태양의 길 ...100
뉴멕시코 테와족(동무에블로족)

불개미 동맹자를 칭송하다 ...105
브라질 아마조니아(아마존 강 유역) 카야포족

만물의 본성 ...112
캐나다 북극 아래 지역 와스와니피 크리족

세계의 에너지 회로 ...116
콜롬비아 동부 열대림(아마존 북서부) 데사나족

4 자연을 바라보는 방식: 인디언 원주민의 자연사 ...**122**

관찰 생물학 ...125
아프리카 부시먼족(산족)

인간 두뇌의 구조 ...132
콜롬비아 동부 열대림(아마존 북서부) 데사나족

자연 기르기에 대하여 ...139
브라질 아마조니아(아마존 강 유역) 카야포족

인간의 탐욕과 환경오염이 언젠가 세상을 망칠 것이다 ...143
말레이시아 취옹족

5 동물의 힘 : 인간과 동물은 동족 관계 …146

아이들을 놀라게 하는 것에 관하여 …150
북아메리카 북극권 툰드라 지대의 이누이트족

북풍이 가져다 준 선물 …153
캐나다 북극 아래 지역 와스와니피 크리족

모든 종들은 자기들의 시각으로 세상을 본다 …156
말레이시아 취옹족

동물의 행동 …162
아프리카 부시먼족(산족)

동물의 수호자 …166
콜롬비아 동부 열대림(아마존 북서부) 데사나족

기꺼이 죽기를 마다하지 않는 사슴 …172
미국 캘리포니아 주 중북부 지역 윈투족

6 식물의 힘 : 인간과 식물의 관계 …176

자라는 것 …180
알래스카 내륙 지역 코유콘족

숲의 섬 …186
브라질 아마조니아(아마존 강 유역) 카야포족

줄기사람 베기 …190
말레이시아 취옹족

꿀나무 노래 …196
말레이시아 사라와크 지역 다야크족

7 신성한 공간 : 인간과 땅의 관계 …201

신성한 소우주, 나바호 호간 …206
미국 남서부 지역 나바호족

인간과 신령한 힘, 땅은 어떻게 살아 있는 하나로 합치는가 …209
캐나다 브리티시컬럼비아 중부 지역 긱산족

붉은캥거루족의 꿈의 시대 …211
오스트레일리아 중부 지역 아란다족

어머니 땅의 중심 ...221
미국 애리조나 주 북동부 호피족

몸이 만들어진 나라 ...224
오스트레일리아 북부 지역 무른긴족

8 돌고 도는 시간 : 자연의 흐름에 맞추기 ...230

1년을 순록의 활동 주기에 따라 나누다 ...236
북아메리카 북극권 툰드라 지대의 이누이트족

백조의 시간 ...239
캐나다 북동부 브리티시컬럼비아 주 둔네자족(비버족)

우주적 시간의 진동 ...241
미국 남서부 지역 나바호족

시간의 순환과 인과 관계 ...244
캐나다 브리티시컬럼비아 중부 지역 긱산족, 웨추웨튼족

우리가 먹어 치운 숲으로 측정한 시간 ...247
베트남 므농족

9 새로운 세상 : 자연의 조화 이루기 ...252

땅 보살피기 ...256
미국 캘리포니아 주 중북부 지역 윈투족

땅의 내적 존재를 향한 기도 ...259
미국 남서부 지역 나바호족

새 세상을 만들기 위해 춤추기 ...264
브라질 아마조니아(아마존 강 유역) 카야포족

너무 많은 인간 ...266
콜롬비아 동부 열대림(아마존 북서부) 데사나족

자연에 대한 인간의 책임 ...268
미국 중북부 지역 다코타 시욱스족

나무들의 수난 ...271
말레이시아 취옹족

생명의 싹을 틔우다 ...274
뉴멕시코 테와족(동무에블로족)

10 지구의 운명: 원로들의 목소리 ...279

신성과 교감하기 ...292
캐나다 브리티시컬럼비아 남서부 지역 릴와트족

원주민—모든 생명체의 보호자 ...294
미국 애리조나 주 호테빌라 지역 호피족

지금 우리의 어머니 지구는 늙어가고 있다 ...297
북아메리카 북동부 지역 이로쿼이족 연합

세상을 잿더미로 만들 조롱박 ...302
미국 애리조나 오라이비 지역 호피족

나무로 만든 사람의 파멸 ...304
중앙아메리카 마야족

부록 : 유엔의 토착 원주민 권리 선언 초안 발췌 ...313
주석 ...324

저자 서문

솔직히 고백하건대 우리는 이 책을 기획하면서 우루과이 출신의 소설가 갈레아노Eduardo H. Galeano가 수많은 자료와 기록을 바탕으로 라틴아메리카 전체의 역사를 간명한 에세이 형식에 담아 아름다운 문장으로 그려낸 기념비적 3부작 『불의 기억Memories of Fire』에서 큰 영감을 받았다. 그리고 주제 영역이 거의 같다는 점에서 갈레아노의 서술 방식과 비슷한 전략을 따랐다.

각 장에 나오는 짤막한 이야기들은 생태학과 생물학 또는 진화론을 주제로 구성되어 있다. 우리는 각 장에서 세계 곳곳에 사는 원주민들이 그들 고유의 다양한 문화를 가지고 있으면서도, 자신들의 지식과 경험을 바탕으로 자연 현상을 해석하고, 자연과 인간의 올바른 관계가 무엇인지 이해하는 통찰력에서는 근원적으로 동일하다는 사실을 독자들에게 정확하게 전달하려고 한다. 우리가 이 책을 기획한 목적은 세계 각 지역의 원주민들이 서로 다른 고유한 문화와 가치를 가지고 있지만 그들 모두 자연을 존경과 두려움의 대상으로 인식하고 있다는 사실을 알리기 위함이다.

1장과 10장을 뺀 나머지 장은 모두 다음과 같이 구성되어 있다. 우선 맨 앞에는 각 장의 주제와 연관된 현대 과학자들의 견해를 짤막하게 요약해서 소개한다. 이 과학적 견해는 뒤이어 나오는 원주민들의 이야기와 대비되는 배경 구실을 한다. 원주민들의 이야기는 자연환경을 바라보는 원주민들의 도덕적 안목과 통찰력이 생명력이 있고 올바르다는 것을 강하게 "입증"하려고 하기보다는 그저 독자들이 이야기 속에서 스스로 이해할 수 있도록 넌지시 암시할 뿐이다. 각 장에는 서양의 위대한 과학자들이 한 말을 간략하게 인용했는데, 이것은 서양 사상과 원주민의 사상을 이어서 함께 비교하며 이해할 수 있게 하고, 다양한 문화를 가진 원주민들의 이야기를 서로 연결하여 하나의 전체 이야기로 볼 수 있도록 하기 위함이다.

우리는 각 장에 나오는 이야기를 통해 특정 원주민 집단이 자연을 어떻게 바라보는지 어렴풋이 알 수 있다. 이 이야기들은 원주민들이 실제로 겪은 일과 말한 것들로 이루어져 있으며, 원주민 원로들이 직접 내린 해석을 바탕으로 그것들이 내포하고 있는 생태적 의미를 따지기도 한다. 하나의 이야기는 다른 이야기들과 관계없이 자기 고유의 이야기로 완결된 구조를 이루고 있다. 이 책에 나온 모든 이야기들의 출처는 책 뒷부분에 꼼꼼하게 기록해 두었다. 표현을 통일하고 독자들이 읽기 쉽게 하기 위해 원전에 나오는 원주민의 말은 전문 언어학 체계에 따라 다양하게 번역했다. 여기서는 영어 발음에 가깝게 단순화했다.

독자들도 분명히 알게 되겠지만 원주민의 이야기들 가운데 많은 것들은 그들의 다양한 생태적 통찰력을 기반으로 하여 한가지 주제에만 한정되지 않고 다른 주제들과도 폭넓게 연관되어 있다. 어느 시인이 한 알의 모래를 통해 온 우주를 볼 수 있듯이(영국 시인 윌리엄 블레이크 William Blake의 시를 인용 – 옮긴이), 전체 지식 체계를 구성하는 많은 요소들은 전체를 보여 주는 능력을 가지고 있다.

우리가 이렇게 어렴풋이 알고 있는 원주민들의 생각이 그들의 가장 훌륭하고 섬세한 문화 자원과 요소들을 기반으로 형성되었다는 사실을 확인하기까지 우리는 매우 많은 시간과 노력을 기울였다. 자료를 수집하는 과정에서 매우 광범위한 영역의 주제들이 다루어졌지만, 이 책은 본디 백과사전으로 기획한 것이 아니다.

어쨌든 우리가 수집하고 도움을 얻은 자료들은 분명히 여러 면에서 흠이 있고, 또한 우리는 그 자료들이 원주민들의 "전통적" 세계관과 환경적 가치관을 투명하게 보여 줄 것이라고 확신할 정도로 어수룩하지 않다. 그럼에도 불구하고 우리가 선택한 방식에 대해 반기를 드는 사람들이 있기 마련이다. 대학에서 학문을 연구하는 학자들의 경우, 우리가 선택한 특정 문서들에 대한 권위에 의문을 품을 수 있으며, 저자의 동기와 편견, 가치관 그리고 신뢰성에 문제를 제기할 수도 있다. 또한 우리가 번역하고 해석한 원주민들의 언어에 대해 왈가왈부할 수도 있고, 원주민들의 문화와 정치, 역사적 배경을 바탕으로 만들어진 관찰 기록의 정확성과 객관성들에 대해 논란이 일어날 수도 있다.

그러나 우리는 이 책에서 원주민들이 기록한 그대로 그들의 견해와 지혜를 전달하려고 애썼다. 우리가 인용한 책들 속에 진하게 배어 있는 생각들을 성찰했던 학자들과 사상가들에게—그들이 원주민이든 아니든—큰 신세를 진 것에 대해 매우 고맙게 생각한다. 또한 우리는 그들의 책에서 인용을 했을 뿐, 그 책을 쓴 사람이나 그 인용문의 원저자가 우리가 내린 해석에 반드시 동의할 것이라고 주장할 생각이 없다는 것을 분명히 밝힌다. 똑같은 신화와 이야기, 상징들을 볼 때 우리처럼 생태학 측면에서 이해할 수도 있지만, 이와 같은 삶의 외부 영역보다는 내부의 심리적 또는 정신적 영역을 다루는 수많은 "비생태학적" 해석도 있을 수 있다는 것을 부인하지 않는다.

  작가이자 생물학자이기도 한 우리는, 이 책을 쓰면서 참조했던 책들이 매우 통찰력 깊고 영감을 불러일으키는 훌륭한 저작들이라는 것에서 깊은 통찰력을 보았고, 또 많은 영감을 얻었다. 그리고 그들의 생각에 담긴 많은 요소들을 엮어 거대한 벽걸이 융단을 만들고자 하는 우리의 시도는 쓸데없는 일을 들춰내는 것이 아니라, 원주민들의 전통 지식이 매우 심오하고 고유하며 오늘날에도 큰 의미를 담고 있다는 사실을 더 많은 대중들에게 분명하게 알리려는 마음에서 나온 것이다.

머리말

15만 년 전, 새로운 종류의 동물이 아프리카 초원에 나타났다. 몸에 털이 거의 없고 두 발로 서서 걷는 유인원들, 이들이 바로 우리 인류의 조상들이었다.

그 시절 아프리카 초원에 살았던 동물들의 수와 종류는 오늘날 세렝게티Serengeti(탄자니아 북서부 초원의 야생동물 보호구역 – 옮긴이)에 서식하고 있는 동물들보다 두세 배는 더 많았을 것이다. 온갖 색깔과 모양의 새들, 여러 무리의 아프리카 영양들, 멀리 보이는 가젤과 얼룩말 무리, 물고기와 하마, 악어들로 붐비는 강. 그리고 여기저기에 호모사피엔스라는 작은 가족 집단들이 흩어져 있었다. 이들은 특별히 눈에 띄지 않았고, 초원 지대에서 함께 살고 있었던 수많은 다른 생명체들과 비교할 때 개체 수나 민첩성, 몸의 크기, 힘, 감각의 민감성이 모두 뒤떨어졌다. 이들은 많은 야생의 포식자들에게서 자신을 지켜줄 수 있는 날카로운 발톱이나 송곳니 또는 단단한 껍질이나 가시 같은 방어수단도 없었다. 겉모습만 보면 오늘날 이들의 운명을 보여줄 만한 것은 아무것도 없었다.

그러나 이 먼 조상들의 행동을 자세히 관찰한다면 이들이 다른 동물들과 구별되는 중요한 차이점을 발견할 수 있다. 이들은 지능이 있었다. 원시 인류가 살아남을 수 있었던 비밀은 이들의 두개골 속 깊숙이 묻혀 있는 2킬로그램짜리 신체기관인 두뇌다. 두뇌는 이들의 신체와 감각 능력이 다른 동물들보다 모자란 약점을 보상하고도 남았다. 이것은 엄청난 기억 용량을 지니고 있었고, 끝없는 호기심과 뛰어난 창조력을 가지고 있었다.

아마도 이 두뇌가 이루어낸 가장 뛰어난 성과들 가운데 하나는 '미래'라고 하는 개념일 것이다. 바로 이 개념 덕분에 인간들은 자신들이 현재 무엇을 할지 선택함으로써 다가올 미래에 영향을 끼칠 수 있다는 사실을 알았다.

앞날을 내다보고 다가올 기회와 위험을 인식할 수 있는 능력은 인간의 복리를 위해 없어서는 안 될 요소였다. 우리는 이 능력을 인류의 고유한 특징으로 부르기도 한다. 그것이 인류를 이끌어온 결과가 무엇인지 보라. 오늘날 우리 인간은 지구에서 가장 숫자가 많은 포유동물이다. 그러나 여느 포유동물들과는 달리 우리는 엄청나게 많은 기술을 마음대로 쓸 수 있다. 따라서 우리는 이 지구에 점점 더 강한 영향력을 행사한다.

우리는 자연환경에서 물질적 부를 얻고 있으며, 소비는 전체 경제를 구성하는 데 없어서는 안 될 필수요소가 되었다. 세계 경제는 지구 전체를 원자재의 원천이면서 동시에 쓰레기를 버리는 장소로 생각하여 마구 착취하고 있다. 인구가 폭발적으로 증가하면서 지구 파괴를 바탕으로 하는 경제 발전과 물질적 상품 추구의 욕망도 함께 성장했고, 인간은 지구의 역사에서 가장 강력한 포식자가 되었다. 우리는 현존하는 인간을 변종이라고 부른다. 이들은 지구 전체의 모습을 생물학적으로, 화학적으로, 물리적으로 완전히 바꿀 수 있다. 지구의 역사에서 지금의 우리 인간과 같은 생명체는 한 번도 존재한 적이 없었다.

과학의 역할

과학은 우리에게 사물의 본질, 우주의 기원, 유전의 원리에 대한 통찰력을 제공하면서 자연을 지배하는 데 없어서는 안 될 중요한 역할을 했다. 과학이 관찰에서 실험으로 이동할 수 있었던 것은 원자, 세포 또는 유기체와 같은 자연의 한 부분을 집중해서 연구함으로써 이 부분과 그 밖의 주변 환경을 뚜렷하게 구별할 수 있고, 이것에 영향을 미치는 모든 요소들을 통제할 수 있으며, 그 안에 있는 모든 요소들을 측정할 수 있었기 때문이다. 이런 연구 방식은 자연을 구성하는 요소들을 알 수 있는 효과적인 방법이며, 우리는 이 방식을 이용해 원자들을 쪼개 에너지를 방출할 수 있고, 유전자 물질을 조작할 수 있으며, 새로운 용도의 화학물질을 만들어낼 수 있게 됐다.

레이첼 카슨Rachel Carson이 쓴 불후의 명작 『침묵의 봄Silent Spring』은 이러한 과학의 위대한 강점이 끔찍한 약점으로 바뀔 수도 있다는 사실을 경고했다. 우리가 자연의 한 부분에만 집중할 경우, 그것이 제 역할을 할 수 있도록 만들어 주는 자연의 흐름이나 주기, 양식 또는 전체 배경을 놓치고 만다. 시험관, 실험실 또는 배양실은 모든 존재가 서로 연결되어 있는 실제 세계를 그대로 본뜬 것이 아니다. 따라서 우리는 DDT가 곤충들을 죽인다는 사실을 발견하곤 그것을 해충을 죽이는 데 사용했지만, 나중에 가서야 물고기와 새 그리고 사람까지 죽일 수 있다는 것을 알았다. 우리의 과학 지식이 점점 깊이를 더해가면서 비로소 우리는 지구에 사는 모든 생명들이 서로 정교하게 연결되어 있으며, 서로 의지하고 있다는 것을 알기 시작했다. 동시에, 과학자와 기술자가 급격하게 늘어나고 컴퓨터와 통신의 이용이 전 세계로 확산되면서 우리가 앞날을 예측할 수 있는 능력도 확대되었다.

카슨의 경고 이후 줄곧 전 세계의 뛰어난 과학자들은 전 지구 차원에서 매우 중대한 생태 위기가 점점 급박하게 다가오고 있음을 경고했다. 수많은 생명체의 멸종에서 치명적인 환경오염, 삼림파괴, 해양자원의 고갈, 표토 유실과 기후 변화에 이르기까지 이 모든 위기를 피하기 위해 많은 과학자들은 위험을 인식하고 기회를 확인할 줄 아는 인간의 미래에 대한 대처 능력을 몸소 보여 주었다. 이러한 과학자들의 행동은 1992년 11월 〈세계 과학자들이 인류에게 보내는 경고 World Scientists' Warning to Humanity〉라는 주목할 만한 문서가 발표되면서 정점에 이르렀다. 71개 나라에서 1,500명이 넘는 최고의 과학자들이 참여했는데, 현존하는 노벨상 수상자들 가운데 절반 이상이 이 문서에 서명했다. 이 문서는 다음과 같이 시작한다.

인류와 자연세계는 서로 충돌할 위기에 있다. 인간의 활동은 자연환경과 중요한 자원들을 무자비하게 착취하며, 대개는 돌이킬 수 없는 파괴를 초래한다. 우리의 행동을 억제하지 않는다면, 우리가 인간 사회와 동식물계를 위해 바람직하다고 생각하는 미래는 매우 심각한 위기에 빠질 것이다. 그리고 그러한 행동이 계속된다면 지금의 세계는 완전히 바뀔 것이며, 더 이상 우리가 알고 있는 방식대로 생명을 유지할 수 없을 것이다. 우리의 현재 상황이 초래할 충돌을 피하려면, 근본적인 변화가 시급하다.

대기와 수자원, 바다, 삼림, 생물다양성, 인구 증가에서 발생하는 위기를 경고하는 내용이 뒤이어 나온다. 그리고 그 경고의 목소리는 훨씬 더 급박하게 높아진다.

우리가 직면한 위협들을 막을 수 있는 기회는 앞으로 10년 또는 몇십 년도 남지 않았으며, 인류에 대한 기대와 전망은 헤아릴 수 없을 정도로 감소했다. 여기에 서명한 우리 전 세계 과학자 사회의 원로 회원들은 모든 인류에게 그들 앞에 놓여 있는 것에 대해 경고한다. 앞으로 인류가 마주칠지 모를 엄청난 고난을 피하고 이 지구촌 전체가 돌이킬 수 없을 정도로 망가지지 않기 위해서는, 지구와 그 위에 사는 생명체들에 대한 우리의 책무가 지금과는 다르게 크게 바뀌어야 한다.

이 경고를 한 지 14년이 지난 지금까지도 과학자들은 생물권 안에서의 생태계 붕괴가 꾸준하게 진행되어 왔음을 계속해서 알렸다. 이 시기에 전 세계 인구는 10억 8천만 명 더 늘었고, 1조 1,000억 톤의 표토가 유실되었다. 또한 주요 해양 어류의 90퍼센트가 사라졌고, 환경오염은 공기와 물, 땅을 따라 널리 퍼지면서 지구의 가장 먼 곳까지 침범했다. 지구 전체 삼림의 절반 이상이 파괴되었는데, 만일 삼림을 마구 베고 불태우는 파괴 행위를 멈추지 않는다면 앞으로 몇십 년 안에 남아 있는 삼림마저 모두 사라질 것이다. 대기 속 탄소량은 210억 톤 늘어나 오늘날 기후 변화에 큰 영향을 미치고 있음은 부인할 수 없는 사실이 되었다. 약 70만 종의 생물이 지구에서 영원히 사라졌다. 그리고 암이 처음으로 사망 원인의 첫 번째 자리에 올랐다. 사막은 점점 넓어지고, 습지는 고갈되고 있다. 생물들의 서식지도 점점 파괴되고 있다.

그러나 이러한 경고에도 불구하고 우리는 지구를 살릴 수 있는 기회를 활용해서 위험을 최소화할 수 있는 방향으로 움직이지 못했다. 따라서 이미 발생한 문제들을 해결하기는커녕 오히려 새로운 문제들만 더욱 늘어나는 추세가 되고 말았다. 우리는 지금 인류가 살아남고 번영할 수 있는 길과 반대되는 방향으로 가고 있다.

조각난 세계

우리는 역사에서 어떻게 여기까지 왔는가? 과학이 있기 오래 전 몇천 년 동안 인류는 그들 자신의 생존과 행복을 위해 자신들을 둘러싼 세상을 유심히 관찰하고, 통찰력을 가지고 이해하며, 깊이 생각하고 고민했다. 사람들은 생존을 위해서 언제나 자연과 깊이 동화하고 그 속에 완전히 의존해야 한다고 생각했다. 우리는 지난 30년 동안 만났던 많은 전통 원주민 집단들에게서 그들의 수많은 이야기와 노래, 기도를 들었다. 어느 곳에서든지 그들이 전하고자 하는 소식의 의미는 비슷했다. 그들은 모두 자신들이 누구이며 지구 위에서 어디에 속하는지에 대해 말한다. 그들은 자신들이 자연의 한 부분이라는 사실을 찬양하고, 자연의 풍족함과 관대함을 베풀어준 창조자에게 고마움을 표시한다. 그들은 자신들이 자연의 일부로서 책임을 가지고 있으며, 자연의 모든 것이 잘 흘러갈 수 있도록 올바르게 행동함으로써 자기가 맡은 소임을 충실히 수행할 것을 약속한다.

과거 대부분의 사회에서 사람들은 세상 만물이 모두 서로 연결되어 있다는 것을 알았다. 이러한 생각은 우리가 하는 모든 일은 결과를 가지고 있으며, 따라서 그 일에는 책임이 따른다는 사실을 인정하게 만들었다. 그러나 오늘날 우리는 이러한 통찰력을 잃고 말았다. 우리는 마치 자연의 바깥에 있는 것처럼 자연을 우리의 지성과 분리한 채 그저 바라만 보면서 미래를 향해 비틀거리며 간다. 이것은 자연계가 안고 있는 많은 제약들과 오늘날 우리 생활의 기본원리가 지닌 한계를 회피하는 모습처럼 보인다. 우리는 서로 연결돼 하나로 통합된 세계가 아니라 여러 조각으로 흩어지고 깨진 세계에서 산다.

아주 최근까지 인류는 지역 단위로 부족을 이루며 살았다. 거기서는 누구나 약 200명 정도의 사람을 만나고, 알고 지냈다. 그리고 사방 몇 킬로미터 안에서 서로 왕래도 했다. 비록 우리가 산과 사막 또는 바다 저편에 다른 부족이 있다는 것을 알고 있다고 하더라도 우리는 그들을 걱정할 까닭이 없었다. 광활한 자연은 끊임없이 스스로를 새롭게 했다. 그러나 우리는 이제 지구에 영향을 끼치는 하나의 세력이 되었고,

지구 역사에서 처음으로 64억 명의 인구가 자연에 끼칠 충격을 생각해야만 한다. 그것은 쉽지 않은 일이다. 우리에게 닥친 문제들을 전 지구 차원에서 생각하는 것은, 대개 너무 어마어마해서 그 중요성이 감소하거나 아니면 아예 사람들을 무기력하게 만든다. 점점 악화되고 있는 온실가스 문제를 처리하기 위해 전 세계 모든 국가의 힘을 모으는 일은 엄청난 저항에 부딪히고 있으며, 아주 힘들게 그리고 실망스러울 정도로 느리게 진행되고 있다. 그러나 전에는 이런 일조차 시도해 본 적이 없었다. 우리는 지금 새로운 영역을 개척하고 있는 것이다.

비록 과학자들이 우리 앞에 닥친 위협을 설명하는 데 앞장서 목소리를 높이고 있지만, 그들이 각자 알고 있는 조각난 지식을 꿰맞추는 것으로는 우리가 어떻게 행동해야 할지에 대한 통일된 전체 흐름과 배경을 제공하지 못한다. 조각난 세계에서는 우리가 서로 어떻게 상호작용을 하고 각각의 부분들에 영향을 끼치고 있는지 알 수 없다.

〈데이비드 스즈키의 만물의 본질 The Nature of Things with David Suzuki〉이라는 텔레비전 프로그램에서 천식을 다룬 적이 있다. 우리는 전체 캐나다 어린이의 12퍼센트가 유행성 천식에 걸렸던 아주 드문 의료 사건에서 비롯된 그 프로그램에서 비로소 조각난 세계의 실체가 무엇인지 알 수 있었다. 이 프로그램의 일부는 스모그 경계가 내려진 동안 한 병원의 응급실을 화면에 담았다. 응급실은 심각한 천식으로 고통 받고 있는 어린이와 노인 환자들로 가득 찼다. 이들 가운데 많은 사람들이 스포츠용 사륜 구동차 SUV를 타고 병원에 왔다. 사랑하는 사람들을 병원으로 실어 나른 사람들은 모두 그들을 극진히 보살폈고, 환자들이 일시적 고통에서 벗어날 수 있다면 무슨 일이든 할 것이라는 사실은 의심할 여지가 없었다. 그러나 이들은 조각난 세계에 살고 있었기 때문에 자신들의 생활습관과 선택(이 경우에는 SUV를 운전한 것)이 바로 이러한 위기의 원인들 가운데 하나라는 것을 깨닫지 못했다.

비록 오늘날 우리 대다수가 대도시에서 살고 있다고 해도 우리는 지구에서 함께 사는 다른 생명체들과 마찬가지로 깨끗한 공기와 물, 흙, 햇빛 없이는 살 수 없다. 따라서 우리는 지난 세상을 되돌아보고 그 세상을 복원하기 위해 노력해야 한다. 그러나 우리는 그런 연대와 일체감을 잃어버렸다. 그렇다면 우리는 이제 무엇의 도움을 받아 이 미지의 영역을 통과할 것인가?

원주민들의 전통 지식

과학이라는 학문이 있기 오래전부터 오늘날 지식인들처럼 지적 능력을 지닌 사람들은 세상을 관찰하면서 낮과 밤, 계절, 조류의 변화, 달의 움직임, 동물의 이동, 식물의 천이遷移와 같은 자연의 규칙성과 자연이 움직이는 형태와 주기를 기록했다. 노벨상 수상자인 프랑수아 자코브Francois Jacob는 인간의 두뇌는 "언제나 명령을 받을 준비가 되어" 있다고 말했다. 우리는 우리의 삶과 관련된 힘들을 이해하고 통제하기 위해 자신을 둘러싼 환경을 "알려고" 애쓰게 되어 있다. 사람들은 관찰, 사색, 혁신과 같은 활동을 통해 우리 주변 환경에 대한 살아 있는 지식을 얻는데, 이것은 학문으로써의 과학과 달리 인간의 생존 그 자체를 위해 필요한 지식이다. 옛날부터 조상들에게 전해 받은 전통 지식은 세월이 흐르면서 수많은 사람들이 공들여 모으고 검증하고 다듬은 지식이다.

아주 열악한 환경에서 수렵과 채취를 하며 살고 있는 아프리카의 산족San族을 촬영하기 위해 칼라하리Kalahari 사막을 방문했을 때, 나는 그들이 동물을 추적하는 모습을 보고 그 뛰어난 능력에 깜짝 놀랐다. 그들의 관찰력과 해석 능력은 매우 훌륭했다. 그들은 내가 알 수 없는 표시들을 보고 그 흔적을 남긴 동물의 나이와 종, 성별, 쉬는 장소를 알아 맞출 수 있었다. 그들은 어떤 애벌레 곤충이 화살촉에 바르는 독을 분비하는지, 그리고 물을 얻기 위해서는 어떤 식물 밑을 어떻게 파야 하는지 알고 있었다.

칼라하리 사막에서 단백질을 얻을 수 있는 주요 원천은 몽공고mongongo 나무의 열매이다. 그들은 이 열매를 대량으로 모아서 불에 구운 다음 납작한 돌로 쳐서 열매껍질을 깠다. 내가 열매들을 던져서 깨뜨리려고 하자 그 열매들은 끄떡도 않은 채 사방으로 튀었다. 산족 사람들은 헛수고를 하는 내 모습을 보고는 땅을 구르며 웃었다. 내가 받은 과학박사학위는 이런 상황에서 전혀 쓸모가 없었다. 내게는 그저 황량해 보이는 풍경 속에서 산족은 겨우 몇 시간 동안의 사냥과 채집을 위해 엄청나게 많은 지식을 활용한다. 그리고 그들이 입는 옷과 장식들은 그들의 뛰어난 예술 감각을 보여 주었고, 그들의 웃음과 대화는 그 작은 공동체 안에서 끊임없이 잔물결처럼 퍼져 나갔다. 이렇게 가난해 보이는 집단이 사실은 공동체와 천연자원이라는 관계 속에서 매우 풍족한 삶을 살고 있었다.

나는 아마존 열대우림 지역인 아우크레Aucre에 있는 카이아포Kaiapo

마을에 머물고 있을 때, 먹을 것을 구하기 위해 날마다 사냥을 나가는 남자들을 따라나섰다. 리오 진호Rio Zinho(작은 강)는 냉장고 구실을 했으며, 그 안에는 놀랄 만큼 다양한 물고기로 가득 차 있었다. 또 모래 언덕에 묻혀 있는 거북이 알을 꺼내 먹기도 하고, 비가 억수같이 쏟아질 때는 거대한 나뭇잎을 잘라서 우산으로 썼으며, 숲에서 바나나와 망고를 따오기도 했다. 내가 어떤 물고기와 곤충, 식물들에 대해 물으면 카이아포 마을 사람들은 언제나 친절하게 그것의 이름을 비롯한 귀중한 정보들을 알려 주었다. 이들이 가지고 있는 방대한 지식창고는 곤충학자, 어류학자, 포유동물학자, 조류학자, 파충류학자, 균류학자들같이 자기 분야에만 한정된 전문지식을 가진 과학자들과 아주 뚜렷하게 비교된다.

아우크레는 가장 가까운 마을에서 통나무로 만든 카누를 타고 14일이나 걸리는 먼 곳에 떨어져 있다. 사고가 발생하거나 기생충 또는 병에 걸리면 숲이 바로 약국이자 병원이었다. 내가 묵고 있었던 숙소의 주인은 몸에 상처가 나거나 벌레에 물리면 언제나 가까운 곳에 있는 식물들 가운데 하나를 이용해서 치료했다. 서양의 과학자들은 이런 종류의 전통 지식에서 많은 것을 배워야 한다.

오스트레일리아 중앙에 있는 사막 한가운데 우뚝 솟아 있는 거대한 둥근 지붕 모양의 바위인 울루루Uluru(에어즈록Ayers Rock)를 방문했을 때, 나는 우연히 그 근처에서 살고 있는 원주민 여성 한 사람을 만났다. 그녀는 이 신성한 단층 지괴 주변을 안내해 주겠다고 했다. 그녀의 안내를 받으며 바위 둘레를 천천히 걸으면서 이렇게 건조하고 황량한 땅에서 어떻게 사람들이 생계를 이어나가며 살고 있는지 상상할 수조차 없었다. 그러나 나를 안내하던 여성은 때때로 몸을 구부려 돌을 굴리고 바닥에 떨어진 씨앗들을 줍거나 곤충을 잡으면서 가지고 있던 독특한 가방을 조금씩 채워나갔다. 우리는 걷는 것을 멈추고 자리에 앉아서 가방 안을 확인했다. 옛날에 나는 사막을 황량한 불모의 땅이라고 생각했지만 그 여인의 가방 안에서 먹을 수 있는 씨앗과 뿌리, 곤충과 도마뱀, 약초와 나무 진, 그리고 염색과 섬유, 여러 가지 용구로 사용하는 다양한 원료들이 들어 있는 것을 보고는 이제 사막을 새로 정의해야 한다고 생각했다.

그렇게 메마른 땅에서도 사용할 물질들을 관찰하고 찾아내는 인간의 정신력은 매우 감동적이다. 이 모습은 우리가 사막, 열대우림, 습지, 북극의 툰드라 지대, 초원과 산악 지대 같은 다양한 생태계에서 어떻게 적응하며 살 수 있는지를 잘 설명한다. 우리 인간은 옛날부터 타고난 본능보다는 두뇌가 쓸모 있다고 판단해 주는 물질이나 자연환경을 이용해서 생존해왔다. 따라서 우리는 유전 형질의 영향이나 특정한 서식처와 같은 제약사항에서 자유로웠다. 그러나 우리는 특정 지역의 자연환경과 자원들을 개발하면서 그 환경과 땅에 점점 예속되었다. 또한 지역에 정착하면서 그 지역을 기반으로 하는 문화가 발달했다. 인간이라는 종이 지구 위에서 이렇게 번성할 수 있었던 것은 바로 지역을 바탕으로 한 거대한 문화의 다양성 덕분이었다.

문화가 오랜 세월 동안 쌓여온 사람들의 관찰, 사색, 신앙, 이상을 모두 합쳐 반영한 것이라고 본다면, 우리가 그렇게 잘할 수 있었던 것은 이들 문화의 다양성 덕분이다. 민속 식물학자 웨이드 데이비스Wade Davis는 비록 생물권—생명이 존재하는 공기, 물, 땅이 있는 지대—이 우리의 고향이라고 해도 우리는 또한 인간의 정신이 창조한 세계, 말하자면 우리의 관찰, 통찰력, 이상을 통해 존재하기를 바랐던 세계 속에서도 산다. 데이비스는 이들 문화의 총합을 "인종권ethnosphere"이라고 부른다.

우리는 유전학, 종, 생태계 차원에서 생물권 안에 존재하는 생물학적 다양성이 38억 년 넘게 지구에 사는 모든 생명의 생존과 성장을 유지하게 했다고 배웠다. 그러나 이와 반대로 삼림을 통째로 마구 베어내고 조성한 인공림처럼, 거대한 지역에 단일 유전 형질 또는 종자를 퍼뜨리고 생태계를 단순화한 단일경작은 생명체에 나쁜 결과를 가져온다. 우리는 임업, 어업, 농업을 막론하고 단일경작은 새로운 환경 변화와 질병, 병충해에 매우 취약하다는 사실을 경험을 통해 이미 알고 있다. 그러나 세계경제와 대중매체는 인종권의 다양성을 점점 없애고 있다. 이것은 전 세계의 언어 수가 엄청난 속도로 줄어들고 있으며, 사업·상품·관습·전통이 계속해서 통일된 모습으로 바뀌고 있는 사실을 보면 쉽게 알 수 있다. 우리가 과학과 기술을 갖고 있는데 과연 다양성이 필요한가?

자연의 일부에 초점을 맞춘 과학 환원주의는 그 일부들이 세계의 나머지와 어떻게 연결되는지 제대로 설명하지 못한다. 레이첼 카슨이 지적한 것처럼 모든 것이 서로 연결되어 있는 세상에서 단편적 지식으로 만들어진 생각이나 기술만을 적용한다면 우리는 그것이 세상에 끼치는 영향을 알 수 없다. 방사성 낙진, 핵폭발로 발생하는 고농도의 감마선 전자 방사와 핵겨울, 살충제 때문에 생기는 생태계 먹이사슬의 유독물질 증대, 프레온가스의 오존층 파괴, DNA 때문에 발생하는 사망—이것들은 모두 여러 기술들을 현실에 적용한 뒤 나타난 새로운 현상이다.

과학과 기술은 세상을 바꾸었지만 그 변화는 예기치 않았던 수많은 결과를 동반했다. 어떤 것은 단순히 인간의 근력을 확대시키는 것이었다. 유럽인들이 브리티시컬럼비아British Columbia의 서쪽 해안에 도착하기 전에는 토착 원주민들이 돌로 만든 도구와 불을 이용해서 커다란 나무 하나를 베는 데 여러 달이 걸렸다. 또 두 남자가 톱과 도끼를 가지고 여러 날 걸려서 끝낼 수 있는 일을 휴대용 전동 사슬 톱은 한 사람이 몇 분 만에 끝낼 수 있게 했다. 생물학적 세계의 한계를 무시하고 최대의 성장만을 추구하는 경제적 이익 추구 때문에 우리는 마침내 세상을 파괴하는 피조물이 되고 말았다.

새로운 종류의 과학

우리는 어떻게 이 거대한 괴물과 맞붙게 되었는가? 과학과 기술은 기후 변화, 오존층 파괴, 수많은 생물의 멸종, 생물의 서식지 파괴와 환경오염 같은 엄청난 문제들을 만들어냈지만, 이제는 그 문제들을 푸는 역할을 해야 한다. 그러나 이를 위해서는 경제 논리나 무자비한 파괴 세력의 요구에 따르지 않는 새로운 종류의 과학과 기술이 있어야 한다. 38억 년 동안 생명체는 스스로 지구에서 번성해 나갈 수 있는 다양한 생존방식들을 깊이 체득했다. 생명체는 우리가 평소에는 이해하기 힘든 위대한 지혜를 타고나는데 그중 하나가 무엇이든 모방하려고 하는 것이다. 자연계를 정복하기보다는 닮으려고 하는 모든 생명체의 생체모방biomimicry은 우리가 앞으로 어떻게 행동해야 할지에 대한 좋은 길잡이 노릇을 한다.

또 우리는 지금까지와는 다른 마음과 자세가 필요하다. 레이첼 카슨이 행동할 것을 촉구한 것에 자극받은 나는 암치카Amchitka섬(알래스카 남서쪽 알류샨 열도의 화산섬 – 옮긴이)의 지하 핵실험 계획에서 피스 강 Peace River(미국 플로리다 주에 있는 강 – 옮긴이) C지역의 댐 건설, 헤카테 해협Hecate Strait(캐나다 퀸샬럿 섬과 브리티시컬럼비아를 잇는 해협 – 옮긴이)의 유전 개발, 삼림 남벌과 제지공장의 환경오염에 이르기까지 많은 문제들을 쓸어 모으기 시작했다. 나는 인간이 너무 많이 쓰고 너무 많이 버리는 것이 문제라고 생각했다. 우리가 자연에서 무엇을 얼마나 많이 가져올 것인지, 그리고 무엇을 얼마만큼 쓰레기와 유독물질로 되돌려 줄지를 스스로 규제하는 것이 이 문제를 푸는 열쇠였다. 그러나 원자력, DDT, 프레온가스의 경우에서 보는 것처럼 세상이 어떻게 움직이는가에 대한 우리의 지식은 너무 한정되어 있어서 우리가 행동한 결과가 어떻게 나타날지 예견하기 힘들다. 따라서 어떤 규제나 제도를 시행하는 것은 실패로 끝나기 십상이다. 우리에게는 새로운 패러다임이 필요하다.

1980년대 초 나는 브리티시컬럼비아의 북쪽 해안에 인접한 하이다 가와이Haida Gwaii 군도에서 무차별적으로 나무를 베는 것을 막기 위한 싸움에 뛰어들게 되었다. 무자비한 벌목을 자행하는 사람들은 대개 하이다 군도 사람들이었는데, 그것에 대항해서 싸움을 이끌고 있었던 하이다 출신의 미술가 구자우Guujaaw를 보고 좀 다른 생각을 갖게 되었다. 그는 내게 경제보다 땅을 보호해야 하는 더 큰 목적이 있다고 말했다. 땅과 그 위에 있는 모든 것은 하이다족Haida族의 정체성과 떼려야 뗄 수 없는 존재였다. 나는 구자우 덕분에 '어머니 땅Mother Earth'이라는 개념이 은유가 아니라 지구를 이해하는 문학적 방식이라는 것을 깨달았다.

원주민의 전통에 따르면 우리는 땅, 공기, 불, 물의 요소들로 창조되었다. 나는 이런 생각들을 이해하고 나서 원주민의 전통 지식이 과학과 서로 맞부딪치는 것이 아니라, 그것을 더욱 보강해 준다는 사실을 깨달았다. 공기는 우리 몸에 들어와서 폐포에 붙은 활성막에서 용해되어 심장의 박동에 따라 온 몸으로 퍼진다. 공기는 우리 모두의 몸을 구성하는 기본 물질이며, 인간들끼리 그리고 살아 있는 모든 것들을 서로 연결한다. 우리는 공기다. 따라서 우리가 공기에게 하는 것은 무엇이든 바로 우리 스스로에게 하는 것이다. 그리고 물도 마찬가지다. 물은 우리를 팽창시킨다. 우리 몸무게의 70퍼센트가 물이다. 우리에게 먹을 것을 제공하는 땅도 우리 몸으로 들어와 하나가 된다. 식물은 햇빛을 받아 화학에너지로 바꾸고, 우리는 그 에너지를 저장했다가 몸을 움직이거나 성장 또는 생식활동을 할 때 사용한다. 이것은 로켓을 만드는 과정을 말하는 것이 아니다. 많은 고대 사회와 오늘날 그 전통을 이어받은 원주민들이 오랫동안 이해해 온 진리이다.

나는 유전학자로서 사람 세포의 DNA에 들어 있는 30억 쌍의 염기서열을 분석하여 유전자정보를 연구하는 계획에 몰두하고 있었다. 인간게놈계획Human Genome Project은 분자생물학의 발전으로 얻어진 분석과 조작기술을 이용한 대담한 실험이었으며, 지금까지 어느 누가 상상했던 것보다 훨씬 빠르고 적은 비용으로 끝마쳤다. 과학자들은 이 계획이 끝났을 때 질병에 대한 새로운 식견을 갖게 될 것이며, 곧 그에 따른 새로운 치료법도 개발될 것이라고 자신 있게 예언했다. 그러나 지금까지 우리가 얻은 가장 심오한 통찰은 인간의 게놈 안에 들어 있는 몇백 개의 유전자가 물고기, 새, 곤충, 식물과 미생물의 유전자와 같다는 것뿐이다. 우리는 같은 조상의 자손으로 동일한 진화의 역사 속에서 다른 모든 생명들과 서로 관련되어 있다. 토템 숭배나 씨족제도에서 나타나는 것처럼 모든 나무와 동물들이 우리와 한 동족이라는 토착 원주민들의 생각은 이제 가장 발달한 과학 연구의 지지를 받게 되었다.

옛 원로들의 지식에 담겨 있는 지혜는 현대 과학이 얻은 강력하지만 단편적인 통찰을 전체의 모습에서 이해하고 적용할 수 있는 큰 틀을 제공한다. 같은 것을 서로 다른 방식으로 이해하는 것을 존중하고, 현대 기술의 가능성에 대해 너무 과신하지 않으며, 인간들끼리 그리고 다른 형태의 생명체 모두와 서로 사랑하는 마음을 갖는 것은 우리가 자연계와 조화를 이루며 살고 번성할 수 있는 길을 찾는 데 반드시 필요한 자세이다.

하늘의 마음, 땅의 마음은
해가 떠 있는 동안, 빛이 비추는 동안
우리에게 신호와 말을 주네.
씨 뿌릴 때가 되고 동이 트면
큰 길과 오솔길은 푸르게 물들까?

『포폴 부 *Popol Vuh*』, 신성한 마야 경전

1

자연을 바라보는 시각

주술사[1]와 과학자

> 나는 인류가 왜 최근까지 플라톤이나 아인슈타인과 같이 훌륭한 지성을 가진 사람들이 나오기를 오랫동안 기다려야만 했는지 그 까닭을 알지 못한다. 이미 20만~30만 년 전에도 그런 비슷한 능력을 가진 사람들이 있었을 것이다. 그러나 그들은 다만 이 사상가들이 다루었던 똑같은 문제들을 푸는 데 자신들의 지성을 쓰지 않았을 뿐이다.
> _클로드 레비스트로스, 인류학자[2]

북아메리카 남서쪽 사막에 사는 인디언 나바호족Navajo族은 아직도 옛 선조들이 전해준 '변하는 여성Changing Woman'에 대해 이야기하는 것을 좋아한다. 그녀는 세상이 창조되던 태초의 신인神人들 가운데 하나로, 옥수수 가루와 자신의 피부 조각을 섞어서 최초의 나바호족 사람을 빚어냈다. 그녀는 조화로운 생명의 다양성과 더불어 부활과 재생이라는 자연의 경이로운 순환의 힘을 현실로 드러낸 화신이다. 또 나바호족은 예로부터 땅의 형상을 여성이라고 마음속에 그렸는데, 그녀는 어떤 의미에서 놀랄 만큼 끊임없이 자기를 새롭게 갱신하는 '어머니 땅' 그 자체를 반영한 존재이다. 수많은 거대한 산과 언덕은 어머니의 몸에 비유되어 지형에 따라 어머니의 심장, 두개골, 가슴, 내장기관들로 표현된다. 기름진 토양은 어머니의 살아 있는 육신이며, 채소는 어머니의 옷이다. 계절의 순환은 살아 움직이는 어머니의 역동적인 아름다움과 생태계의 조화, 생명력을 나타내는 것이다.³

　북아메리카 남동쪽에 살고 있는 세미놀족Seminole族의 늙은 인디언들은 아직도 태초의 천지창조 설화를 회상한다. 그때 그들의 최초 선조들이 한 우스꽝스런 짓이 오늘날 우리가 살고 있는 대지의 모습을 만들었다. 그들은 창조자가 세상을 만든 뒤 처음에 그가 무엇을 했는지 살펴보기 위해 딱따구리를 세상에 보냈다고 말한다. 딱따구리는 아무도 손대지 않은 순결한 대지 위를 날다가 그만 빠르게 펄럭이던 날개로 땅바닥을 쳤다. 그것이 바로 지금의 산을 만들어냈다. 그 뒤 창조자는 말똥가리를 날려보냈다. 이번에는 말똥가리의 날개가 땅바닥을 쳤다. 그러자 들판과 계곡이 만들어졌다. 마지막으로 창조자는 동물들을 모두 불러다가 아직 땅이 질척하니 단단하게 굳을 때까지 그 위를 마구 뛰어다니거나 뭉개지 말라고 명령했다. 그러나 너구리는 그 말을 듣지 않았고, 가재를 잡기 위해 그 질척한 땅을 파기 시작했다. 그것이 오늘날 늪이 되었다. 화가 난 창조자는 그 어리석은 너구리를 혼내주었고, 너구리는 진흙 묻은 손으로 눈물을 닦으며 울었다. 너구리의 눈이 검은 것은 바로 이런 까닭 때문이다.⁴

　중앙아메리카 과테말라의 고지대에 사는 마야족Maya族의 한 늙은 인디언은 지금도 때때로 자기가 농사짓는 옥수수 밭의 한쪽 구석에서 한 쌍의 사슴을 죽이는 일을 도운 뒤, 가만히 서서 조용히 숲의 수호신인 포코힐Pokohil에게 마음에서 우러나는 기도를 드린다. 그의 기도는 자연의 무한한 능력에 대한 진정한 관심과 숲 속의 동물들을 마구 학대하는 사람들에게 반드시 그 대가를 치르게 하는 포코힐에 대한 경외심을 표현한다.

> 포코힐이여, 오늘 당신은 호의를 베풀었고
> 당신의 짐승들, 당신의 사슴들 가운데 일부를 주었어요.
> 고마운 포코힐이여.
> 보세요, 저는 당신의 사슴을 얻기 위해 당신에게 꽃을 가져왔어요.
> 당신이 사슴의 수를 세었다면 아마도
> 그들 가운데 둘이 없을 겁니다.
> 그 두 마리는 이 늙은이(사냥꾼)가 잡았습니다.
> 당신은 저에게 그들을 주었습니다.[5]

그 사냥꾼은 숲 속 동물들의 신령한 보호자가 자기가 보살피는 사슴 두 마리를 잡을 수 있게 "호의"를 베푼 것에 감사함으로써, 어떤 의미에서 그가 잠시나마 우주의 구성에 뚫은 두 개의 "구멍"을 그의 감사와 슬픔으로 채우려고 한다. 한 움큼의 꽃을 포코힐에게 바치는 그의 몸짓은 그야말로 이야기를 완벽하게 꾸민다.

말레이시아 반도의 열대우림 지대로 바다에서 멀리 떨어진 내륙 깊숙한 곳에 사는 취옹족Chewong族의 이야기꾼들은, 지금은 그들이 옛날부터 살았던 신성한 땅에서 쫓겨났지만 아직까지도 때때로 인간의 억제되지 않는 탐욕과 환경오염, 과도한 동물 사냥 때문에 세상의 종말이 얼마 남지 않았다는 음울한 예언을 한다. 이들은 조만간 이러한 인간의 무책임한 행동 탓에 세상이 몹시 더럽고 뜨거워질 것이라고 말한다. 그때가 되면 최초의 취옹족의 형상을 흙으로 빚어 만들고, 그들에게 생명의 숨결을 불어넣어준 토한Tohan은 더 이상 이 세상이 계속되기를 절대 바라지 않을 것이다. 그는 아주 오랜 옛날에 했던 것처럼 대홍수로 이 땅을 뒤집어엎은 뒤 위로 드러난 땅의 밑면에다 새로 강과 계곡을 그릴 것이다.[6]

앞서 언급한 이야기들은 전 세계 토착 원주민들이 자연을 바라보는 전통적 지식이라는 거대한 저수지 속에서 흘러나온 아주 작은 물방울에 불과하다. 이 이야기에 담긴 내용이 아무리 단편적이라고 해도 대부분 정교한 상징체계들로 암호화되어 숨겨진 우주의 상호연관성을 밝혀 주는 매우 심오한 지식을 담고 있다. 우주의 상호연관성에 대한 토착 원주민들의 견해는 현대 과학에서 점점 공감을 얻고 있으며, 지금 우리 시대 상황과 비교할 때 시의적절한 주제이다. 원주민의 이야기들은 매우 은유적이기는 하지만 모든 생명 형태의 기원에 대해 서로 공통된 인식을 보여 주며, 자연계의 생태적 통일성과 오래전 인간과 다른 종들이 서로 동족관계였다는 사실을 알려 준다. 또한, 인간과 땅이 서로 떼려야 뗄 수 없는 근본적 관계임을 분명하게 강조한다. 이 이야기들은 자연계의 순환과정과 불안하게 유지되는 자연의 조화를 지키기 위해 인간이 해야 할 일이 무엇인지, 그리고 인간의 탐욕과 오만, 부주의 때문에 발생하는 불길한 결과들이 어떻게 자연에 장기적으로 영향을 끼치는지 잘 보여 준다.

주류 서양사회에서 자연에 대한 원주민들의 전통적 생각들을 비교적 쉽게 받아들이기 시작한 지는 꽤 오래되었지만, 그 생각들이 감성과 낭만, 또는 하급 문화의 용어로 적절하게 표현될 때에 한정해서였다. 예를 들면, 우리 대다수는 "만물은 모두 연결되어 있다."와 같은 감동적인 원주민의 생태 격언에 매우 익숙해졌고, "신성한" 자연과 생명의 "순환", "어머니 땅"을 암시하는 내용들이 광고나 연하장에서 최신 유행의 티셔츠까지 상업용으로 널리 쓰이는 현상도 자연스럽게 받아들인다. 그러나 원주민들이 자연을 바라보는 근본 시각—그리고 그런 시각을 형성할 수 있었던 원주민들의 정신과 지식 능력—이 오랫동안 많은 사람들이 우월한 문화라고 생각했던 서구의 사상과 같은 수준이라고 말하는 순간, 우리가 지닌 문화와 인종에 대한 편견은 명백하게 만천하에 드러난다.

이 책은 예로부터 전해 내려온 원주민들의 생태적 인식과 서양의 과학적 사고, 특히 현대 생물학 분야 사이에 매우 놀랄만한 유사성이 있다는 것을 밝힌다. 우리는 생물학자로서 한편으로는 동물의 행동을 관찰하고 다른 한편으로는 유전자를 연구하면서, 최근 들어 이 두 가지 생각 사이에는 부인할 수 없는 뚜렷한 차이점이 있는 것을 확인하는 것은 물론 자연계를 이해하는 방식에서 서로 보완되는 점들도 매우 많다는 사실에 점점 큰 흥미를 느끼고 있다.

우리는 이런 이해방식들 가운데 하나를 주술사의 세계에서 찾을 수 있다. 그는 예로부터 원주민들이 자연에서 얻은 지혜를 보존하는 가장 중요한 인물로서, 여러 전통 토착민사회에서 영적 치유와 신성한 임무를 맡은 사람이었다. 한편 이와 다르게 자연을 이해하는 방식은 과학자의 세계에서 볼 수 있다. 여기서 과학자는 우리가 진정한 과학의 "어른"이라고 부를 수 있는 과학계에서 가장 뛰어나고 인간적이며 현명한 "원로"들을 지칭한다.

우리는 지금이 바로 현대 과학이 주도하는 산업사회가 예로부터 원주민들이 자연에서 얻은 지혜와 자연의 보호자이면서 당당한 후손이지만 오랫동안 고통 받으며 살아온 '최초의 사람들First People'[7]에게 언제고 마땅히 받았어야 할 경의를 표해야 할 때라고 생각한다. 최근에 전 세계의 원주민 문화가 처해 있는 위험한 상태에 대해 일반의 우려가 다시 높아지는 현실을 볼 때, 우리는 지금의 상황을 비관하지 않는다. 이에 대한 지식인과 양심 있는 사람들의 새로운 각성은 최근 10년 동안 지금처럼 시의적절한 때가 없었다. 스페인을 비롯한 대서양 양쪽의 여러 나라들은 크리스토퍼 콜럼버스Christopher Columbus가 1492년 10월 12일, "야만의" 신세계를 발견한 것이 유럽의 세계 "발견"과 탐험 시대의 서막을 연 기념비적 사건이라고 받들면서 1992년을 세계적 기념의 해로 자랑스럽게 선포했다. 하지만 오늘날 전 세계의 토착 원주민들은 이 똑같은 500년의 역사를 볼 때 고난과 저항의 500년에 다름 아니라고 생각한다.

그러나 얼마 안 되는 용감한 원주민 사회의 구성원들을 빼고는 도대체 누가 콜럼버스의 첫 번째 항해가 예고했던 이러한 구세계와 신세계의 충돌에서 발생한 더 큰 비극을 대놓고 증언할 것인가? 과연 누가 과거 몇 세기 동안 잔혹한 폭력과 약탈, 군사 공격, 그리고 유럽의 전염병 전파에 따른 엄청난 죽음, 야만스런 노예제와 강제 노동의 시대, 거센 종교 탄압, 조상에게 물려받은 신성한 토지 소유의 정부 재가, 이방인들의 끊임없는 정치적, 경제적 수탈과 같은 억압을 받았던 원주민들의 처절한 기억에 적절한 보상과 경의를 표시할 것인가? 그리고 누가 아메리카 대륙과 그 밖의 다른 곳에서 살았던 최초의 사람들이 콜럼버스 이전부터 이루어놓은 찬란한 지적·정신적·사회적 성과에 대해 찬사를 바치며, 최근에 어떤 사람들은 심지어 이 귀중한 유산들을 지구 위에서 완전히 없애려고 한다는 사실을 사람들에게 공개적으로 알릴 것인가?

　지난 500년 동안 서반구뿐만 아니라 전 세계에 걸쳐서 원주민과 비원주민 사이에서 발생한 비극적인 이야기는 마음에 사무치는 아픔이며 아직도 끝나지 않았다. 예를 들면, 금세기만 놓고 보더라도 브라질에서 자기 고유의 언어와 전통 지식의 유산을 소중하게 지켜온 270개의 원주민 부족들 가운데 약 90개 부족이 완전히 지구상에서 사라졌다. 겨우 살아남은 다른 부족들은 이미 그들의 땅에서 내쫓기거나 후손들이 현대 문화에 동화됨으로써, 이미 그들의 고유한 특성을 많이 잃어버렸다. 이렇게 살아남으려고 애쓰는 브라질의 원주민 부족들 가운데 2/3는 이제 부족 인구가 천 명도 안 된다. 생각이 있는 사람이라면 전 세계에서 끊임없이 되풀이되고 있는 이런 이야기들을 듣고 콜럼버스가 문을 연 찬란한 식민지 "발견의 시대"를 무한한 애국적 열정으로 승화시킬 수는 없을 것이다.

　전 세계에 있는 원주민 공동체들이 외세의 침략으로 정치와 문화적 예속을 경험함으로써 원주민들이 전승해온 생태적 통찰을 포함해서 원주민들의 사상이 크게 과소평가되었다는 사실을 이해하는 것은 매우 중요한 일이다. 결론을 말하자면 사람들은 너무 자주 원주민들이 자연을 보는 시각을 원래부터 "단순하며" "원시적이고" "순진한" 것으로 부당하게 헐뜯어왔다. 또한 원주민들의 견해는 옛날 시대를 반영한 것이고 따라서 인간의 문화 "발전 과정"에서 저열한 "단계"에 속한다고 보며, 더 나아가 그 내용이 아무리 시적이고 사람의 마음을 끈다고 해도 우리의 복잡한 현대적 요구와 시대에 완벽하게 조응하지 못한다고 얕잡아 본다.

우리는 오늘날 불안한 정신과 자연환경 속에서 살고 있는 현대인들의 삶을 볼 때, 원주민들의 생각이 얼마나 중요한 의미를 지니는지 재평가해야 한다. 또한 그들의 생각이 지닌 근본 가치를 고려할 때, 전 세계의 원주민 문화를 존중하고 보호하는 조치를 즉시 취해야 한다. 우리는 여기서 독자들과 함께 매우 특별한 항해를 하고자 한다. 500년 전 콜럼버스가 항해했던 것과 완전히 반대쪽 문화의 처지에 서서 가는 여행이다. 이것은 우리와 정신과 언어는 다르지만 초자연적으로 볼 때 유사한 원주민들의 자연관과 그 안에서 인간이 있어야 할 자리를 탐색하는 것으로, 실제 지도에 나오지 않는 군도들을 지나며 서로의 문화를 비교하는 만만치 않은 여행이다. 우리는 콜럼버스와 달리 이 항해를 하면서 토착 원주민들의 세계관을 존중하고, 오랫동안 여러 세대에 걸쳐 자연과 친밀하게 살아온 원주민들의 연민과 고찰에 대해 감사하는 자세로 배에 올라탔다.

우리는 맨 먼저 '최초의 사람들'이 누구인지 정의하는 것으로 시작한다. 그런 다음 그들이 자연의 변화를 바라보는 신성한 견해의 뿌리가 무엇인지 그 개념을 규명할 것이다. 그리고 끝으로 원주민의 생각과 과학적 지식 사이에 있을 수 있는 유사성을 찾아낼 것이다.

누가 이 세상 최초의 사람들인가?

우리는 이 항해에서 최초의 사람들이라고 부를 수 있는 전 세계의 다양한 토착 원주민들과 그들의 문화를 만날 것이다. 토착 원주민들은 비록 시간이 흐르면서 정치권의 분열 정책으로 인해, 그들 전통집단의 명예가 더럽혀지고 고유한 언어와 지리적 경계가 불분명해졌지만 대개는 자신들이 누구인지 스스로 매우 잘 안다. 실제로 이런 자기 정체성은 토착 원주민 또는 최초의 사람들을 정의하는 가장 중요한 단 하나의 요소라고 할 수 있다.

토착 원주민들은 대개 특정 지역에서 본디부터 살았던 사람들의 후손들을 말하는데, 나중에 외지인들의 군사, 정치적 점령 또는 그들의 대량 이주와 정착 때문에 자기 땅을 빼앗긴 사람들이다. 결과적으로 이들은 반드시 완전하게 정복당하지는 않았지만 대개는 역사와 정치, 문화적으로 피지배계층에 속하는 사람들이다(어떤 원주민들은 외세의 파괴적 영향력을 어느 정도 회피함으로써 살아남았다).

전 세계 어느 곳이고 외세의 침략이 물밀듯이 몰려들었던 특정 지역들은 지리적 중요성의 문제가 매우 복잡하다. 예를 들면, 아시아의 다른 지역들도 마찬가지지만 인도 대륙의 많은 지역에서 특정 부족 집단이 자신들이 그 지역 최초의 사람들이라고 주장하는 것은 너무 오래된 과거의 문제이기 때문에 곧이곧대로 믿기는 힘들다. 아프리카, 북아메리카, 라틴아메리카를 비롯해서 그 밖의 여러 곳에서 유럽 식민지 세력의 강력한 지배는, 그 지역에서 대대로 살아온 원주민들의 영토를 자기 멋대로 분할하고, 원주민들의 인구 구성을 완전히 바꾸어버렸다.

토착 원주민들은 대개 그들 고유의 문화를 가지고 있는데, 이들은 적어도 전통적으로 자연계 전체와 어떤 장소가 맺고 있는 관계에 대해 매우 심오하고 뿌리 깊은 의식을 갖고 있다. 어떤 집단이 토착 원주민인지 아닌지를 곧바로 명확하게 결정할 수 있는 문화적 기준은 없다. 그러나 전 세계에 흩어져 사는 많은 원주민 공동체들이 다양한 문화를 가지고 있지만 자연계를 바라보는 기본 관점과 주제는 서로 비슷하다는 것에 공감하는 사람들이 많다.

지금까지 말한 것들이 토착 원주민을 구분하는 정의로는 분명하지 않다. 그러나 때로는 원주민들을 구분하는 경계가 불명확하더라도 지금까지 내린 정의만으로 꽤 많은 사람들을 토착 원주민으로 분류할 수 있다. 오늘날 토착 원주민의 수는 전 세계 인구의 4퍼센트 또는 그보다 좀 더 많을 거라고 추산하고 있다. 〈토착 원주민 : 전 세계의 정의를 찾아서 *Indigenous Peoples: A Global Quest for Justice*〉(1987년 국제 인도주의 문제 독립 위원회 발간)라는 제목의 원주민 인구 상태에 대한 보고서에서는 전 세계 원주민의 수가 약 2억 명을 넘는다고 추산하면서 다음과 같이 인용한다. (1991년 유엔에서는 3억 명 이상이라고 추산)

- 아시아 지역 약 1억 5,000만 명 추산 – 중국 6,700만 명 이상, 인도 5,000만 명, 필리핀 650만 명
- 라틴아메리카 약 3천만~8천만 명 추산(최소 추정치는 정부 의견이고, 최대 추정치는 원주민 지도자들의 의견)
- 북아메리카 300만~1,300만 명 추산(최대 추정치는 멕시코계 미국인인 치카노*Chicanos*와 프랑스인과 아메리카 원주민의 혼혈인 메티스*Métis*

를 포함했을 때임)
- 아프리카 수백만 명, 오스트레일리아 원주민 약 25만 명, 뉴질랜드 마오리족 30만 명, 스칸디나비아 세이미족(라플란드족) 약 6만 명, 북극 이누이트족(에스키모) 약 10만 명, 그 밖의 원주민 일부.

원주민이 자연을 아는 방식과 과학이 자연을 아는 방식

우리는 원주민의 세계관으로 여행을 시작하기 전에 원주민과 과학이 지닌 생태적 관점이 서로 어떻게 다른지, 그리고 원주민과 과학이 각자 자연에 대해 "묻고" "대답하는" 것들 사이에 가장 중요한 차이점은 무엇인지 먼저 검토해야 한다.

서양인들 가운데 프랑스 인류학자인 클로드 레비스트로스만큼 이 문제에 대해 명확하게 말한 사람은 없다. 그는 이 분야의 고전이라고 할 수 있는 『야생의 사고 The Savage Mind』라는 책에서 서구 사회가 오랫동안 원주민의 사고방식[8]과 샤머니즘 또는 주술을, 근대 과학의 고결하고 명쾌한 통찰력 이전에 있었던 미숙한 정신문화라고 편협하게 규정해왔던 데서 완전히 벗어난다. 레비스트로스는 오히려 주술사와 과학자의 세계를 우주에 대한 지식을 얻는 두 가지 대등한 방식이라고 말한다. 이 둘은 각자의 고유한 방식으로 서로 다르지만 동등하게 실증적인 과학을 창조해낸다. 사람들은 완전히 다른 이 두 가지 사고방식을 이용해서 자연을 과학적으로 탐구하는데, 하나는 인간의 지각과 상상력에 의존하지만 다른 하나는 그것과 멀리 떨어져 있다.[9]

원주민의 사고방식이 현실로 나타난 것이 전통적인 영혼 치료사 또는 주술사이고, 과학적 사고방식이 현실에서 구체화된 것이 현대의 과학자이다. 지금까지 이어져온 이 두 가지 중요한 사고방식 가운데 첫 번째 것은 인간의 역사만큼이나 오래되었다. 이 사고방식의 근원을 따져보면 원시 수렵과 채집 생활을 하던 홍적세의 기름진 토양에 깊숙이 뿌리박혀 있으며, 심지어 오늘날까지 그 부드러운 잎사귀가 여전히 팔랑거리고 있다. 원주민들이 가진 자연관의 바탕이 된 이러한 사고방식은 역사 속에서 다양하게 현실로 구체화되고 끊임없이 바뀌면서, 호모 사피엔스가 동물들을 가축으로 길들이고 한 곳에 정착해서 농사를 짓기 시작하고 오늘날 산업화를 이루기까지 중요한 문화적 변화를 수행할 수 있게 했다. 반면 과학적 사고방식은 이와 비교할 때 상대적으로 갑자기 현실에 등장한 것이다. 과학적 사고방식은 대부분 17세기 유럽의 기독교정신과 자연철학이라는 얕은 토양에 뿌리박혀 있다. 물론 이 사상들 가운데 일부는 그 근원을 따져보면 고대의 유대교와 그리스 사상까지 거슬러 올라간다.

레비스트로스는 이 두 가지 사고방식이 지닌 감수성과 역사적 혈통이 매우 다르지만, 둘 다 동등한 생명력을 가지고 있으며 본디부터 어느 하나가 다른 것보다 "더 낫다"거나 "더 못하지" 않다고 주장한다. 각자 자기의 고유한 독창성과 내부 통일성이 있으며, 서로가 자기 나름의 훌륭함과 적응력을 지니고 그 자체로 존중할 만한 가치를 부여받았다. 또 이 두 사고방식은 자연에서 각자 어떤 질서를 발견하려고 하며, 이 둘이 사람들의 마음속에 그려 놓은 자연관은 함께 놓고 볼 때 놀랄 만큼 상호 보완적인 관계에 있다.

이 두 가지 전통적인 인식 방식(물론 다른 방식들도 있다)의 가장 중요한 차이점은 각자가 우주에 대해 던지는 질문 방식이 서로 반대인 것에서 나타난다. 이와 같은 서로 다른 인식의 문제는 단순히 그 인식 방식이 언제 역사에 등장했느냐가 아니라, 근본적으로 각각의 방식이 몇 세기 동안 쌓아왔던 자연계에 대한 지식의 종류가 무엇이냐를 결정하는 문제이다. 레비스트로스는 이렇게 말한다.

> 야생의 또는 '원주민의' 사고가 지니고 있는 특성들은 분명히 과학자들이 주목했던 것들과 똑같지 않다. 이 두 가지 사고는 서로 반대쪽 끝에서 물질 세계를 바라본다. 하나는 너무 구체적이고, 다른 하나는 너무 추상적이다. 하나는 지각할 수 있는 본질의 관점에서 유래하고, 다른 하나는 형식적 특성에서 발생한다.[10]

전통적인 주술사와 현대의 과학자를 구분하는 것은 장님들이 코끼리 몸의 서로 다른 부위들을 만지고 나서 코끼리의 "본질"이 무엇인지 각자 한마디씩 하는 것과 비교할 수 있다. 이를테면 각자가 자기 테두리 안에서 겪은 경험을 바탕으로 "인종차별적" 차원에서 구분하는 것이라고 말할 수 있다.

레비스트로스는 '야생의 사고'는 모든 것을 하나의 전체로 보는 것이라고 말한다. 달리 말하면 원주민의 사고방식은 다양한 감각이 서로 경계 없이 넘나드는 전체론의 관점이다. 주술사들(오랫동안 원주민의 소중한 지식 창고 구실을 했던 사람들로 의학 지식이 있는 사람, 치료사, 예술가, 전통적 권위가 있는 사람들을 통틀어 말함)은 몸으로 알 수 있거나 이해할 수 있는 부분만을 채택하는 것이 아니라 우주 전체를 받아들이고자 한다. 자연계에서 나타나는 주술사의 이미지는 신의 계시를 받아 우주 속에서 구체적이고 감각적인 내용들과 만남이 이루어지는 비옥한 공간과 깊은 연관을 가지고 있다. 원주민의 사고는 세계를 하나의 전체로 감싸 안기를 바라며, 인간의 냉철한 이성 너머에 있는 정신능력을 하나의 전체로 모아 그 일을 하게 한다.

한편, 레비스트로스의 말을 빌리면 과학자들은 어떤 의미에서 원주민의 근원적이고, 경험적이며, 전체적 사고에서 "한 발짝 떨어진" 감수성을 가지고 경이로운 우주의 신비와 맞선다. 이들은 자연에 적극 참여하기보다는, 자연의 감각적 본질의 직접성 속에 무아지경이 되어 직접 몰입하기보다는, 자연을 하나의 객체 또는 생명이 없는 "다른 것"으로 인식함으로써 결국 그것을 "멀리서" 관찰한다. 과학자들은 자연을 멀리 떨어져 있는 추상적 개념으로 본다. 말하자면 이들은 자연을 자신들이 거기에서 측정할 수 있는 속성들을 하나하나 애써서 뽑아내 모아놓은 창의적 통찰의 단편들이 마구 섞여 있는 복합체라고 생각한다.

과학자 개인이 추구하는 궁극의 목표는, 그것이 여러 세대에 걸친 과학적 탐구의 일부라고 볼 때 여러 면에서 무아지경 속에서 세상과 만나는 주술사의 목표보다 훨씬 더 크다. 과학자는 깊이를 헤아릴 수 없는 모든 우주의 신비들을 제한된 자연의 법칙으로 축소시켜 우주에 질서를 부여함으로써, 자연을 이성적으로 설명하고 결국에는 그것으로 온 우주의 움직임을 완전히 이해하는 것처럼 생각한다. 과학자는 이런 뻔뻔스런 연구를 하면서 특정 인식과 힘을 크게 확장하는 독특한 지식과 기술 도구들을 사용한다. 예를 들면, 그는 현미경과 망원경에서 슈퍼컴퓨터까지 망라한 정밀기계들을 사용하고, 수학 방정식과 논리와 증명의 법칙처럼 뛰어난 기술을 쓸 줄 안다. 이것들은 몇백 년 동안 전해 내려온 과학적 사고의 유물이다.

역설적이지만 과학자들이 이런 도구와 기술들을 써서 대상들을 더욱 더 정밀하게 연구해가면 갈수록, 그들은 주술사에게는 친숙한 영역인 자연의 총체성이 사람의 정신에 끼칠 수 있는 엄청난 영향력에서 멀어져 갔다. 과학자는 자연을 정밀하게 분석하고 그것을 합리적으로 분리해낼 뿐, 소설가 조지 엘리엇George Eliot이 『미들마치Middlemarch』에서 놀라울 정도로 명쾌하게 잡아낸 황홀한 기쁨과 공포, 신비감과 같은 감정의 소용돌이에서 멀리 떨어져 있다.

> 만일 우리가 모든 보통 인간의 삶에 대해 세심하게 바라보고 느낄 수 있다면, 그것은 아마도 풀이 자라는 소리를 듣고 다람쥐의 심장이 콩닥콩닥 뛰는 소리를 듣는 것과 같을 것이다. 그리고 우리는 침묵의 반대편에서 나는 큰 소리 때문에 죽을지도 모른다.

그러나 과학이 자랑하는 "객관성"이 모든 것을 보증하는 것은 아니다. 원주민들이 지닌 야생의 사고는 과학자의 근시안적 시각으로는 볼 수 없는 것을 볼 수 있을까? 만일 사람들이 인간의 이성뿐만 아니라 무한한 자연에 대한 통찰력을 전해주는 감정과 열정, 본능적 경험, 원대한 상상력에도 아무 제약없이 다가설 수 있다면, 사람들이 태어날 때부터 지니고 있었던 세상을 전체로 바라보는 정신은 과연 어떤 우주의 이미지를 그들의 마음속에 그려낼까?

　자연을 바라보는 원주민들의 전통 지식은 대개 매우 정교하고 실용적인 가치를 지니고 있다. 땅과 식물, 곤충과 주변 환경의 여러 요소들을 정의하고 이름을 붙이고 분류해서, 그것에서 의학적, 경제적 이익을 찾아내는 과학 이전의 원주민들의 지식 체계는 바로 이 사실을 가장 잘 보여 주는 사례라고 할 수 있다. 예를 들면, 필리핀의 열대우림 속에서 사는 하누누족Hanunoo族은 1,600종의 식물을 구별할 줄 안다. 또 브라질의 아마존 정글에 사는 카야포 족Kayapo族은 과일 하나만 해도 250가지가 넘는 다른 종을 먹고 있으며, 뿌리나 나무 열매, 다른 식용 식물들까지 따지면 몇백 종이 넘는다는 사실을 보여 주는 연구도 있다. 볼리비아 전통 치료사들은 약 600종의 서로 다른 약초를 사용하고, 동남아시아의 전통 의사들도 의약품을 조제할 때 사용하는 식물이 6,500종에 이른다. 더욱이 오늘날 전 세계에서 통용되는 121개의 식물성 조제약 가운데 75퍼센트 이상이 옛날부터 원주민들이 사용하던 치료법에서 착안해 발명한 것들이라고 한다.

　옛날부터 전해 내려온 원주민들의 자연에 대한 전통 지식과 진화론 이전의 "분류법" 가운데 많은 요소들은 정밀한 현장 관찰을 바탕으로 축적된 것이다. 원주민들이 만든 명칭과 분류 체계는 그것들이 있게 한 우주를 중심으로 볼 때 매우 지적이고 일관성이 있다. 레비스트로스에 따르면 원주민 사상가들은 우주 안에서 사물들의 위치를 정확하게 파악할 수 있게 해주는 도구들이 미처 완성되지 않은 상태에서도 (즉, 미시적 차원에서) 자연의 질서정연한 모습을 지탱해주는 기본 요소가 무엇인지 찾았는데, 그 원리가 현실과 일치한다는 사실을 우리는

최근에 발명된 매개체들을 통해서 알게 됐지만 이들은 벌써부터 "어렴풋하게" 알고 있었다고 한다.[11]

원주민이 바라보는 자연과 과학이 바라보는 자연

만일 몇 세기 동안 주술사들과 과학자들이 우주에 대해 서로 매우 다른 질문들을 던졌다면 그들 각자가 이끌어낸 "해답들"은 또 얼마나 다를까? 자연에 대한 원주민의 지식과 과학적 지식 사이에서 서로 다른 점을 뽑아내는 방법들 가운데 하나는 원주민들의 생태적 인식을 구성하는 근본 요소들을 열거한 뒤 그것들을 일반 과학적 인식들과 단순 비교하는 것이다. 그러나 여기에 열거된 원주민의 모든 특성들이 반드시 모든 토착 원주민의 믿음 체계 속에서 발견되는 것은 아니다. 또한 과학자들 중 그 누구도 여기서 우리가 주장하고 있는 원주민들이 지닌 관점과 가치를 설명할 수 없다고 말하는 것도 아니다. 더욱이 우리가 열거한 특성들이 정확하다고 생각하지도 않는다.

첫째, 자연에 대한 원주민들의 전통적 인식은 대개 지구 자체를 포함해서 자연 전체—적어도 광활한 영역—를 세속적이고, 야만적이며, 야생의 불모지라고 생각하지 않고, 오히려 원래 신성한 곳이었다고 본다. 자연 그 자체 또는 어떤 특정 지역을 생명이 충만한 신성한 곳으로 생각한다. 또한 이들은 자연을 부동산 법으로 분할해서 서로 사고팔 수 있는 소유물로 보지 않는다. 자연은 모든 생명이 태어나고 거기서 하나로 통합되는 의미를 지니고 있다.

원주민의 사고방식은 자연에 대한 깊은 경외감을 듬뿍 담고 있다. 이것은 인간이 자연을 지배하고자 하는 충동과는 거리가 멀다.

원주민들이 지닌 지혜는 사람들이 정신을 뭐라고 말하든 상관없이 그것이 우주 전체에 퍼져 있으며 우주를 포괄하는 신성한 존재라고 생각한다. 이 정신은 단 하나뿐인 유일신에게만 집중되지 않는다.

원주민들은 인간이 개인적 또는 경제적 욕심 때문에 마구 자연을 파헤쳐서는 안 되며, 오히려 전체 자연계 안에서 조화로운 관계를 끊임없이 유지해야 하는 막중한 책임이 있다고 생각한다.

원주민들은 자연의 조화와 균형을 건강하게 유지해야 하는 인간의 의무를 단순히 사람들이 자기 마음대로 하거나 말거나 할 수 있는 감상적이고 추상적인 의무가 아니라, 모든 개인이 날마다 반드시 실천해야 할 중요한 정신적 의무라고 생각한다. 원주민들의 사고방식은 자연과 서로 호혜관계를 유지해야 한다고 강조한다. 인간은 자신들이 원하는 것은 무엇이든 일방적으로 자연에서 빼앗아가기만 할 것이 아니라, 그들이 거기에서 얻은 이익에 대해 자연에게 고마움을 표시하고 정기적으로 제물을 바쳐야 한다. 자연이 인간에게 아낌없이 주는 모든 것은 인간이 빼앗아 가기만을 조용하게 기다리고 있는 "천연자원"[12]이 아니라 살아 숨쉬는 우주의 그물망의 관계 속에서 서로 촘촘히 연결되어 있는 자연의 소중한 선물이라고 생각해야 한다.

인간은 (지구의 날 행사 때, 또는 특별히 감동적인 연설을 듣거나 텔레비전 다큐멘터리를 볼 때, 또는 환경 위기가 한창 절박한 때와 같이) 자기가 편할 때만 잠시 자연을 찾을 것이 아니라 (날마다 제례를 올리거나 기도를 드리면서) 늘 자연을 공경해야 할 것이다. 인간의 자연 파괴는 곧바로 (또한 장기적으로) 심각한 결과를 가져온다. 그 결과를 막연하게 낙관하거나 심지어 "과학적으로 불확실한" 먼 미래의 일이라고 생각하면 오산이다.

원주민들은 인간의 이성이 만들어낸 자연과 괴리된 고상한 산물 속에서가 아니라, 바로 자연 그 자체의 구조와 체제 속에서 우주의 지혜와 환경 윤리를 본다.

원주민들은 우주를 광활한 공간에 물질적 대상들이 고정된 채 정렬되어 있는 것으로 보지 않고, 종잡을 수 없이 끊임없이 변하는 자연력들의 활발한 상호작용으로 인식한다.

원주민들은 지역마다 부르는 이름이 다르기는 하지만 하나의 통일된 생명력이 자연계 전체를 살아 움직이게 만든다고 생각한다. 그들은 우주를 계속해서 작은 개념들로 쪼개지 않는다.

원주민들은 모든 생명이 끊임없이 자연스럽게 순환하고, 인류가 도덕적 위기를 계속해서 되풀이하는 것처럼 시간은 돌고 돈다고 (또는 용수철 모양의 운동을 한다고) 생각한다. 그들은 시간이 "인간의 발전"에 발맞춰 흔들림없이 일직선으로 상승한다고 생각하지 않는다.

원주민들은 자연이 언제나 인간이 알 수 없는 신비를 간직하고 있을 거라고 당연하게 생각한다. 그들은 우주의 신비가 감히 인간의 합리적 정신으로 완전히 풀릴 거라고 생각하지 않는다.

원주민들은 인간의 생각과 느낌, 상호 소통이 우주 안에서 일어나는 사건들이나 과정들과 따로 떨어져 있지 않고 서로 치밀하게 얽혀 있다고 생각한다. 실제로 자신들이 쓰는 말 하나하나도 우주의 영향을 받고 그 속에서 만들어지며 그것과 무관하게 중립적으로 작용하는 것은 없다고 생각한다. 원주민들의 지식을 구성하는 어휘들을 살펴보면 자연을 공격하거나 교묘하게 조작하는 말은 없으며, 자연에 대해 온순하고 순응하는 말들이 많다.

원주민들은 세상을 합리적으로 "쪼개어" 분석하기보다는 자연을 찬양하고 자연의 질서를 만드는 데 함께 참여할 것을 강조한다.

원주민들은 실제로 물질적 성공을 거두었거나 단순히 나이를 많이 먹었다고 해서 원로로 대접하지 않는다. 그들은 인간 내면에 있는 정신과 외부에서 습득한 지식에 깊이 천착해 그 둘을 서로 일치시킬 줄 아는 사람들을 존경하는 원로로 받든다.

원주민들은 인간과 다른 형태의 생명체에 대해 그들을 차별하거나 그들보다 우월하다고 생각하지 않고 깊은 공감과 동족애를 느낀다. 모든 생명체는 자기 나름의 독특한 능력과 힘을 타고 났다고 생각하며 인간에 비해 부족하다고 생각하지 않는다.

마지막으로 원주민들은 인간이 자연과 맺는 적절한 관계를 (수직적인 일방향의) 독백이 아니라 (호모사피엔스와 우주의 요소들이 서로 수평적으로 소통하는) 대화라고 생각한다.

여기서 이렇게 장황하게 설명한 원주민들의 자연에 대한 생각은 원주민과 서양인들의 생태적 인식에 근본적인 차이가 있다는 것을 보여 준다. 원주민들의 세계관은 우주를 구성하는 요소들과 과정들이 정도의 차이는 있지만 모두 신성하다. 그러나 과학적 세계관으로 볼 때 이것들은 그저 세속적인 요소일 뿐이다. 이렇게 옛날부터 다양한 문화를 가진 원주민들이 자연의 생태 질서와 완결성에 대해 똑같은 생각을 지니게 된 까닭에 "생태"라는 말이 가지는 의미는 과학적으로 제한된 의미가 아니라 "신성한 자연"이라는 포괄적 의미로 받아들여졌다. 따라서 원주민들은 우주에 작용하는 모든 형태와 관계의 총체성을 인간이 가장 숭배해야 할 매우 귀중하고 바꿀 수 없는 가치로 우러러 본다. 바람에 날려 사방으로 흩어져야 했고, 전 시기를 통해 "어느 때나every-when(호주 원주민 학자 스태너W.E.H. Stanner가 새로 만들어 쓴 용어)" 존재했던 전 세계의 토착 원주민들에게서 우리는 과거와 마찬가지로 지금도 이러한 신성神聖을 발견할 수 있다.

스웨덴 출신의 저명한 종교사학자 아케 훌트크란츠Âke Hultkrantz는 서양에서 '자연'이라는 말이 뜻하는 협소한 개념은 원주민들이 자연을 광대하고 강력한 정신적 개념으로서, 우주의 연속체라고 말하는 의미를 포괄하지 못한다고 주장한다. 원주민들은 자연 속에서 인간 사회와 생물권, 전체 우주가 끊임없이 하나로 합쳐진다고 생각한다. 그는 서양의 종교가 지닌 이원론은 우주를 완전한 정신의 세계와 불완전한 물질의 세계로 나누고 기독교와 영지주의 교리를 구분하는 데 이것은 아메리카 인디언들에게는 없는 생각이라고 말한다. 인디언들은 땅 위에 있는 모든 생명체들의 가치를 고귀하게 생각한다. 또 종교는 이 세상에서 그들의 존재를 떠받쳐 준다. 그들의 종교가 지닌 정신은 우주의 조화와 생명력, 그들을 둘러싼 세상에 대한 감사이다.[13]

테와Tewa 인디언 출신으로 잘 알려진 인류학자 알폰소 오르티즈 Alfonso Ortiz에 따르면 인디언 부족들은 이 세상에 자연보다 높은 것이 없다고 생각한다. 그들의 신은 자연의 일부일 뿐 자연보다 높지 않다. 거꾸로 말하면 종교적인 것과 세속적인 것을 나누는 것은 하나도 없다. 아메리카 원주민의 종교는 세상 모든 생명체에 가득하고 충만하

다.¹⁴

그러나 이 때문에 원주민들의 자연에 대한 지혜가 다소 순진하고 감상적이며 신비적이라거나 일상생활과 동떨어진 것이라고 예단해서는 안 된다. 오히려 원주민이 자연을 이해하는 지식은 날마다 부닥치는 불확실한 생존 현실 속에서 얻은 예리한 관찰과 상호작용, 생각을 바탕으로 확고하게 현실에 뿌리박고 있다. 원주민들이 사냥을 위해 자연 속에서 수시로 사나운 동물들과 마주쳤으며, 거친 산야를 가로질러 고된 여행을 하면서 자연에서 어렵게 살아남았다는 사실과, 이러한 원주민들의 경험이 꿈과 명상, 깨달음을 통해 더욱 풍부해졌다는 사실은 우리의 판단이 옳다는 것을 말해준다. 원주민들에게 지식과 경험은 서로 밀접하게 연결되어 있고, 지속적이며 역동적인 관계를 맺고 있는데 이것은 또한 지혜롭고 유연하며 "살아 숨쉬는" 생생한 진리를 만들어낸다.

북극 가까이에 있는 브리티시컬럼비아의 비버Beaver 인디언 또는 둔네자족Dunne-za族을 몇 년 동안 연구했던 캐나다의 인류학자 로빈 리딩턴Robin Ridington은 이러한 원주민들의 경험을 바탕으로 한 지식은 사람들이 서로 사회적 관계를 맺는 것과 같은 방식으로 수행되는 "과학"을 요구한다고 설명한다. 그는 토착 원주민들의 삶이 다채롭고 영적이기는 하지만 그들이 지금 우리가 살고 있는 이 세상과는 단절되어 살고 있다는 것을 뜻하는 것은 아니라고 말한다. 그들은 실제로 우리와 함께 이 세상에 살고 있다. 그들은 자연을 해석할 줄 안다. 그리고 기억한다. 그러나 우리는 그들이 아는 것을 잊으려고 하거나 애써 무시한다.

그러나 확실히 원주민과 자연 사이에 어떤 긴장감도 없는 것은 아니다. 자연은 신성하고 사랑스럽기만 한 존재는 아니다: 인간은 살기 위해 날마다 어느 정도 자연을 착취해야 한다. 원주민의 지혜는 이런 보편적 갈등을 누그러뜨리는 특징을 가지고 있다. 그러나 그것이 언제나 완벽한 조화를 이루는 것은 아니다. 역사가들은 이따금 원주민들이 마구잡이로 사냥을 하고 덫을 놓거나 농토를 점점 고갈시키는 일과 같이 자연에 "여러 가지 죄"를 졌다고 주장한다. 그러나 이러한 난폭한 자연 훼손 행위들 가운데 최악의 사건은 대개 비교적 최근에 비원주민들의 강력하고 강제적인 경제적 보상가치 체계의 영향력 아래서 발생했다. 그래도 과거에 발생했던 생태 환경의 파괴는 오늘날 서양의 가공할 만한 환경 파괴처럼 무시무시한 기술력을 이용하지는 않았다.

현대 과학은 똑같은 우주를 원주민들과는 매우 다른 렌즈를 통해 관찰한다. 과학자 사회는 대개 논쟁과 토론의 힘든 과정을 통해 일시적으로—처음에는 새롭고 더욱 지적으로 만족스런 현실의 패러다임 또는 모형처럼 보이지만, 길게 보면 일시적인 과학적 "진실"의 불안한 연속에 불과한—세상의 일부 측면들을 해석하는 데 동의한다.

원주민의 사고와 과학적 사고는 서로를 풍부하게 한다

자연을 이해하는 원주민의 방식과 과학적 방식 사이에는 이같은 깊은 골이 있지만 둘은 서로에게 많은 것을 배울 수 있다. 우리는 이 시대 가장 지혜롭고 존경받는 과학계의 원로들이 발표한 공식 성명서 속에서 두 문화를 가로질러 울려퍼지는 공명을 느낄 수 있다. 그들은 모든 생명체가 진화과정 속에서 유전적으로 서로 밀접한 관계를 맺고 있으며, 우리 모두가 근본적으로 자연이라는 전체 체계에서 서로 의존한다는 사실을 단호하게 말한다. 그들은 지구의 바다와 땅, 대기의 화학적 균형을 일정하게 유지시켜주는 복잡한 항상성恒常性의 과정을 눈에 보이는 것처럼 생생하게 설명한다. 그리고 그들은 이 과학적 일관성을 바탕으로 새로운 우주 환경 정신을 주장한다. 이것은 모든 형태의 생명체들에게 그들의 타고난 가치와 존재해야 할 권리를 부여하고, 인간에게는 생물권에서 생태 환경의 균형을 계속해서 유지해야 할 막중한 책임의식을 부담시킨다.

자연계에 대한 이 두 방식의 서로 다른 인식 차이에도 불구하고 이 책에 소개되는 주술사와 현명한 과학자는 모든 생명체가 본디 서로 연결되어 있다는 것과 오늘날 자연계가 악화되고 있는 현실에 대해 놀랄 정도로 한 목소리를 낸다. 이 책은 이러한 공통의 생태학적 관심사들 가운데 일부를 탐색한 것이다. 이 책은 오늘날 현대 생명과학—특히 진화생물학, 유전학, 생태학—의 가장 심오한 진리들과 전 세계 여러 곳에서 사는 '최초의 사람들'—아메리카 대륙, 안데스 지역, 아마존과 같은 신세계의 인디언에서 아프리카, 동남아시아, 오스트레일리아, 그 밖의 지역에 사는 토착 원주민들까지—의 오랜 세월에 걸쳐 입증된 자연에 대한 지혜 사이에 지적, 감성적, 시적 공명을 느낄 수 있는 지점들을 찾는다.

1987년 세계환경개발위원회World Commission on Environment and Development가 작성해서 발표했고, 〈브룬트란트 보고서Brundtland report〉로 널리 알려

진 〈세계 환경 보고서〉는 토착 원주민들의 생태적 인식의 가치를 현재 진행 중인 자연환경의 위기를 해결하기 위한 많은 전 지구적 노력들 가운데 하나로 분명하게 언급한다. 이 보고서는 오늘날 전 세계에 남아 있는 토착 원주민들에게 전통적인 토지와 자원에 대한 권리를 돌려주는 일이 시급하다고 주장한다. 또한 원주민들이 자연을 바라보는 지혜를 존중해줄 것을 거듭 요청한다.

> 그들의 생존은 바로 그들이 자연생태를 얼마나 잘 아는지 그리고 거기에 얼마나 잘 적응하느냐에 달려 있었다. …… 원주민들의 공동체는 인간의 기원을 알 수 있게 해주는 엄청나게 방대한 전통의 지식과 경험을 쌓아놓은 저장소들이다. 그들의 소멸은 매우 복잡한 생태계를 지속가능하게 유지할 수 있는 많은 기술들을 배울 수 있는 더 큰 사회를 잃는 것이다. 열대 우림지역과 사막과 같은 소외된 자연환경을 개발하면 할수록 이 환경 속에서 번창할 수 있다고 입증된 유일한 문화들이 점점 파괴된다는 사실은 공교롭게도 참 끔찍한 일이다.[15]

우리는 원주민의 권리와 땅, 그들이 지닌 지식을 보호하는 일이 시급하다고 말하는 〈브룬트란트 보고서〉의 주장에 진심으로 동의한다. 원주민의 정신과 생태적 지식은 현대 서양의 과학적 지식과 공감하거나 또는 그것의 "승인" 여부와 상관없이 그 자체로 본질적인 가치를 지니고 있다. 대다수의 원주민 당국은 그들 자신의 장점을 가지고 잘 살 수 있으며 시간이 흐르면 현대의 요구 조건들과도 잘 적응하며 맞춰갈 수 있다. 왜냐하면 원주민의 전통 지식은 기독교, 유대교, 이슬람

교, 불교와 같은 다른 위대한 정신적 전통과 마찬가지로 자랑스럽고 통찰력이 있는 뛰어난 적응력을 지닌 정신적 전통이며, 무엇 하나도 바꿀 수 없는 소중하고 존중할 만한 가치를 지닌 전통이기 때문이다. 우리가 볼 때 원주민의 영성에 대한 존중과 그 안에 담겨진 자연에 대한 지혜는 모든 원주민들의 위엄성과 인권에 대한 존중과 합법적인 토지 소유권의 문제와 뗄 수 없는 관계이다. (부록 〈유엔의 토착 원주민 권리 선언 초안〉을 참조)

이런 견지에서 볼 때 원주민의 지식과 정신이 지닌 수많은 가치들은 단순히 원주민이 아닌 사람들이 캐내고 조작하거나 약탈해야 할 "천연자원"(이 경우, 지식 차원에서)이 아니다. 이들 가치는 현재뿐만 아니라 앞으로도 계속해서 '최초의 사람들'의 소중한 생명을 지속시키는 재산이 될 것이고, 이들 각자의 우주 안에 숨겨진 계획들을 풀 수 있는 신성한 상징들이며, 원주민들 개인과 집단의 정체성을 비춰주는 거울이 될 것이다. 그리고 또한 더욱 넓고 끊임없이 변하는 세상에서 생태적 평형상태를 이루게 함과 동시에 인간 내면의 세계로 갈 수 있는 길을 제시하는 지혜롭고 귀중한 길잡이 노릇을 할 것이다.

2
아득히 먼 시대
모든 생명체의 연관성 알기

> 심지어 신의 존재를 절대로 믿지 않는 과학자도 세상이 어떻게 시작되었는지 알지 못한다. 그리고 우주의 빅뱅이 일어나기 이전에 이 세상에 무엇이 있었는지 아는 사람은 아무도 없다. 이 세상을 구성하는 분자의 놀라운 성질을 보라. 핵산은 너무나 아름답게 자기를 복제하고, 인산염은 에너지를 전달한다. 단백질과 효소는 모든 물질대사를 원활하게 한다. …… 과학자들이 설명할 수 없는 것들이 너무나 많다.
> ＿에른스트 메이어 Ernst Mayr, 진화생물학자[1]

> 살아 있다고 하는 상태의 본질은 아주 작은 생물에서도 찾을 수 있다. 따라서 진화론적으로 생각할 때 모든 생명체는 생명을 유지하는 기본 원리들이 동일하다는 결론에 이르게 된다.
> ＿제임스 왓슨 James D. Watson, 분자생물학자[2]

일부 천체물리학자들은 우주가 150억 년 이전에 여러 물질과 방사능이 뒤섞여 뜨겁게 타오르는 상태에서 아무런 형태 없이 만들어졌다고 말한다. 과학적 창조론에 나오는 우주 탄생의 혼란은 보통 빅뱅이라고 부르는 엄청난 폭발의 모습으로 나타났다.

빅뱅은 지구가 겪을 수 있었던 어떤 형태의 폭발과도 완전히 다른 것이었다. 그것은 우주 전체 공간을 동시에 크게 흔들었다. 우주를 구성하는 모든 미세 입자들은 우주의 중심에서 모든 방향으로 곧바로 흩어졌고, 그것들을 우주의 가장 먼 곳까지 날려보내며 우주를 팽창시키는 운동을 몇십 억 년이 지난 오늘날까지도 계속하고 있다.

이러한 대격변이 일어난 뒤 처음 1/100초 동안 우주의 밀도는 인간의 상상력을 넘어설 정도로 높았다. 물의 밀도보다 40억 배는 높았을 것으로 추측하고 있다. 또한 우주의 온도는 거의 화씨 2천억 도(섭씨 1천억 도)정도로 오늘날 가장 뜨거운 행성의 중심보다 훨씬 더 뜨거웠을 것으로 추정한다.

이렇게 빅뱅이 진행되는 동안 비등점 이상으로 온도가 올라간 파편들은 너무 뜨거운 상태였기 때문에 그 형태가 원자를 구성하는 미세한 아원자亞原子 덩어리들의 유동성 복합체 모습이었다. 말하자면 전자電子, 양전자陽電子와 같은 소립자들 형태였다. 최초의 혼돈된 우주를 구성하는 "물체"는 아직 충분히 식지 않았고, 오늘날 물체의 모양을 이루고 있는 것과 같은 질서정연한 기하학적 구조를 갖춘 물체로 응축되지 않았다. 이처럼 물질과 운동에너지의 우주 드라마를 통해서 빅뱅 시대 태초의 불덩이는 밝은 빛으로 우주 전체를 뒤덮었다.

격렬한 불꽃놀이가 계속되고 우주의 파편들이 먼 우주 공간의 구석까지 날아가면서 우주의 온도는 점점 낮아지기 시작했다. 우주의 온도가 점점 식어감에 따라 물체의 구조는 결정체 모양을 갖췄고, 거대한 우주에 널려 있던 유동성 아원자 소립자들은 더 크고 복잡한 물질 덩어리로 합쳐지기 시작했다. 이에 따라 소립자의 융합으로 떨어져 나온 잠재에너지는 거대한 핵에너지 성질로 바뀌었다. 처음에는 양자와 중성자, 그 다음에 몇십 만 년이 지난 뒤에는 태초의 원자가 없는 뜨거운 유동체가 수소와 헬륨과 같은 가벼운 원자들의 모양을 갖춘 물질로 나타나기 시작했다. 천천히 사방팔방으로 점점 부풀어 오르면서 별과 별 사이에 있던 가스와 먼지의 거대한 구름덩어리들은 점점 강력해지는 중력의 영향을 받아 서로 합치기 시작했다. 이렇게 새로 만들어진 물질들의 결합은 다시 분열을 계속하면서 훗날 성운의 모체가 되는 거대한 3차원의 별무리들을 만들어냈다.

소용돌이치는 성운 먼지들은 탄소, 산소, 철분, 실리콘 같은 더 무거운 원자들과 함께 섞였고, 이 성운 먼지들 가운데 하나가 중심별로 응축되었고, 점점 식고 있던 가벼운 원반 모양의 우주 파편들이 그 둘레를 돌기 시작했다. 이 둘레를 돌던 구름 덩어리 원반은 다시 중력의 완만한 압박을 받아 9개의 더 작은 가스 덩어리로 나뉘었고, 마침내 각자 자기 궤도를 가지고 중앙의 별을 중심으로 그 둘레를 에워싸고 도는 최초의 행성이 되었다.

오늘날 우리는 이 중심별을 "태양"이라고 말하며 태양을 비롯해서 그 둘레를 도는 9개의 행성, 그리고 이와 관련한 위성, 혜성과 여러 잡다한 별들을 포함한 천체 전체를 "태양계"라고 부른다. 이 가운데 지구는 태양에서 3번째 가까운 위치에서 돌고 있으며, 생긴 지 약 50억 년쯤 지났다.

태초에 지구에는 생명체가 하나도 없었다. 최초의 지구 대기는 수소, 메탄, 암모니아, 수증기가 뒤섞여 있었을 뿐인데 오늘날 모든 생명체에게는 치명적인 유독물질들이었다. 그러나 점점 시간이 흐르면서 생명체가 살기 어려운 불모지였던 지구는 생물학적 혁명의 길로 접어들기 시작했다. 강렬한 햇볕이 내리쬐는 거대한 태초의 바다에서 여러 가지 민감한 화학적 변환이 아주 오랜 세월에 걸쳐 동시에 일어났고, 박테리아와 같은 자기복제를 할 수 있는 원시 생명체가 최초로 탄생했다. 이 최초의 단세포생물들은 바다 위에 떠다니던 에너지를 실은 화합물들의 잡동사니를 마음껏 포식했다. 이들은 이 풍부한 에너지 덩어리들을 먹고 성장했으며, 자기를 복제할 수 있는 유전성 분자들의 도움으로 적절한 화학적 자기복제물을 남겼다.

최초로 지구에 등장한 생명체는 그 형태가 아무리 원시적이고 불확실하다고 해도 거대한 생물학적 혁명의 "엔진"이 최초로 시동을 건 사건이었다. 진화라는 끊임없는 환경의 변화는 살아 있는 유기체들이 지닌 각자의 생물학적 차이를 유전시킴으로써, 오늘날 우리와 함께 이 지구를 공유하고 있는 엄청난 종류의 생물다양성을 초래했다. 새로운 생물학적 혁명의 물결은 몇억 년에 걸쳐 오늘날의 지구생물권과 같은 진화의 해변으로 수없이 많이 밀려왔다. 이 물결들은 수많은 실패와 성공을 되풀이했는데, 해양 연체동물과 갑각류에서 종자식물과 물고기, 개구리, 새, 박쥐, 인간과 같은 척추동물까지 다양한 진화를 경험했다.

지금도 전개되고 생명체의 진화 이야기는 서구 사회가 지구에 사는 모든 생명체들이 근본적으로 서로 연결되어 있음을 스스로 인정하는 가장 뚜렷하고 자세하며 따를 수밖에 없는 유일한 진술일 것이다. 오늘날 지구에 살고 있는 종들은 단순히 진화에서 살아남은 생존자 이상의 의미를 지닌다. 각 종들은 우뚝 솟은 진화 나무의 살아 있는 가지들 가운데 하나의 정점에서 살아 꿈틀거리는 유일한 생명체를 대표한다. 이 나무의 몸통 줄기는 태초부터 있었던 모든 살아 있는 것들이 통합된 것이며, 이것들이 진화과정 속에서 서로 연결됨으로써 생물학적으로 서로 밀접한 관계를 가지고 살아남았다. 땅 속 깊숙이 알려지지 않은 과거로 내리뻗은 이 나무의 뿌리는, 폭발 직전의 우주먼지들로 구성된 빅뱅의 파편들 외에는 아무것도 없었던 최초의 지구가 어떻게 그런 불모지에서 오늘날 우리 둘레에 있는 생명체들을 꽃피웠는지, 그리고 어떻게 끝이 없는 숨 막힐 듯한 암흑의 우주 공간에서 빠져나와 새로 만들어진 태양 둘레를 조용히 돌 수 있었는지 많은 신비스런 비밀들을 반영하고 있다.

황금색 태양빛의 힘[3]
콜롬비아 동부 열대림(아마존 북서부) 데사나족

> 우리는 초기 다윈주의자들이 '적자생존의 치열한 정글의 법칙'이라고 단순하게 생각했던 것을 돌이켜본다. 오늘날 우리는 인간이 세포와 세포가 서로 협력하여 만들어진 산물이라는 것을 안다. 세포들은 한때 서로 이방인이거나 심지어 적이기도 했다가 다시 협력관계를 맺는데 이것이 바로 우리 존재의 근원이다.
>
> _린 마굴리스Lynn Margulis, 진화생물학자[4]

수목이 빽빽하고 습도가 매우 높은 남아메리카 콜롬비아 동부의 열대우림 지역을 거칠게 휘몰아치며 통과하는 파푸르 강Papur River은 북서쪽에 있는 아마존 강의 근처 지류들과 마찬가지로 거대한 급류들과 함께 천둥 같은 소리를 내며 떨어지는 폭포들로 장관을 이룬다. 그 강둑을 따라 인류학자들에게 데사나족Desana族으로 알려진 투카노Tukano 인디언들이 소규모 공동체를 이루며 산다. 1962년에 약 천 명 정도가 살았는데, 이들은 매우 고도로 숙련된 사냥꾼이자 낚시꾼이며 원예가들이다. 이들은 야자수 잎으로 지붕을 이어 만든 거대한 사각 모양의 '말로카스malocas'라고 부르는 집에서 여러 가족이 함께 모여 산다. 이들은 자신들을 '위라포라wirá-porá'라고 부르는데, '바람의 아들'이라는 뜻이다.

데사나족의 우주를 창조한 자는 '파게아베page abé'라고 부르는 태양이며 달은 그의 쌍둥이 형제였다. 아버지 태양은 자기 남근을 지하 세계에 있는 '아피콘디아ahpikondiá' 또는 '젖의 강'(인류 최초의 여성인 '야제 여성Yajé Woman'은 시간이 흘러 또 다른 모습으로 등장한다.)이라고 부르는 어머니의 자궁과 같은 황색과 녹색이 어우러진 낙원에 닿을 때까지 땅속 깊숙이 힘차게 찔러 넣음으로써 최초의 인간들을 창조했다. 그는 남근을 수직으로 세워 그림자가 생기지 않게 하고는 초자연적인 정액을 흘려서 폭포처럼 떨어뜨리고 어머니 땅에 씨를 뿌린 뒤 인간들을 낳았다. 이들은 태양의 남근 위로 기어오르고, 마침내 우주의 자궁에서 빠져나와 완전한 형태의 데사나족으로서 땅 위에 등장했다.

태양은 이러한 창조 행위를 통해서 그의 황금빛 힘으로 세상의 모양을 만들었고, 세상에 생명과 안정을 주었다. 데사나족이 매우 중요하게 생각하는 자연의 안정은 단순히 정태적인 균형 상태가 아니다. 오히려 그것은 태양이 창조한 경이로운 모든 구성요소들이 서로 끊임없이 다양하게 주고받으며 만들어내는 역동적인 상태다. 이것은 현대의 생태학자들이 "생태적 평형상태"라고 말하는 것과 다르지 않다.

데사나족에 따르면 이와 같이 타고난 자연계의 안정은 자연의 모든 구성요소들 사이에 언제나 존재했던 순환 관계의 거대한 그물망에 뿌리를 두고 있다. 수없는 산과 숲, 강이 있는 땅과 동물, 식물 그리고 데사나족 사람들과 같은 최초의 생명체들 사이의 순환 관계는 우주의 나머지 모든 요소들과 조화를 이룬다. 데사나족이 말하는 것처럼 태양은 자신의 창조 계획을 매우 잘 짰고, 그 계획은 완벽했기 때문이다.

　데사나족 사람들은 본래 태양이 오늘날 우리가 하늘에서 보는 둥근 태양보다 훨씬 더 큰 모양이었다고 말한다. 우리에게 친숙한 이 "태양"은 그 모양이 아무리 진짜 같아도 사실은 이 지구를 위해 만들어진 진짜 태양의 대용물 또는 대리자일 뿐이다. 창조자인 진짜 태양은 오늘날 자신의 힘을 이 현세의 "태양"을 통해 발휘하여, 창조의 빛과 열, 보호 그리고 무엇보다도 다산多産의 풍요로움을 인간들에게 선사한다.

　최초의 창조자 태양은 단순한 말이나 생각이 아니라 존재하는 상태였다. 그것은 최초의 근원이 되는 빛이며, 생식력을 가진 황금색 빛이었다. 그 빛으로부터 모든 창조활동이 흘러나왔고 어떤 고정된 목적이나 계획은 없었다. 따라서 이 태양은 모든 창조 원리의 근원이었다. 태양은 땅을 만들고 공기를 제공하는 존재이며, 자연이 끊임없이 순환하도록 주관하는 역할을 했다.

　또한 이 최초의 태양은 데사나족 사람들에게 비옥한 열대우림에 사는 다른 생명체들과 건강하고 적절한 관계를 맺으며 살아야 한다는, 변하지 않는 소중한 규칙을 주었다. 태양이 준 "행동 규범"은 너무 고상하고 복잡해서 데사나족 말로 단순하게 표기될 수 없었다. 그것은 마치 눈으로 보는 것과 같은 풍부한 은유를 통해서만 묘사될 수 있었다.

　지하 낙원인 아피콘디아에서 볼 때 우리들이 살고 있는 지상은 인간과 동물들이 살고 있는 햇볕이 강하게 내리쬐는 피처럼 붉은 곳처럼 보인다. 이 땅은 또한 더욱 멋진 모습으로 나타나기도 하는데, 타는 듯한 열대의 햇살을 받아 신선하게 반짝이는 거대한 반투명의 거미줄처럼 보이기도 한다. 데사나족 사람들 말에 따르면 명주실 같은 실로 서로 복잡하게 이 땅을 연결하고 있는 이 환상적인 "우주의 그물망"은 이 세상의 사람들이 지키며 살아야 할 규칙들과 같다. 그들은 보통의 사람은 이 실을 따라가며 잘살려고 애쓰며, 태양은 그들을 지켜본다고 말한다.

창조자 그리고 모양을 만드는 자[5]
미국 애리조나 주 북동부 호피족

> 창조자와 창조 행위는 분리될 수 없다. 이 두 가지 필연성은 서로 밀접하게 섞이고 상호의존 관계로 발전한다. 따라서 어느 하나를 파괴하거나 품위를 떨어뜨리거나 또는 발전시키면 다른 하나도 똑같이 그렇게 된다.
> _로저 스페리Roger Sperry, 노벨상 수상 신경물리학자[6]

푸에블로 창조 설화는 푸에블로족Pueblo族 사람들이 자연의 힘에서 인식하는 두려움, 경외, 역동적 변화의 느낌을 고스란히 담고 있다. 이들은 이 우주에 살고 있는 신 또는 여신이 유일한 존재하고 생각하거나 그에게 절대적 역할을 부여하지 않는다. 예를 들면, 어떤 푸에블로족 신화를 보면 창조자는 "생각하는 여신Thinking Woman"(생각으로 생명체와 세상을 창조하다고 해서 붙여진 이름임 – 옮긴이)이라고 부르는 여신인데, 다른 신화에서는 남성이 창조자로 나타나기도 한다. 생각하는 여신은 지하세계에서 살면서 땅 위에 있는 모든 생명체가 존재하도록 생각한다. 그런데 다른 이야기에 나오는 생각하는 여신은 어두운 지하세계에 사는 유일한 생명체인 신성한 거미의 모습으로 나타나며 그녀는 다른 생명체들이 존재하도록 실을 잣고 노래를 부른다. 많은 호피족Hopi族(푸에블로 인디언과 일족임-옮긴이) 설화에 나오는 이 창조자 여신은 할머니 거미로 알려져 있다.

호피족은 최초의 여신을 "단단한 것들의 여신Hard Beings Woman"이라고 부른다. 그녀는 하늘세계에 살면서 달과 별을 소유하고 있다. 또한 땅도 그녀의 것이며, 그녀의 아들은 곡식의 신이다. 그녀는 땅에게 단단함과 모양, 거기에 사는 생명체들을 주었다. 그녀는 최초의 인간을 창조했지만 그들을 직접 낳지는 않았다.

아득한 태초에 단단한 것들의 여신은 서쪽의 외딴 절벽에 있는 키바kiva(푸에블로 인디언의 지하실 큰 방으로 종교의식이나 회의 때 씀-옮긴이)에 머물렀다. 그곳은 당시에 유일하게 땅바닥이 단단한 곳이었다. 세상에는 산호와 조개 같은 단단한 물질들과 물밖에 없었다. 그녀는 이 단단한 물질들을 구슬로 만들어 자신의 몸을 치장했다.

태양은 먼 동쪽에 살았다. 그러나 그는 새벽마다 동쪽에서 다시 뜨기 위해 매일 밤마다 서쪽 바다에 있는 단단한 것들의 여신의 키바 안으로 들어가서 지하세계로 통하는 출입문을 열고 아래로 내려갔다. 때가 되자 이 두 신은 그들을 둘러싼 바다에서 마른 땅을 들어 올려 동쪽과 서쪽의 바다로 나누었다. 이 바다는 오늘날과 같은 바다의 모습이 되었는데 이것은 땅에 있는 호수와 신성한 샘물들과 지하수로를 통해 미로처럼 연결되었다.

태양은 단단한 것들의 여신의 키바에 들러 최초의 인간을 창조하기로 함께 결정했다. 단단한 것들의 여신은 태양에게 꿀과 맛좋은 것들을 먹인 뒤 태양의 손가락에서 살점 한 조각을 떼어내 그것을 그녀의 담요 밑에 숨겼다. 거기서 소녀가 태어나고 그 다음에 소년이 태어났다.

또 다른 창조 설화를 보면 형체가 없었던 땅은 대기 위로 천천히 자욱하게 퍼지는 연기 말고는 아무것도 없었다. 위대한 양성신인 "아워나윌로나A'wonawil'ona"(뉴멕시코 주니 인디언의 창조주로 태양신임 - 옮긴이)는 자신의 숨결로 이 세상의 구름과 큰 바다를 창조했다. 이 양성신은 푸른색 둥근 천장을 가진 하늘이다. 신의 숨결로 만든 구름은 북쪽은 황색으로 서쪽은 청록색으로 남쪽은 적색으로 동쪽은 은색으로 물들었다. 그 구름은 아워나윌로나 자신이며 그는 공기 그 자체였다. 공기가 새의 모습으로 나타나면 그것은 신의 모습 가운데 일부가 드러난 것뿐이다. 그는 빛과 구름, 공기를 통해서 식물을 만들어내는 창조자이면서 식물 그 자체가 된다.

호피족 사람들은 땅 위에 사는 인간이 창조되기 전부터 존재하고 있었던 지하세계에서 최초의 인간이 탄생한 또 다른 이야기들을 가지고 있다. 사람들은 대개 지하세계를 좋지 않은 환경으로 생각한다. 그곳은 생명체가 처음 형태를 만드는 장소였기 때문에 생겨나는 것들로 언제나 붐비고 심지어 오염되어 있기도 했다. 아직 완성되지 않은 피조물들이 하나 가득 불결하고 어두운 공간에서 서로 기어다녔다. 또 전해오는 어떤 설화는 지하세계에 사는 인간들의 혼돈을 강조한다. 그곳에서는 남자와 여자가 서로 다투고, 신성한 법을 신실하게 지키지 못하며, 감사의 기도도 드릴 줄 모른다.

아코마Acoma 푸에블로 인디언들의 인간 창조 설화에 따르면 이 세상에 태어난 최초의 인간 두 명은 모두 여성이었다. 두 자매는 빛이 없는 지하세계에 살았는데 그저 서로가 점점 자라고 있다는 것을 느낄 수만 있었다. 할머니 거미는 그들을 키우고 말을 가르쳤다. 그리고 마침내 여러 가지 씨앗과 모든 동물의 작은 형상이 가득 든 바구니를 자매에게 하나씩 주어 세상을 창조하게 했다.

자매가 뿌린 씨앗은 자라서 나무가 되었는데 지하세계의 어둠 때문에 매우 느리게 자랐다. 어느 날 나무 한 그루가 땅 천장을 뚫고 땅 위로 나갔다. 그러자 약간의 햇빛이 지하세계로 들어오기 시작했다. 자매는 오소리를 창조해서 그들이 땅 위로 기어 올라갈 수 있을 정도로 큰 구멍을 파게 했다. 이들은 기어서 땅 위 세상으로 올라온 뒤 개아카시아 나무를 창조해서 그들이 빠져나온 구멍을 막아버렸다. 그 뒤 할머니 거미는 자매에게 기도와 찬양의 노래를 가르쳐 태양에게 존경과 감사를 표시하는 법을 알려주었다. 자매는 태양에게 기도와 노래를 바친 뒤 세상의 모든 생명체들을 창조했다. 그리고 기본이 되는 네 방향을 표시하기 위해 사방에 산을 두었다. 수증기 같은 옅은 안개는 자매 가운데 한 사람을 임신시켜 쌍둥이 아들을 낳게 했다. 임신을 하지 않은 다른 자매는 쌍둥이 가운데 한 아이를 데려다 키워서 자기 남편으로 삼았다. 많은 세월이 흐른 뒤 이들은 푸에블로족 조상들을 낳았다.

또 다른 창조 설화를 보면 자연의 힘이 다시 푸에블로족 사람들이 탄생하는 것을 돕는다.

어두운 지하세계에 살고 있던 쌍둥이 형제는 땅 위에 어떤 빛이 있는지 궁금했다. 처음에 미루나무가 위로 올라갔지만 어떤 빛도 볼 수 없었다. 그 다음에 삼나무가 시도했지만 아무 소득 없이 되돌아왔다. 그 뒤를 이어 가문비나무가 올라갔다. 가문비나무는 구멍이 필요하다는 것을 알았다. 그래서 딱따구리가 가문비나무 위로 날아올라가 천장을 쪼기 시작했다. 독수리도 가문비나무 위로 날아 올라가 오소리를 위한 둥지를 지었다. 오소리가 위쪽으로 구멍을 파기 시작하자 가문비나무는 더 크게 자랐고, 오소리는 일을 더 쉽게 할 수 있어서 마침내 사람들이 태양이 비추는 땅 위 세상으로 나갈 수 있게 했다. 사람들은 가문비나무에게 감사의 인사를 하면서 푸에블로족 사람들이 기도할 때마다 영원히 가문비나무의 가지를 사용하겠다고 말했다.

햇살이 비추는 아름다운 지상세계에 최초의 사람들이 등장하는 장면이 절정에 오르는 이야기가 있는데, 인간은 지하세계에서 땅 위로 나오기 위해 4단계에 걸쳐 길을 만든다. 각 단계에서 그들은 먼지와 재를 뒤집어 쓴 서로의 모습을 볼 수 있었다. 그들은 침과 오줌으로 더럽혀지고 머리는 녹색 점액들로 뒤범벅되어 있었다. 또한 그들의 손과 다리는 거미줄투성이였다. 그들은 꼬리가 달렸으며 입을 비롯한 배출구가 없었다. 그들은 마침내 햇살이 비추는 지상세계로 올라왔고 그 아름다움에 기뻐하며 눈물을 흘렸고, 한편으로 태양의 밝고 타는 듯한 빛 때문에 고통에 겨워 울지 않을 수 없었다. 그들이 서 있었던 곳에는 어디나 태양 때문에 흘린 눈물로 생긴 태양의 꽃(해바라기와 미나리아재비)이 피어났다. 사람들은 "여기가 우리가 살 세상인가요?" "그래요. 이 곳이 마지막 세상이지요. 우리는 여기서 우리의 아버지 태양을 봅니다." 하고 말했다.

자연계의 타고난 아름다움과 연약함을 극도로 민감하게 바라보는 이런 이야기들 속에서 호피족의 세계관은 가슴 뭉클하게 표현된다. 호피족의 설화는 이렇듯 생명의 기원을 명쾌하게 이야기함으로써 인간과 다른 생명체의 운명이 서로 불가피하게 얽혀 있다는 사실을 밝힌다. 그리고 지금 우리가 살고 있는 세상이 "마지막 세상"이라고 우울한 경고를 하면서 이 땅 위에 있는 생명의 보잘것없음에 대해 다시 한 번 되돌아 볼 것을 종용한다.

아득한 시대라고 부르다[7]
알래스카 내륙 지역 코유콘족

> 우주의 창조 원리 그리고 그 원리의 구조와 이해는 외부에 있는 것이 아니라 내부에 있다. 지금까지 우리가 알고 있는 모든 과거는 지금 이 순간 이 세상 안에 다 들어 있다.
> ─존 플래트John Platt, 생물물리학자[8]

알래스카 북극 가까이에 사는 코유콘족Koyukon族은 세상 만물은 모두 같은 조상 아래 서로 연결되어 있다고 말한다. 땅 위에 있는 모든 것들은 그것이 사람이든 동물이든 또는 식물이나 바위, 강물이나 눈송이이든 같은 생명의 기원을 가지고 있으며, 정신적으로 서로 동족관계를 맺고 있다. 각 개체는 코유콘족 사람들이 '까돈츠드니Kk'adonts'dnee'라고 부르는 태초의 시대로 거슬러 올라간 영원한 시대의 이야기가 현실로 나타난 것이다. 까돈츠드니는 문자 그대로 말하면 "아득한 시대라고 부르다"라는 뜻이며, 좀 더 간결하게 줄이면 "아득히 먼 시대"라는 뜻이다.

원주민이 자연을 바라보는 생각에 대해 훌륭하고 명쾌하게 설명한 『갈까마귀에게 기도하라Make Prayers to the Raven』라는 책을 쓴 알래스카 인류학자 리처드 넬슨Richard Nelson에 따르면 코유콘족은 자신들을 자신들의 언어인 아타파스칸Athapaskan어로 '틀리야가 후타닌Tleeyaga Hutanin'이라고 말한다. 오늘날 이들의 수는 겨우 몇천 명밖에 안 되며, 거대한 유콘Yukon 강과 그 지류인 코유쿠크Koyukuk 강을 따라 불규칙하게 퍼져 있는 북극권 서쪽 페어뱅크스Fairbanks 지역에서 여럿이 또는 멀리 떨어져 마을을 이루며 흩어져 산다.

코유콘족 사람들이 말하는 우주 안에서 아득한 시대는 시간을 초월한 자연의 근본 토대를 상징한다. 땅 위의 모든 생명이 창조되던 이 최초의 시기는 모든 것이 풍부하며 끝없는 신화만이 존재했다. 그 곳은 바로 이 세상 만물—사람과 자연 그대로의 모든 것—이 모두 뿌리를 박고 있는 근원이다.

아득한 시대는 희미하지만 강력한 영향력을 지닌 기억으로 전통 설화와 정신적 의식 속에서 큰 빛을 낸다. 이 시대는 정확한 측량이나 인간의 명확한 이해를 넘어 영원한 시간 속에 있다. 이 시대는 신들의 시대로 영웅들의 모험이 혼재하고, 땅이 솟아오르며, 엄청난 규모로 우주의 대전환이 이루어지던 시대이다. 천체와 지리, 생물을 포함한 자연계 전체가 모두 거대한 변형을 끊임없이 되풀이하던 시대이다.

갈까마귀는 코유콘족의 여러 정신적 상징들과 함께 아득한 시대의 최초 질서 속에 등장했다고 한다. 갈까마귀는 코유콘족이 말하는 우주에서 가장 근본이 되는 창조력을 지니고 문명을 여는 존재이다. 그리고 어떤 의미에서는 인간이 지닌 모든 특성, 이를테면 지혜와 창의력에서 폭음과 폭식, 음란한 바람기까지를 포함한 모든 것을 재현한 살아 있는 인간의 화신인 것처럼 보인다. 원시 시대 북아메리카에서 자연의 질서를 망치고 다녔던 코요테, 큰 토끼와 같은 말썽꾸러기들처럼 갈까마귀는 역설의 화신으로 대개 천방지축이다. 그는 지혜로우면서 어리석고, 다정하면서 잔인하다. 또 순결하면서 음란하고, 믿음이 있으면서 비열하다.

전체 우주의 관점에서 볼 때 신화에 나오는 이 말썽꾸러기 사기꾼(트릭스터라고 하는데 원시 민족의 신화에 나와 주술과 장난으로 혼돈의 질서를 만드는 초자연적 존재를 말함 - 옮긴이)은 현대 과학이 한때 가장 파악하기 힘들고 이해하기 어렵다고 생각했던 혼돈과 신비의 힘들을 지니고 있다. 그러나 이 힘들은 DNA 유전자에서 멀리 있는 별들이 내뿜는 빛의 분산에 이르기까지 오늘날 우리 과학자들이 밝혀낸 우주의 특징들 가운데 일부이며 우리가 반드시 이해해야 하는 것들이다. 비교신화학자인 조셉 캠벨Joseph Campbell의 말에 따르면 원주민의 신화에 나오는 사기꾼은 혼돈의 원리, 무질서의 원리, 금기시되는 불완전한 힘, 영역 깨뜨리기와 같은 것을 상징한다. 그러나 이 원리가 생명의 에너지가 솟아나게 하는 더 깊은 존재의 영역이라는 관점에서 보면 그것은 경멸의 대상이 아니다.

코유콘족의 아득한 시대에 사기꾼 갈까마귀는 세상에 햇빛을 선물하였다. 이를 위해 갈까마귀는 가문비나무의 작은 바늘잎으로 변신하여 집에다 태양을 숨겨두고 있던 한 여인이 자신을 삼킬 수 있게 했다. 여인은 한 사내아이를 낳았는데, 그 아이가 충분히 건강하게 자랐을 때 아이는 태양이 담요 아래 있다는 것을 알았다. 아이는 태양을 문 밖으로 굴렸다. 그리고 갈까마귀로 변신해 태양을 하늘에 다시 올려놓았다. 땅은 다시 한 번 생명력이 충만한 눈부신 빛으로 가득해졌다.

아득한 시대의 갈까마귀와 그의 영웅 동료들은 창조와 변화가 폭발하는 시기에 우주의 촉매로써 구실을 했다. 이 시기 동안, 본래 지구에 살고 있던 인간과 동물이 혼재된 괴이한 모습의 존재들이 오늘날 코유콘족의 영토에서 살고 있는 동물이나 식물들의 모습으로 바뀌게 되었다.

현존하는 코유콘족 원로들의 말에 따르면 그때 일어난 가장 중요한 변화는 그 시기의 종말을 가져온 엄청난 대재앙에서 발생했다. 갈까마귀는 최초의 생명 형태들을 대표하는 모든 것들을 뗏목에 태웠다. 갈까마귀는 이 영웅적 행위를 통해 인간과 비슷한 모습을 지녔던 식물과 동물의 생명을 구했다. 그러나 대홍수가 끝났을 때 모든 피조물들은 그들이 본디 지녔던 신체적, 사회적, 언어적 특성이 모두 바뀌었다. 이들의 몸은 보통의 식물과 동물의 모습으로 바뀌었다. 하지만 이렇게 큰 변화에도 불구하고 우리는 북극 숲에 사는 동물들에게서 여전히 인간의 특성과 인격의 잔재가 남아 있었다는 것을 볼 수 있다.

코유콘족의 아득한 시대 설화에 담겨 있는 지식은 자신들이 살고 있는 북극 근처의 자연 풍경에 생기를 불어넣는다. 그 지역은 기후 변화가 심하지만 파란 북극 하늘과 침엽수림으로 둘러싸여 있고, 계절에 따라 수정같이 맑은 물이 폭포수처럼 흘러내린다. 이 지식은 자기들이 사는 지역의 툰드라 숲과 강, 늪에 모두 의미를 부여한다. 설화가 담고 있는 지식은 코유콘족 사람들에게 먹을 것을 제공해 주는 산림순록, 말코손바닥사슴, 물새, 연어와 같은 소중한 사냥감들의 계절 이동과 활동에 관한 기초적인 정보들을 알려준다. 또한 왜소한 모양의 가문비나무 무리에서 잎이 무성하고 열매가 달린 월귤나무, 덩굴월귤, 호로

딸기들의 덤불까지 지역에서 자라는 여러 가지 식물 종들의 성장과 번식이 어디에서 시작했는지도 보여준다.

　이 땅 위에 있는 모든 것은 아득한 시대의 신성한 잔재를 품고 있기 때문에 코유콘족 사람들은 그들을 둘러싼 자연 만물이 모두 서로 연결되어 있다는 것을 실제로 느끼지 않을 수 없다. 이렇게 볼 때 물고기, 동물, 꽃, 돌, 별, 소나기와 같은 자연 만물과 현상은 자기 나름의 방식으로 끊임없이 과거와 서로 인연을 맺고 있다.

　리처드 넬슨은 전통적인 코유콘족 사람들이 언제나 자연의 시선을 의식하며 살고 있다고 주장하며 감동어린 찬사를 보낸다. 그들은 자신들을 둘러싼 자연 속을 돌아다닐 때 절대로 혼자라고 생각하지 않는다. 자신들을 둘러싼 모든 자연 만물들은 자기를 알아보고 느낄 수 있는 인격체라고 생각한다. 자연 만물은 생각할 줄 알고, 성을 내기도 한다. 그리고 이들은 언제나 코유콘족 사람들에게 적절한 존중을 받는다. 이렇게 볼 때 우리는 자연에 있는 모든 만물을 오늘날 유럽이나 미국인들이 알지 못하는 어떤 강력하고 특별한 종류의 생명을 부여받은 존재라고 생각할 수 있을 것이다.

최초의 사냥꾼, 사야[9]
캐나다 북동부 브리티시컬럼비아 주 둔네자족(비버족)

　다윈이 종의 기원을 처음으로 우리에게 건네준 지 벌써 한 세기가 지났다. 우리는 이제 앞서 떠난 여러 세대들이 전혀 알지 못했던 사실들을 안다. 우리 인간은 진화라는 긴 모험의 길을 다른 생명체들과 함께 걸어가는 동료 여행자일 뿐이다. 이 새로운 지식은 이제 우리가 함께 길을 가는 다른 생명체들과 서로 밀접한 관계를 맺은 동족 사이라는 것을 일깨워준다. 이 생명체들은 우리가 함께 살아야 하고 살게 해야 할 동반자이다. 이 지식은 우리에게 생명 연구사업의 중요성이나 지속성을 넘어서는 경이감을 불러일으킨다.

_알도 레오폴드Aldo Leopold, 생태학자[10]

찰레이 야헤이Charley Yahey는 캐나다 서쪽 북극 근처에 사는 아타파스칸Athapaskan 말을 사용하는 사냥부족인 둔네자족Dunne-za族의 현존하는 '꿈을 꾸는 사람'들 가운데 한 사람이다. 그가 전하는 창조 설화에 따르면 이 세상에 존재하는 모든 것은 태초에 거대한 물이었으며, 땅은 전혀 없었다. 창조자는 최초의 물 표면에 한 장소를 지정한 후, 물에 사는 생물들에게 그 아래로 깊이 내려가 밑바닥에 있는 진흙덩어리를 물 위로 가져오라고 요청했다.

그러나 물에 사는 생물들 가운데 그 누구도 이런 위험한 일을 해낼 수 없었다. 어두운 심연의 바다 속은 너무 깊었기 때문이다. 그러나 마침내 사향뒤쥐muskrat가 이 일을 해냈다. 그는 바닥에서 아주 작은 양의 진흙을 가져오는 데 성공했다. 그는 물 위로 올라와서 그 귀중한 진흙을 창조자가 지정한 우주의 중심, 간단하게 말해서 "너는 자랄 것이다."라는 뜻을 지닌 자리에 갖다 놓았다. 이 순수한 진흙덩어리에서 땅 위의 세상은 자라기 시작했고, 그 장소가 뜻하는 것처럼 해마다 끊임없이 점점 커졌다. 이런 식으로 계속되는 창조 행위와 매개체들을 통해서 창조자의 정신 속에 들어 있던 생각들은 오늘날 둔네자족 사람들에게 친숙하고 풍부한 물질세계로 바뀌었고, 이것이 마침내 지금의 세상이 된 것이라고 말할 수 있다.

끝이 없는 신화의 시간 속에서 (둔네자족이 성년식이나 영계靈界와 만나는 의식을 거행하면서 홀로 숲 속의 야생동물들과 만나는 시간을 가질 때, 그들이 다시 마주치게 되는 바로 그 태초의 시간) 사향뒤쥐가 물 아래로 내려가는 영웅적 행동을 한 이래로 둔네자족의 우주 안에 있는 많은 창조의 힘과 작용, 존재들이 촉매가 되어 수많은 창조 활동들이 지속되었다. 인간의 출현과 수많은 거대한 동물들의 등장도 그런 창조 활동들 가운데 하나였다. 이 시기에 인간과 동물의 관계는 오늘날 우리가 알고 있는 관계와 달랐다. 실제로 쫓고 쫓기는 관계가 오늘날과 완전히 반대였는데, 거대한 동물들이 굶주린 사냥꾼이었고, 인간은 그들의 먹이였다.

이와 같은 위험한 원시 시대의 상황에서 둔네자족 문명의 영웅인 사야Saya가 나타났다. 그는 동물의 흔적을 찾아 뒤를 쫓는 최초의 인간이며 "중요한 것을 아는" 최초의 사람, 최초의 사냥꾼이었다. 그는 어렸을 때 스완Swan이라고 불렸는데, 자라면서 강하고 창조력이 높은 인물이 되었다. 그는 자연의 질서를 만드는 데 도움이 되는 신성한 지식들을 축적했다.

사야는 대담하게 그동안 인간들을 사냥하고 죽였던 거대한 동물들의 뒤를 쫓았다. 그는 매우 거대한 야수 한 마리를 죽인 뒤 그 고기를 뜯어서 사방으로 뿌리면서 오늘날까지 둔네자족이 대대로 살아온 땅에서 살고 있는 다양한 야생동물들의 이름을 소리쳐 불렀다. 그러자 그 고깃덩어리들이 그 이름을 가진 동물로 바뀌었다. 족제비, 울버린, 담비, 쿠거, 스라소니가 바로 그때 창조된 동물들이다.

그는 아직 죽이지 못한 거대한 동물들의 뒤를 끊임없이 쫓아다녔고, 결국 그 동물들은 자신들의 은신처를 땅의 가장 윗부분인 지각 밑에다 마련했다. 비로소 쉴 수 있게 된 그들은 거대한 몸을 움직이지 않고 마치 담요처럼 이리저리 접어서 지표 바로 밑에 눕혔고, 이것들은 여러 가지 모양의 언덕과 계곡, 산들이 되었다. 이렇게 거대한 동물들이 최초의 사냥꾼을 피해 지하로 탈출했기 때문에 둔네자족이 사는 지역의 모든 등고선은 지표 밑에 누워 있는 거대 동물들의 등을 나타낸다. 둔네자족 사람들이 그 거대 동물들을 추적하면서 만들어진 구부렁길들은 지표 밑으로 숨어 들어간 거대 동물들의 형체와 일치한다.

오늘날 둔네자족 사람들에게 땅은 그 자체로 수많은 동식물과 연약한 인간 공동체들의 이야기가 서로 얽히고설킨 자연의 역사이며, 세상을 창조하는 경이로운 신화의 시간과 영원한 자연과 인간 경험의 원형을 의미하고 기억하는 마지막 저장소이다.

자연과 그와 관련한 인간의 행동은 신화의 시간 위를 덮고 있는 표면에 불과하다. 신화와 환상의 시간은 실제로 끊임없이 근원적인 자연의 힘이 될 것이다. 사야와 그가 땅 밑으로 쫓아낸 거대한 동물들의 이야기는 앞으로도 끊임없이 모든 현상의 뒤에서 계속해서 일어날 것이다.

동물을 보고 웃는 것은 신성한 법을 어기는 행위다![11]
말레이시아 취옹족

> 인간과 다른 모든 생물이 진화론에서 볼 때 동일하다는 사실은, 다윈의 혁명이 세상에서 가장 오만한 종들에게 던지는 아주 중요한 메시지이다.
> _스티븐 제이 굴드Stephen Jay Gould, 진화생물학자[12]

취옹족Chewong族은 생물학적으로 말레이시아 반도의 비옥한 열대우림 생태계에서 오랫동안 살아왔던 수많은 오랑 아슬리Orang Asli 또는 "원주민"들 가운데 한 부족이다. 오늘날 취옹족은 다른 오랑 아슬리들과 마찬가지로 그들을 삼켜버릴 듯이 둘러싸고 위협하는 현대 산업사회의 비원주민들 때문에 생존이 위태롭다. 취옹족이 대대로 살아온 삶의 근거지는 비원주민들에게 둘러싸인 채 밀려드는 도시인들의 벌목과 침입으로 급격하게 소리 없이 사라지고 있다. 그리고 취옹족의 아이들은 대개 영양실조에 걸려 있다. 이들의 수는 1979년에 131명을 넘지 않았다. 그렇지만 이들이 가장 소중하게 여기는 전통 가치 가운데 하나인 자연에 대한 공경은 아직도 사라지지 않고 남아 있다.

취옹족 말로 '탈라이덴talaiden'이라고 부르는 신성한 법에 수록된 동물들을 괴롭히지 못하도록 한 전통 규율만큼 취옹족의 자연 공경 사상을 잘 보여주는 것은 없다. 가장 중요한 탈라이덴 가운데 하나는 특별히 다른 동물들에 대해 인간이 취해야 할 올바른 태도와 관련이 있는데, 무슨 일이 있어도 동물들을 보고 웃거나 놀리면 안 된다고 이야기한다.

만일 취옹족 마을에서 어린아이들이 사로잡은 새나 뱀을 가지고 놀며 장난치거나 또는 심지어 요리하기 위해 준비 중이거나, 요리 중이거나 고기를 먹고 있을 때 그 근처에서 시끄럽게 떠들고 놀면 어른들이 가서 그들을 엄하게 꾸짖고 곧바로 그 행동을 멈추게 한다. 어른들은 "탈라이덴!" 하며 부주의한 어린아이들을 꾸짖고 "그 뱀이 너희를 삼켜버릴 거다!"라고 말한다.

여기서 말하는 굶주린 뱀은 사로잡힌 것이든 죽은 것이든 야생 동물의 영혼을 모욕하는 생각 없는 행동을 심하게 혼내주는 상징으로써 그 권위를 인정받는다. 그러나 이 뱀은 보통 파충류에 속하는 뱀이 아니다. 모든 취옹족 어린이들이 어렸을 때 배우는 최초의 뱀, '탈로덴 아살Talòden asal'을 말한다. 탈로덴 아살은 거대한 몸집의 고리 모양을 한 최초의 뱀으로 지하세계의 어두침침한 깊은 물에 사는데, 그곳은 취옹족이 날마다 생활하는 뜨겁고 축축하며 햇빛을 듬뿍 받는 숲 속 땅, 어스세븐Earth Seven의 바로 아래에 있다.

취옹족의 주장에 따르면 최초의 뱀 탈로덴 아살은 양면적인 모습을 지녔다. 최초의 뱀은 비열하면서도 다른 한편으로 자애로운 여성성을 함께 가지고 있다. 탈로덴 아살은 뱀의 모습을 한 초자연적 여성이며, 몸집과 힘이 엄청나서 조금만 움직여도 모든 생명체를 위험에 빠뜨리는 자연재해를 일으킬 수 있다. 전지전능한 탈로덴 아살은 인간들이 자신이 보살피는 모든 동물들 가운데 하나라도 그의 존엄성을 조금이라도 침범했다고 생각하면 바로 이런 자연재해로 벌을 내린다.

탈로덴 아살은 화가 나면 일제히 귀가 떠나갈 듯한 천둥과 백열등처럼 번쩍이는 번개, 날카로운 소리를 내는 바람을 일으켜 거센 열대 폭우를 쏟아 붓는다. 또 그녀를 화나게 만든 취옹족 마을 근처에 있는, 우뚝 솟아 있지만 뿌리가 깊지 않은 나무들을 마구 뒤흔들어 조그마한 충격으로도 비에 흠뻑 젖은 숲 속 땅바닥으로 쓰러뜨린다. 만일 숲 속 동물들의 안녕을 위협하는 인간의 오만한 침범이 지속된다면 그녀는 지하세계의 거대한 저수지에 있는 칠흑 같은 물을 지상으로 새어나오게 해서 대홍수를 일으킬 수도 있다.

탈로덴 아살은 이렇게 무서운 파괴력을 지녔지만 취옹족들에게 악의 화신이나 사악한 자연의 힘으로 생각되지 않는다. 이들은 오히려 탈로덴 아살을 자연 세계 자체를 특징짓는 복합적이고 다차원의 신비성을 반영한 존재로 우러러 본다.

탈로덴 아살은 하늘 높이 구름이 떠 있는 곳에 사는 남편 탄코Tanko와 마찬가지로 인간들이 자연에서 겪는 그런 자연현상과 모순들을 모두 지니고 있다. 탈로덴 아살과 같이 탄코의 행위는 실제로 희극과 비극, 환희와 슬픔이 서로 무심하게 섞여 있을 때가 있다. 신화에 따르면 그는 어스세븐의 인간들이 그들의 하찮은 인생을 살면서 어쩔 수 없이 죽어야만 하는 고통과 끝없는 약점들을 보고 즐거워한다고 나온다.

최근 몇 년 동안 취옹족과 함께 생활했던 유일한 서양 인류학자 사인 호웰Signe Howell의 말에 따르면, 탈로덴 아살과 탄코는 엄청나게 크고 창조적이며 궁극적으로 완전하게 설명할 수 없는 복합성을 지닌 자연을 상징하는 추상적 존재라고 볼 수 있다.

동물을 보고 웃거나 괴롭히는 행위는 취옹족의 탈라이덴을 위반하는 가장 심각한 죄일 수 있다. 더욱이 취옹족은 대부분의 서양에서 하고 있는 것처럼 놀이를 위해 동물들을 조롱하거나, 품위를 떨어뜨리는 그림들을 쓰는 것과 같은 아주 미묘한 동물 적대 행위도 금지한다. 만일 취옹족이 해외로 여행을 가면 그들은 언제나 청춘의 모습으로 춤추고 노래하는 '미키'라고 부르는 쥐부터 괴상하게 생기고 가라테 발차기를 하며 지하 도시의 오염된 늪에서 태어난 복면의 닌자 거북이까지 할리우드의 오랜 전통 유산인 익살스런 만화 주인공을 보고 탈라이덴을 위반한 모습에 꺼림칙해 할 것이다. 또한 멋진 머리 모양을 한 푸들

강아지나 반짝거리는 모조 다이아몬드 목걸이를 걸친 버르장머리 없는 샴 고양이가 결국에는 공동묘지에 묻힌다는 사실을 알고 마찬가지 생각을 할 것이다. 취옹족이 보기에 이 모든 일들은 아무리 무의식적이라고 해도 인간의 동반자인 동물들의 존엄을 대놓고 모욕하는 경우이다.

또 다른 취옹족의 탈라이덴은 인간이 다른 종들을 마치 노리개로 생각해서 그들의 권위를 떨어뜨린다고 말한다. 호웰이 기록한 취옹족 전설은 자연 그대로의 모습과 그것을 범했을 때의 결과를 잘 보여준다.

한 취옹족 남자와 그의 약혼녀가 열대우림 속을 거닐다가 우연히 살아 있는 다람쥐 한 마리를 잡았다. 그들은 아직 어리고 아이를 낳지 않았기 때문에 아무 생각 없이 다람쥐를 애완동물로 키우기로 하고 집으로 데려갔다.

이 젊은 한 쌍은 숲에서 만난 동물은 모두 공경해야 한다는 그들의 기본 의무를 잠시 잊고 겁먹은 다람쥐를 마치 아직 태어나지 않은 자신들의 아기인 것처럼 생각했다. 그들은 아기 요람으로 사용할 해먹에 다람쥐를 올려놓고 곧 태어날 아기를 달래가며 들려줄 노래를 흥얼거리며 앞뒤로 흔들었다.

이들은 다람쥐를 단순히 사람처럼 생각함으로써 다람쥐에게 무거운 죄를 지었으며 그 죄의 종류도 다양했다. 이들은 동물이 지닌 자기 정체성의 권리를 무시했으며, 우주에서 자신이 있어야 할 자리를 인정하지 않았다. 이들이 다람쥐를 아무리 부드럽게 대했다고 하더라도 탈라이덴의 규칙들 가운데 하나를 어긴 것은 분명했다.

모든 동물의 수호자인 탈로덴 아살은 이 일에 바로 반응했다. 탈로덴 아살은 그 일이 발생한 그 순간에 그들이 탈라이덴을 심각하게 위반했다는 사실을 알았다. 그녀는 가엾은 작은 다람쥐 한 마리가 곤경에 빠졌다는 사실에 격노했고, 당장이라도 폭발할 듯한 침묵 속에서 다양한 빛을 내는 긴 몸통을 굽이쳐 취옹족 마을에 무시무시한 폭풍우를 일으켰다. 세찬 바람과 억수 같은 비 그리고 지하수의 용솟음이 그 젊은이들이 사는 집으로 집중했고, 마침내 한 줌의 먼지도 남기지 않고 깨끗이 쓸어버렸다. 마지막 공포의 장면에서는 무섭게 생긴 거대한 뱀의 머리가 움푹 꺼진 지하세계에서 솟아 올라오더니 이 두 사람의 취옹족 젊은이를 갈라진 턱 사이로 움켜잡고는 한 입에 꿀꺽 삼켜버렸다.

그러나 탈로덴 아살은 다른 보통의 먹잇감처럼 단순히 그들의 살과 뼈를 삼켜버린 것이 아니었다. 그녀는 그들의 존재 자체를 이 세상에서 영원히 지워버렸다. 그들을 삼키면서 모든 인간과 어스세븐에 있는 모든 생명체들에게 생기를 불어넣어 살 수 있게 하는 연약한 생명의 불꽃을 완전히 꺼버렸던 것이다. 이 생명의 불꽃은 모든 피조물들이 말을 할 수 있었던 태초의 창조 시대부터 모든 생명체에 있던 것이다. 탈로덴 아살은 취옹족 젊은이 한 쌍이 지니고 있었을 소중한 루와이 ruwai, 바로 영혼의 심지를 완전히 잘라버림으로써 그들이 죽어서 어스세븐 너머의 영역에 가더라도 다시는 생명의 불꽃이 타오르지 못하게 만들었다.

이 취옹족의 설화는 우리에게 무엇을 전하고자 하는가? 호웰에 따르면 이 이야기가 뜻하는 것은 매우 단순하지만 생태적 의미에서는 심오하다. 호웰은 이 설화가 (호모사피엔스를 포함해서) 모든 동물들이 그들의 특성에 따라 개별성을 유지해야 한다는 사실을 암시한다고 말한다. 각각의 종은 자기 고유의 역할이 있으며 인간과 동물들 사이의 적절한 관계는 반드시 지켜져야 한다.

　이 교훈과 관련해서 취옹족이 믿고 있는 또 다른 흥미로운 신념은 오늘날 생명공학과 유전공학의 연구에 실제로 적용될 수 있다. 어떤 한 종에서 나온 유전자는 임시로 유전적으로 관련이 먼 다른 종의 유전자와 교환할 수 있다는 사실이다. 오늘날 취옹족은 열대우림의 생태계에서 몇백 세대를 거쳐 축적한 경험을 바탕으로, 자연에 반해서 서로 다른 동물 종을 교배하려는 사람은 누구든지 탈라이덴을 위배하는 것이라고 믿는다. 고양이와 개처럼 분명히 다른 동물들을 서로 맺어주면 어떨까 하는 생각만 해도 죄를 짓는 것이다. 취옹족의 우주에서는 호모사피엔스뿐만 아니라 모든 종들이 각자 고유한 성질과 정체성, 불가침성을 가지고 있으며, 이것은 자연계의 모든 구성원들에게 동등하게 신성하다. 호웰은 인간은 모든 종류의 생명체들 사이에 있는 경계를 반드시 지켜야만 한다는 사실을 깨달아야 할 엄숙한 의무가 있다고 간결하고도 명쾌하게 말한다.

꿈꾸는 시대의 계율[13]
오스트레일리아 북부 지역 얄라린 공동체

신은 옛날 그리스도교를 변명하고자 하는 사람들이 우리로 하여금 무의식적으로 그렇게 생각하게 만들려고 했던 것처럼 시계를 만드는 것과 같은 일을 하는 사람이 아니다. 그들은 모든 다른 기계론자들처럼 들판에 핀 꽃들을 자세히 바라보지 않고 사람들을 현혹시켰다.

> 꽃의 구성 요소들을 만드는 제작소는 내면에 있으며, 꽃은 만드는 것이 아니라 자라는 것이다. 신은 시계 제조공이라기보다는 오히려 염색체이며 생각 그 자체이다.
> _존 플래트John Platt, 생물물리학자[14]

오스트레일리아의 한 작은 토착 원주민 공동체는 티모르해Timor Sea의 푸른 바다를 향해 노던 테리토리Northern Territory를 거쳐 북쪽으로 굽이쳐 흐르는 거대한 빅토리아Victoria 강 계곡에 있는 얄라린Yarralin이라는 정착지에 자리 잡고 있다. 이 공동체의 존경받는 원로들은 세상이 창조되던 신화시대의 전설과 교훈이 이곳 자연의 살아 있는 구석구석에 뚜렷하게 아로새겨져 있다는 것을 안다.

온통 모래로 불규칙하게 뻗은 사막과 드문드문 나무가 서 있고 타는 듯한 열대의 태양 아래 누렇게 뜬 사바나의 초원, 그리고 빅토리아 강 계곡을 덮는 작은 관목 삼림지대는 단순한 풍경이 아니다. 이 질서정연한 배열은 하나의 신성한 지도이다. 비바람에 씻긴 거대한 모래바위 언덕과 작은 산 그리고 현무암과 석회암 평원이 그려내는 경이로운 등고선과 황토색 흙, 녹색 껍질의 고무나무, 눈이 시릴 정도로 파란 하늘이 어우러진 고요한 풍경 속에 최초로 이 땅과 그 위에 사는 모든 생명체가 탄생한 기원에 대한 기록이 담겨 있다. 이곳에서는 그것을 '꿈꾸는 시대' 또는 '꿈의 시대'[16]라고 부른다.

얄라린에 있는 토착 원주민들에 따르면 땅은 여성이다. 그녀는 모든 피조물의 최초 조상들을 낳았다. 그녀는 최초의 어머니이고 모든 존재의 근원인 까닭에 지금 그리고 앞으로도 영원히 모든 만물의 어머니이다.

얄라린 사람들(얄라린 정착지에 사는 토착 원주민들로 여러 개의 서로 다른 원주민 언어를 사용한다.)은 땅 위에는 모든 만물의 기원을 알려주는 진실이 기록되어 있다고 생각한다. 꿈의 시대에는 흙에 습기가 많고 부드러워서 대변환의 시대에 있었던 위대한 신화의 인물들과 창조 활동의 생생한 모습을 지형으로 남길 수 있었고, 우리는 오늘날 우리가 딛고 있는 땅에서 그것을 볼 수 있다.

이들이 전하는 이야기에는 어마어마한 모험과 이런 최초의 인물들의 상호작용이 생긴 지 얼마 안 된 지각에 대변동을 일으켰다고 말하며, 그 자취가 지금의 식물과 야생동물의 멋진 모습과 함께 땅에 남았다고 말한다. 자궁처럼 생긴 동굴과 샘물과 같이 특별히 중요한 여러 장소들에서 사람들은 이 귀중한 종들을 공급하는 영원한 힘을 되살렸다. 다양한 생명체를 만들고 자연을 순환하게 하고 땅에 그 흔적을 영원히 남긴 창조의 시대에 인간을 포함한 모든 종들은 자연의 변화와 장소, 등장인물들을 영원히 신성하게 만든 초자연적인 의미의 거미줄에 섬세하게 서로 얽혔다.

오스트레일리아 인류학자 스태너W. Stanner는 물리적 지형과 계절의 변화, 강인한 동식물을 포괄하는 전체적 의미로서 땅이 이런 방식으로 토착 원주민과 자연계의 나머지 다른 존재들 사이의 관계를 지배하는 일종의 진리 또는 자연 질서의 원리를 남겼다고 말한다. 그리고 얄라린 원주민들과 생활하면서 그들의 자연 인식을 세밀하게 기록했던 미국의 인류학자 데보라 버드 로즈Deborah Bird Rose의 말에 따르면 꿈꾸는 시대 그 자체—끝없는 신화의 시대, 변형된 모습의 지혜로운 동물 영웅들, 기억할 만한 창조 행위, 자연 속에 깊게 새겨진 인간 행동 규범—는 오늘날 우리가 살아가는 삶의 영원한 원형이며 동시에 우리가 그 속에서 다양성과 특수성, 풍부한 상상력을 지닌 생명의 나아갈 방향을 정하고 그것을 축하할 수 있게 만드는 원천이다.

로즈는 인간과 다른 생물체가 서로 적절한 관계를 맺는 것에 대해 꿈꾸는 시대의 근본정신은 크게 4가지 기본 법칙으로 나뉘어 정리될 수 있다고 말한다. 그녀는 자신의 연구를 바탕으로 쓴 『들개가 우리를 인간으로 만들다 Dingo Makes Us Human』에서 이 시대를 초월한 계율들을 다음과 같이 설명한다.

- 조화 : 생태계의 상태가 나쁘다면 생명체가 성장할 수 없다. 생태계를 이루는 각 요소들은 자기 자신을 유지하고 다른 요소들과 조화를 이루어야 하는 책임을 공유한다.
- 반응 : 소통은 상호적인 것이다. 여기서 서로 이해하는 것을 배우고 관심을 갖고 반응해야 할 도덕적 의무가 있다.
- 균형 : 각 요소들이 서로 반대하거나 조화를 이룰 때는 반드시 동등해야 한다. 왜냐하면 그 목적이 "이기거나" 지배하는 데 있지 않고 차단해서 더 큰 조화를 이루는 데 있기 때문이다.
- 자율 : 어떤 종도, 어떤 집단도, 어떤 나라도 다른 것의 "지배자"가 아니다. 각자는 자기 나름의 법을 따른다. 권위와 복종은 각각의 요소 안에서 필요한 것이지 각 요소들 사이에 필요한 것이 아니다.

이 태초의 계율은 시간을 초월해서 인간이 영원히 다른 종들과 조화를 이루고 존중하며 살도록 구속하고 있다.

이런 맥락에서 얄라린 원주민들은 유럽인들이 한 세기가 넘도록 빅토리아 강 유역에 사는 자신들과 다른 토착민들을 약탈하고 강제로 추방함으로써 그들이 소중하게 지켜온 꿈꾸는 시대의 계율을 깨뜨린 것을 가슴 아프게 생각한다. 그 오만한 침략자들은 생명의 기원이 지닌 진정한 역동성을 이해하지 못하고, 인간에게 부여된 기본 의무와 시간의 무한성에서 분리된 채 절망적으로 혼돈에 빠져 있다. 그들은 무엇을 기억하고 무엇을 잊어야 하는지 알지 못한 채 죽은 법을 따르고 살아 있는 법을 깨닫지 못한다. 자신들의 힘만 믿고 진리를 부정함으로써 죽음을 재촉할 뿐이다.

오스트레일리아 대륙에서 몇만 년 동안 꿈꾸는 시대의 계율을 지키며 살아온 얄라린 원주민들은 이 우주에서 자신들이 맡아야 할 역할이 무엇인지 매우 잘 알고 있다고 주장한다. 이 우주에서 비원주민들은 대개 불안할 정도로 거대하고 야박하며, 심지어 위험하고 연약한 인간 존재를 더 위축시킬 수 있는 사람들이다. 꿈꾸는 시대의 계율에 규정된 원주민들의 역할은 끊임없이 자연계 전체를 보호하고 유지하며 새롭게 하고 모든 생명체와 서로 존중하며 소통하는 것이다. 로즈의 주장에 따르면 얄라린 원주민들은 꿈꾸는 시대의 계율을 통해 과거와 현재, 창조와 현재의 삶이 서로 조화를 이룸으로써 그들 모두가 자연에 대해 영원히 도덕적 의무를 다해야 한다고 확고하게 믿고 있다. 이들은 끊임없이 스스로를 되돌아본다. 우리를 지나친 모든 것과 앞으로 우리에게 닥칠 모든 것은 다 우리가 하기 나름이다. 우리가 무엇을 하느냐 하는 것은 너무도 중요한 문제라서, 만일 우리가 책임을 피하고자 한다면 우주의 혼돈을 자초할 것이다.

생명은 끝이 없는 길을 간다[15]
북아메리카 북극권 툰드라 지대의 이누이트족

> 지난 몇 년 사이에 우리는 과거에 전혀 알지 못했던, 살아 있는 모든 생명체들이 서로 밀접한 동족관계를 맺고 있다는 사실을 알게 되었다. …… 따라서 모든 생명체는 동족이며 우리의 동족관계는 우리가 지금까지 생각했던 것보다 훨씬 더 가깝다.
> _조지 월드George Wald, 노벨상 수상 생물학자[16]

이누이트족Inuit族은 캐나다 중북부에 있는 바람이 심하게 불고 나무가 없는 툰드라 지대에 사는데, 이곳은 대대로 그들에게 먹을 것을 제공했던 삼림순록들이 주기적으로 대규모 이동을 하는 곳이다.

북극의 겨울은 몇 달 동안 어두운 날이 계속되는데 이누이트족은 이때 눈을 들어 별들이 떠 있는 둥근 하늘을 쳐다본다. 그들은 저 높은 곳에 있는 하늘은 전지전능한 신이 사는 신성한 장소라고 말한다. 아나트쿠트anatkut(지혜로운 사람들)는 그 신이 여성이라고 말한다. 그들은 모든 존재는 죽으면 그 영혼이 하늘에 있는 신성한 장소로 올라가서 전능한 여신에게 간다고 믿는다.

이누이트족은 영혼을 모든 생명체의 본질이라고 생각한다. 이들은 영혼을 작은 존재로 상상한다. 영혼은 살아 숨쉬고 변하는 모든 생물의 축소판이다. 따라서 인간의 영혼은 작은 인간이고, 삼림순록의 영혼은 작은 삼림순록이며, 바다표범의 영혼은 작은 바다표범이다. 이누이트족은 영혼이 사타구니 안에 있는 공기 거품 속에 있다고 믿는데, 그곳은 현대 생물학에서 새로운 생명체를 만들기 위해 DNA의 유전자 정보를 가득 실은 생식 세포인 난자와 정자가 만난다고 말하는 바로 그 장소이다.

영혼은 죽어서도 사라지지 않는다. 영혼은 생명력과 의식이 신성한 불꽃을 일으키면서 다른 생물로 다시 태어난다. 이 북극 지역에 전해지는 한 설화는 방황하는 인간의 영혼이 그 영혼을 무례하게 대했던 여인의 자식으로 태어났다는 두서없는 이야기를 담고 있다. 처음에 그 영혼은 개로 환생했다가 다음에는 바다표범으로, 그 다음에는 늑대, 삼림순록, 해마, 마지막에는 옛날이 그리워 다시 바다표범으로 환생했다.

그러나 이때 바다표범은 부인이 아기를 갖지 못하는 사냥꾼에게 기꺼이 자신을 희생하기로 마음먹었다. 사냥꾼의 부인이 생명이 끊어진 바다표범의 가죽을 벗길 때 허공에 떠돌던 바다표범의 영혼은 그녀의 몸속으로 들어갔다. 그리고 얼마 뒤 그녀는 마침내 임신을 했다. 그녀는 건강한 사내아이를 낳았고, 그 아이는 매우 솜씨 좋은 사냥꾼이 되었는데, 이것은 그의 영혼이 그동안 여러 동물로 환생하면서 스스로 경험했던 지혜를 쌓았기 때문이었다.

어떤 생명체든 죽은 후 그의 영혼은 임시로 하늘 높이 여신이 살고 있는 곳에 머무른다. 여기서 영혼은 엄청난 변화를 경험한다. 죽은 자의 영혼은 다시 태어나서 달을 타고 땅으로 다시 내려간다. 툰드라 지대의 이누이트족은 한동안 밤하늘에서 달빛이 사라지면 달이 이 일을 하느라 바빠서 그런 거라고 이해한다.

그러나 영혼이 하늘을 오가는 일은 아직 끝난 것이 아니다. 영혼이 하늘에서 여신에게 다시 생명을 받아 자기가 왔던 툰드라 땅으로 되돌아가고 나면 그 영혼은 다시 셀 수 없이 많은 길들을 따라 돌고 돌게

되어 있다. 어떤 영혼은 사람으로 다시 한 번 태어나고 어떤 영혼은 동물로 태어난다. 모든 영혼은 어떤 종류의 동물로도 다시 태어날 수 있는 것이다. 그래서 생명은 끝이 없는 길을 간다.

3

어머니 땅

살아 있는 체계로서의 자연

> 녹색 식물은 태양에너지를 흡수한 뒤, 마치 피가 동맥에서 모세혈관을 따라 온 몸으로 흐르듯이 먹이 사슬을 통해 그 에너지를 생태계 전체로 전달한다. 가장 중요한 생명 활동은 생태계에서 모세혈관과 같은 구실을 하며 수천 종의 생명체들을 서로 연결하고 있는 생명의 순환 속에서 일어난다. 따라서 생태계를 구성하는 모든 종들의 자연사를 모르고는 전체 생태계를 알 수 없다. 전 세계 모든 곳에 있는 모든 종류의 생물을 연구하는 것은 그래서 중요하다.
>
> _하워드 오덤 Howard T. Odum, 시스템생태학자[1]

오늘날 생태학은 인간들이 생물체들 사이 또는 생물체와 그 둘레 환경들 사이의 보이지 않는 신비한 관계망을 좀 더 깊이 있게 이해하기 위해 지속해온 자연 탐구의 연장선 위에 있다. 오늘날 자연의 형태와 관계를 연구하는 학문은 아직 초기 단계인 까닭에 자연계에 존재하는 생물들과 힘, 물질들이 어떻게 복잡하게 연결되어 있는지 이제 겨우 조금씩 밝혀내기 시작했다. 이에 따라 생물학에서 핵심이 되는 진실들도 계속해서 하나씩 드러나고 있다. 지구가 감싸고 있는 가냘픈 생명의 얇은 막과 그 생명을 유지해주는 공기, 물, 토양은 하나의 생태계이며 하나의 생물권이라는 진실이 밝혀진 것이다.

생물권은 생태의 구조와 기능을 포괄하는 하나의 통합된 단위를 말하는데, 이것은 또한 "생태계"라고 알려진 여러 생물들이 서로 의존하며 모여 사는 여러 개의 작은 공간들이 서로 연결되어 완성된다. 개별 생태계는 어떤 특정 지역을 중심으로 그곳에 사는 동물과 식물, 미생물, 그리고 둘레 환경들이 서로 생태적으로 작용하는 공간이다.

생태계는 인간이 만든 구성 개념이므로 서로 다른 생태계 사이의 경계는 대개 제멋대로 그려진다. 따라서 생태계 지도를 만드는 과학자들의 연구 목적에 따라 그 범위가 달라질 수 있다. 생태계는 바위투성이의 브리티시컬럼비아 태평양 해안가에 있는 조수웅덩이를 일시에 뒤덮은 말미잘처럼 우리가 쉽게 볼 수 있는 밀집된 공간일 수 있다. 또 아프리카 동부의 불규칙하게 뻗은 사바나 초원이나 남아메리카 아마존 심장부의 끝없이 이어진 울창한 열대우림처럼 넓은 공간일 수 있다. 또 생태계는 전체 생물권 자체일 수도 있다.

지구 생물권의 희미한 굴곡 안에 (그리고 그 생물권을 구성하는 수생, 해양, 육상 생태계의 내부에) 정교한 회로가 숨겨져 있는데 이 회로를 통해 생명 유지에 필요한 에너지와 물질이 지나간다. 이 복잡하고 보이지 않는 그물망은 생태계의 구조와 기능에 완결성을 부여한다. 이 그물망은 적어도 한동안 지속가능한 생태계의 기준을 만들고 자극하고 승인한다.

물론 이렇게 복잡한 생물권의 에너지 경로는 태양에서 시작한다. 우리에게 친숙한 이 황색 별은 거리로는 약 9천3백만 마일 떨어져 있지만, 태양계의 어떤 별들보다 더 가깝다. 태양의 불타오르는 중심핵은 엄청나게 높은 열과 빛에너지를 방사하는데 멀리 떨어진 우리 지구까지 도달하는 양은 아주 일부일 뿐이다. 태양열 복사에너지는 지구의 대기를 뚫고 들어온 뒤 그 가운데 아주 일부분이 바다에 떠다니는 녹조류나 들판의 흔들리는 풀, 바람에 살랑거리는 녹색의 나뭇잎에 있는 엽록체와 만난다.

여기서 태양 광선은 광합성이라고 부르는 생화학 작용을 통해 살아 있는 녹색식물의 조직 안에서 화학에너지로 변형되어 저장된다. 초식동물이 이 녹색식물을 먹으면 그 식물이 변형해서 저장해둔 태양에너지는 동물의 신진대사를 위해 불을 지피고, 그 에너지는 동물 몸 안에 다시 새롭게 저장된다. 그 뒤에 육식동물이 이 초식동물을 잡아먹으면 이와 비슷한 과정이 다시 일어나는데 육식동물은 한동안 이 음식에너지 가운데 많은 부분을 체내에서 연소하고 저장한다. 이 과정은 서로 중첩되는 자연의 긴 먹이사슬 관계를 통해 끊임없이 되풀이된다. 그리하여 마침내 태양이 지구에 보낸 선물인 햇빛은 우리가 열이라고 부르는 원자와 분자의 형태로 자연 환경에 방사된다. 이 열에너지는 이렇게 지구의 생명 체계를 통해 한 방향으로 전달되고, 마침내 생태계 안에 있는 전체 생물들이 생명활동을 유지할 수 있도록 불씨를 제공한다. 열에너지는 생물체들이 살아 움직이는 데 필요한 생화학적 구조 질서를 부여함과 동시에 생태계 전체를 하나의 에너지 질서 체계로 통합한다.

이와 같은 생태계의 숨겨진 물질 전달 경로는 태양에너지가 돌고 돌아 일방적으로 생태계로 전달되는 것과 현격한 대비를 이룬다. 이들 경로는 좀 멀리 떨어져 시간을 두고 볼 때 우아한 곡선 모양을 띤다. 식물, 동물, 미생물 세포를 먹여 살리는 화학물질은 이들 경로를 따라서 끊임없이 순환한다. 원자, 분자, 무기물들은 전 지구 차원의 방대한 생물권 영역 안에서 거대한 나선 모양을 그리며 순환한다. 시간이 흐르면서 지구의 대기와 물, 지각 안에서 탄소, 산소, 질소, 인과 생명을 유지시켜 주는 여러 가지 물질들이 서로 순환하는 이 거대한 지구의 흐름은 만족할 줄 모르는 생태계의 물질적 욕구를 끊임없이 재공급한다.

에너지와 물질을 공급하는 근본 회로는 생명체와 그를 둘러싼 환경(생명이 있든 없든 상관없이)이 서로 관계를 맺기 위해 반드시 필요한 것이다. 총괄해서 말하면 생물권에서 생명을 움직이게 하는 에너지와 물질의 흐름은 땅과 하늘, 바다에 사는 엄청나게 많은 생명체들과 연결되고 여기저기 복잡하게 퍼져 있는 개체들과 집단을 하나의 통합된 생물권으로 만든다. 사실 이러한 전 지구적 에너지와 물질의 흐름 체계는 매우 정교하게 조화를 이루고 있기 때문에, 생물권 전체는 때때로 우리가 완전히 살아 있는 생명체하고만 정상적으로 교류하는 특성을 가진 것처럼 보인다. 지구는 스스로 생태적 균형을 조절하고 유지할 수 있는 비상한 능력을 지니고 있는데, 마치 지구 자체가 하나의 거대한 "초생물체superorganism"인 것처럼 움직인다.

과학적 훈련을 받은 대다수 관찰자들은 이 지구 생태계의 자기조절 체계를 엄격하게 과학 전문 용어로 설명할 때 단순히 "생물권biosphere"이라고 부르기도 하고, 러시아 과학자 블라디미르 베르나드스키Vladmir Vernadsky가 사용한 지구의 "생명싸개envelope of life"라고도 말한다. 그리고 이들은 이런 생태계의 정교한 자기조절 능력을 많은 기계들의 피드백 체계와 같은 것으로 보고 그것을 총체적으로 "항상성homeostasis"이라고 부른다.

그러나 그 밖의 다른 사람들은 그것을 좀 더 시적인 시각에서 보는 경향이 늘어나고 있다. 여러 해의 연구를 거듭한 가운데 영국의 화학자 제임스 러브록James Lovelock 같은 과학자는 생명체를 위해 가장 적절한 물리적, 화학적 환경을 찾으려는 지구의 생물권과 대기, 해양, 토양, 그리고 인공두뇌 체계를 수반한 이 복합체에 대해 공개적으로 경외와 존경을 표시한다. 러브록은 이 경이로운 생명체를 닮은 생물권 체계를 그리스 신화에 나오는 땅의 여신을 기리며 "이 지구라는 생명체"로서 '가이아Gaia'라고 이름 붙였다.[2]

전 세계의 원주민 원로들은 그들 편에서 이와 똑같은 형태의 지구의 생태 체계 또는 그들이 거기서 인식하는 초월적 특징이나 정신적 영역에 대해 자신들의 진실한 사랑과 존경, 경외심을 나타내는 여러 가지 이름을 붙여 지금까지 계속해서 그렇게 부르고 있다. 실제로 많은 원주민들은 생태계를 몇 세기 동안 자신들의 조상들이 그래왔던 것처럼, 그리고 자신들의 명예로운 혈족인 것처럼 자신들을 먹이고 길러준 자애로운 어머니 땅으로 서슴지 않고 받아들인다. 만일 생태학자가 수많은 종들이 서로 빈번하게 작용하는 아마존 열대우림의 황홀한 세계를 거닌다면, 원주민들이 의식을 올리기 위해 멈춰 서 정신과 생태계의 완전성을 기도하고 노래하면서 "나와 관계된 모든 것들이여!" 하고 찬양하는 말이 그의 입에서도 절로 나올 것이다.

우주의 기본 법칙[3]
남아메리카 콜롬비아 동부 열대림(아마존 북서부) 데사나족

땅이 우리의 어머니라는 선언은 단순히 감성을 자극하는 상투적 표현이 아니다. 우리는 흙으로 만들어졌다. 우리가 자연에서 발견하는 특성들은 우리의 생물학적, 정신적 존립과 삶

의 질을 좌우한다. 따라서 우리는 그것이 자기 이익만을 위한 것이라 할지라도 자연의 다양
성과 조화를 반드시 유지해야 한다.

_르네 뒤보René Dubos, 미생물학자[4]

    데사나족의 주장에 따르면 우주는 흙, 물, 공기, 에너지의 4가지 기본요소들로 구성되어 있다. 이 4가지 구성요소들은 무한한 수의 조합으로 질서 있게 배열되고, 우주 전체와 인간을 포함해서 우주를 살아 움직이게 하는 생명체들의 필수 성분이 된다.

    땅 자체는 흙과 물로 만들어진다. 열대식물들이 자라는 넓고 평평하며 산이 없는 범람원의 흙은 "남성다운" 또는 "주는" 특성을 지녔다. 반면에 천천히 뱀처럼 구불구불 흐르다가 우레와 같은 소리를 내며 강력한 영성을 불러일으키는 급류와 만나기도 하고, 서서히 잦아들면서 깊은 못을 만들기도 하고, 낭떠러지를 만나 폭포를 이루다 마침내 여기저기로 갈라져 복잡한 강줄기를 만드는 물은 "여성다운" 또는 "받는" 특성을 지녔다.

    이것은 단순히 자연을 "성性으로 구분한" 것 이상의 의미가 있다. 이것은 세상이 서로 반대되는 성질을 가졌지만 서로를 보완하는 요소들로 구성되어 있다는 데사나족 사람들의 생각을 반영한 것이다. 따라서 본성이 남성적인 숲은 자신을 통과해서 흐르는 여성적 성질을 지닌 강과 다정하게 포옹한다. 숲과 강이라는 두 개의 반대되는 요소는 자연계 안에서 끊임없이 이동하고 긴밀하게 작용하며, 창조와 의무 관계를 지키면서 서로를 보완한다. 인간도 그 가운데 하나의 구성요소이다.

    세 번째 신성한 구성요소인 공기는 남성도 여성도 아니다. 정신적

으로 중성인 이것이 맡은 주요한 구실은 이 세상과 이 세상을 초월한 세상, 생물권과 외기권 사이에 있는 공간을 채우는 것이다. 그렇게 함으로써 공기는 이들 영역들 사이를 이어주는 중요한 소통의 매개체가 된다.

마지막 네 번째 요소인 에너지는 태양이 세상에게 준 자애로운 선물을 상징한다. 이것은 자연에서 일어나는 모든 번식과 생식 작용을 지속시켜줌으로써 지구에 생명의 영속성을 부여한다. 동시에 에너지는 계절의 순환을 창조한다. 에너지는 지구의 자전에 영향을 미쳐 계절에 따라 데사나족 사람들의 식량 자원을 풍족하게 하기도 하고 모자라게 하기도 한다. 또한 활기찬 아마존의 열대우림 안에서 끊임없이 일어나는 여러 변화 과정들을 창조하거나 그것들에 영향을 준다. 결론적으로 정교한 생태 지식을 지닌 데사나족의 말에 따르면, 태양에너지는 여성들이 생명을 잉태해서 낳게 만들며, 동물들이 번식하게 하고, 식물들이 자라서 열매를 맺게 한다.

우리의 원로, 태양의 길[5]

뉴멕시코 테와족(동푸에블로족)

> 우주의 붕괴가 없었다면 태양은 존재하지 않았을 것이다. 그리고 만일 우리가 태양에너지를 넘치도록 쓰지 않았다면, 태양은 절대 우리에게 현재와 같은 정도의 햇빛을 주지 않았을 것이다.
>
> _제임스 러브록, 화학자[6]

늦은 12월이다. 몇 시간 동안 푸른 하늘에서 반짝이던 사막의 햇빛이 잦아들고 있다. 겨울 동안 테와족Tewa族을 이끌고 보살피는 신성한 임무를 맡은 겨울 추장Winter Chief은 '시포페네Sipofene'라고 부르는 모래밭 호수Sandy Place Lake 밑 어두침침한 지하세계에서 지상세계로 올라와 최초로 창조된 1세대 인류의 피를 이어받은 후손이다.

그는 날마다 태양이 이동하는 경로를 자세히 살펴보는데 마침내 그 경로가 가장 남쪽에 다다르게 되면 그는 매우 중요한 사실을 공표한다. 이제 테와족Tewa이 다시 한 번 동지冬至를 찬미하고 새로운 태양년(새해)을 준비할 시간이라고 선언하는 것이다.

그러면 '테와에Tewa é'라고 부르는 부족사회의 지정된 수호자들이 겨울 추장의 명령에 따라 테와족 사람들에게 해마다 치르는 9가지 종교 의례 가운데 마지막 행사인 태양의 날Days of the Sun을 성대하게 치를 준비를 하라고 지시한다. 테와에도 겨울 추장과 마찬가지로 최초로 창조된 1세대 인류의 후손이다. 이들의 조상은 모든 테와족 사람들의 최초 어머니인 '곡식의 어머니들Corn Mothers'이 인간들을 돌보기 위해 땅 속 깊은 시포페네에서 지상으로 올려보낸 12명의 형제들까지 거슬러 올라간다.

태양의 날 행사를 준비하는 이틀 동안 실제로 산 후안San Juan에서는 모든 일상 활동을 멈춘다. 그 지역에 사는 모든 가구는 다가올 새해를 축하하기 위해 대대로 자신들이 맡은 의무를 다한다. 테와족 사람들은 자신들이 존경하는 원로, 태양이 지난 일 년 동안의 여행을 마감하는 것을 기리면서 자기가 사는 흙담집을 깨끗이 청소하고, 그동안 빚진 돈을 갚고, 어린아이들을 씻긴다.

공경과 두려움의 대상인 우주의 물리적 차원을 현실의 경험적 차원으로 변형시키기 위해 상징체계를 만든다는 점에서 테와족의 세계관도 본질적으로 다른 세계관들과 비슷하다. 이러한 상징체계로 고안된 태양은 하얀 사슴 가죽을 입고 아름다운 구슬로 장식한 사랑스런 인간의 모습을 하고 있으며, 동쪽에 있는 집에서 아내와 함께 산다. 태양과 달의 신은 거대한 하늘 바다 위로 난 길을 따라 동쪽 수평선에서 서쪽 수평선으로 날마다 여행을 한다. 이들 천체는 지상의 인디언들이 지금 무엇을 하는지 보고 안다. 이들은 서쪽 수평선에 도착하면 호수의 입구를 지나 지하세계로 내려간다. 그 뒤 밤사이에 동쪽으로 이동해서 동쪽의 호수로 다시 떠올라 다시 서쪽으로 가는 여행을 시작한다.

산 후안의 테와족 사람들은 전지전능한 태양을 경배하면서 4일 동안 조용히 태양의 날 행사를 치른다. 이 행사는 이들 모두에게 희망과 예감으로 가득한 중요한 시간이다. 테와족의 말에 따르면 여행에 지친 겨울 태양은 이 4일 저녁 동안 수평선에 아주 낮게 내려와서 신성한 모래밭 호수 밑의 북쪽으로 멀리 떨어진 곳에 있는 시포페네로 들어간다.

그런 다음 태양은 신성한 호수 밑 깊은 곳에 있는 축축하고 어두컴컴한 시포페네에 살고 있는 초자연의 강력한 능력을 지닌 그의 동료 원로들과 한 해를 마무리하는 신성한 모임을 갖는다. 태양은 거기에 모인 동료들에게 지난 한 해 동안 테와족 사이에서 일어난 중요한 사건들을 되짚어가며 이야기한다. 그는 탄생과 죽음, 사랑과 미움, 쓰라린 비애와 가슴 벅찬 기쁨을 하나도 빼놓지 않고 다 회상한다. 그리고 그는 시포페네 위에 있는 단단하고 건조한 햇빛이 비치는 지상세계에 사는 테와족 사람들이 한 해를 살면서 겪은 여러 가지 기억할 만한 사실들도 다시 기억해낸다.

  태양은 또한 여러 가지 어두운 앞날을 예언하기도 한다. 태양은 아직 새해가 시작되지는 않았지만 테와족이 열심히 기도하고 있는 지금 이 순간에도 지상세계의 모든 생명체들에게 어떤 운명이 다가올지 이미 잘 알고 있다. 그의 지혜는 이제 막 뉴멕시코 하늘을 가로질러 시작하려고 하는 새로운 한 해의 여행에서 발생할 모든 죽음을 미리 내다본다. 우리의 원로, 태양은 그것이 새나 포유동물이든 또는 곤충이나 인간이든 살아 있는 모든 생명체가 언제 어떻게 죽을지 이미 오래 전부터 알 수 있다.

  태양은 이 신성한 순간에 자기가 알고 있는 무거운 짐을 좀 줄일 요량으로, 테와족 사람들에게 그들 앞에 놓여진 일이 무엇인지 경고한다. 태양은 시포페네에 4일 동안 머물면서 앞으로 죽을 운명에 있는 지상의 생명체들에게 특별한 표시와 신호를 조심스럽게 남긴다. 그는 새해에 죽을 운명인 사슴이나 토끼 또는 다른 사냥감 동물들의 귀 일부분을 아프게 벨 수도 있다. 그는 하늘을 날다 화살에 맞아 떨어져 죽을 운명인 새들의 깃털을 조금 뽑을 수 있다. 앞으로 몇 달 동안 테와족 사람들이 사냥해서 죽인 동물의 귀가 가늘게 베어진 채 아직도 진홍색의 선명한 피를 흘리고 있거나, 사냥한 새의 깃털이 몇 개 빠진 것이 뚜렷하다는 사실을 발견한다면, 그들은 세상이 모두 잘 돌아가고 있다는 것을 다시 한 번 확신할 것이다. 테와족 사람들에게 이것은 태양이 이 땅의 사람들에게 엄청난 관용을 베풀고 있다는 것을 생생하게 확인시켜주는 것이다. 이것은 태양이 바로 자신들을 위해 표시해 둔

동물들이라는 것을 분명하게 말해주는 증거이다.

그러면 테와족 사람들 자신에 대해서는 어떠한가? 앞으로 한 해 동안 그들의 생명은 태양의 손 안에서 어떻게 될 것인가? 태양은 때때로 죽을 운명에 놓인 사람들에게 아주 미묘한 신호를 보여주지만, 그것은 동물에게 나타나는 것처럼 언제나 눈에 보이는 것은 아니다. 그래서 테와족 사람들은 태양이 한 해 동안 움직이는 경로를 면밀히 살피고, 인간과 태양의 관계를 명예롭게 지키기 위해 애를 씀으로써 자신들의 수명을 늘릴 수 있다고 생각한다.

해가 바뀌는 위험한 4일 동안 테와족 사람들은 모두 자기 집에서 조용히 쉬면서 묵상의 시간을 가진다. 이것은 태양에 대한 집단적 공경과 두려움의 표현이다. 그들은 자신들의 수명을 늘리기 위해 소나무에서 추출한 끈적끈적한 송진을 이마와 겨드랑이, 그리고 모든 관절 부위에 살살 바른다. 이렇게 인체 해부학적으로 중요한 자리에 바른 천연 접착제는 그들과 전지전능한 태양이 서로 물질적, 정신적으로 합일을 이루었다는 상징으로써 구실한다.

태양 숭배의 신성한 시간 동안 마을 사람들은 허드렛일을 하러 잠시 집을 나설 수 있다. 집을 나갔다가 이웃을 만났을 때 평소에 하는 일상적인 인사말을 해서는 안 된다. 이 기간 동안에는 서로 지나치다 만나면 태양과 나눈 영적 교감에 대해 찬양해야 한다. 이들은 의례를 위해 자신의 몸을 장식한 송진이 위대한 태양 원로의 신성한 옷의 일부를 상징한다고 믿고 그것을 큰소리로 말함으로써 은유적으로 찬양한다.

한 나이든 여성은 "나는 우리의 원로, 태양의 어깨띠에 매달려 있어." 하고 중얼거리며 태양과 태양이 지나는 길에 대한 자신의 신실한 애정을 나타낸다. 그녀는 또한 이렇게 함으로써 앞으로 한 해 동안 태양이 자신을 질병과 죽음에서 벗어날 수 있게 하는 기회를 준다고 생각한다.

테와족 사람들은 태양의 날 동안 이와 비슷한 여러 가지 다른 의례행사를 통해 태양이 그들과 모든 생물 종의 생명을 따뜻하게 보살핀 것에 대해 찬사를 바친다. 이들은 태양이 자신들에게 베풀어준 관대한 정신과 풍요로운 생태적 선물에 대해 부족 전체가 길이 찬양하는 일을 지금도 계속하고 있다.

불개미 동맹자를 칭송하다[7]
브라질 아마조니아(아마존 강 유역) 카야포족

> (수리남의 열대 숲에 있는) 많은 생물들은 복잡한 공생관계로 얽혀 있어서 한 종이 없어지면 그것과 연관된 다른 종도 연쇄적으로 사라질 것이다. 여러 생명체들이 서로 순환하고 상호 작용을 함으로써 서로 다른 종의 유전자 변이에 영향을 끼치는 공진화共進化가 일어난다.
> _윌슨E. O. Wilson, 곤충학자, 진화생물학자[8]

카야포족Kayapó族은 브라질 아마존 유역의 중심부에 있는 거대한 열대우림 지역에 살면서 엄청난 정치적, 경제적 어려움을 딛고 그 지역에 대한 소유권을 끈질기게 주장하고 있다. 자연과 밀접하게 연관된 이들의 신화는 동물과 식물 그리고 인간들이 태곳적부터 서로 맺고 있는 관계에 대해 무한한 경의를 나타낸다.

태초부터 있었던 이런 상호연관성에 대한 카야포족 사람들의 찬미는 입으로만 전해졌을 뿐 어느 것 하나 문자로 기록된 것은 없다. 따라서 이러한 신화들 가운데 많은 부분은 인류학자들의 연구로 세상에 알려지게 되었고, 그런 까닭에 본디 원주민들의 입으로 전승된 이 신화의 생동성은 많이 훼손되고 말았다. 인류학자의 연구에서 초래된 상징과 어휘, 문화적 선입견 그리고 다른 나라 말로 번역되면서 그들의 문화적 내용과 배경이 카야포족 신화에 덧씌워졌지만 그 안에 담겨진 생태학적 의미는 퇴색되지 않고 여전히 붉게 타오르고 있다.

최근에 기록된 카야포족의 신화는 겉으로 볼 때, 카야포족 여인들이 왜 개미들을 으깨서 만든 진홍색의 화장품으로 자신들의 얼굴을 치장하는지에 대해 평범하게 설명한 것에 지나지 않는 것처럼 보인다. 그러나 그 신화를 좀 더 자세히 들여다보면 그것이 전하는 의미는 훨씬 더 심오한 것처럼 보인다.

이 단순한 신화에 나오는 주인공은 므룸레mrum-re(붉은 개미)로 카야포족의 채소밭에서 자주 볼 수 있는 아주 친근한 곤충이다. 카야포족 여인들은 언제나 특별한 종류의 열대지방 붉은 개미에 대해 매우 큰 존경심을 지니고 있었다. 카야포족 여인들은 야생동물과 주변의 열대 숲과 초원, 강가에서 채취한 식물들로 부족한 식량을 보충하기 위해 이 자그마한 채소밭에서 크위리kwyry(카사바), 티리티tyryti(바나나), 카테레katere(호박), 몹môp(참마), 바이bây(옥수수)와 여러 식물들을 오랫동안 경작해왔다.

여기에 소개된 카야포족의 붉은 개미 신화는 1978년 7월에 다릴 포시Darryl Posey가 기록한 것이다. 포시는 미국의 저명한 인류학자로 현장 조사 과정에서 현대의 카야포족 사람들과 특별한 관계를 맺었다. 그는 브라질 정부가 카야포족의 땅에 거대한 수력발전소를 건설하려는 계획에 대항해서 카야포족이 처한 상황을 처음으로 세계에 널리 알리는 핵심 역할을 했다.

포시가 기록한 신화는 아마존 지류에서 멀리 떨어지지 않은 곳에 있는 싱구Xingú 강 북쪽의 카야포 마을 고로티레Gorotire에 사는 이름 모를 어느 카야포족 여인이 그녀의 할머니에게서 전해 들은 이야기이다.

불개미(므룸캄렉티murum-kamrek-ti)들은 흔적을 길게 남긴다.
이들은 남자들처럼 잔인(아크레akré)하다.

그러나 우리 밭에 있는 작은 붉은 개미(므룸레)는
여인들처럼 부드럽다.
이들은 다른 것들을 공격하지 않는다(와조보레wajobôre).
이들은 옥수수알갱이가 줄기에 붙어 있는 것처럼 구불구불 흔적을 남긴다.

이 작은 붉은 개미는 카사바와 친척이며 친구이다.
여인들이 이 작은 붉은 개미를 우루쿠urucú(빅사나무 열매에서 추출한 황적색 염료 – 옮긴이)와 섞어서
옥수수 축제 때 얼굴에 바르는 까닭이 바로 그 때문이다.

이 작은 붉은 개미는 우리 밭을 지켜주는
우리 친척이며 친구이다.

구술자는 이 이야기를 시작하면서 붉은 개미가 지닌 평화적인 기질을 공격적인 다른 개미들과 구별하기 위해 카야포족이 생각하는 성性의 개념을 사용한다. 보통의 붉은 개미는 흔히 므룸캄렉티라고 알려진 매우 공격성이 강하고 힘센 불개미와 비교할 때 훨씬 순하고 여성적이다. 모든 카야포족 아이들은 이 작은 붉은 개미가 사람들에게 아무 해도 입히지 않는다고 배운다. 이 개미는 밭을 따라서 우아하게 왔다 갔다 하며 흙길을 만든다. 이와 다르게 불개미는 독액을 분비하는 침이 있다. 그리고 길게 일직선으로 흔적을 남기는데 전사들처럼 한가지에 전념하는 모습을 보여준다.

구술자는 카야포족의 우주 안에서 이 작은 붉은 개미가 있어야 할 중심 자리를 선포한다. 그녀는 이 붉은 개미가 밭에서 자라는 카사바의 친구이며 동족으로 깊은 유대관계를 맺고 있다고 말한다. 카사바는 반유목 생활을 하는 카야포족에게는 귀중한 식량의 원천이다.

구술자는 이 개미와 식물의 동맹관계가 태곳적부터 서로 따로 떨어져 있지 않았다고 주장한다. 또한 인간들도 마찬가지로 카사바를 재배하는 농사꾼의 본성을 지니고 있으므로 이 식물과 서로 밀접한 관계를 맺고 있다. 따라서 인간들은 카사바를 재배할 때 고마운 마음과 의무감을 가져야 한다. 인간과 카사바 사이의 이러한 평등한 유대관계는 자연의 세계에서 제3의 상호작용을 낳는다. 바로 카야포족의 밭에서 자라고 있는 사랑스런 카사바의 친구인 작은 붉은 개미와 인간들이 서로 유대관계를 맺는 것이다.

인간과 붉은 개미는 보잘것없는 카사바에 대한 존경심과 책임감을 함께 공유함으로써 이제 서로를 보살피는 관계가 될 것이다. 이들이 공유한 상호 유대감이 바로 이 이야기의 가장 중요한 본질을 드러내는 것처럼 보인다. 포시는 그 본질을 한마디로 요약한다. 붉은 개미 므룸레는 카야포족 문화의 경작자인 카야포족 여인들과 그들이 먹을 식량을 키우는 밭의 친구라는 것이다.

이 신화는 카야포족 여인들이 작은 개미 동맹자와 동족 관계를 맺은 애정을 나타내는 방법으로, 붉은 개미의 몸을 으깨서 만든 염료를 자신들의 얼굴에 바른다고 말한다. 이것은 붉은 개미에 대한 존경의 표시이며 아마도 완전한 붉은 개미 왕국에 올리는 기도의 표시일 수도 있다. 포시는 동시에 카야포족 여인들이 자신들의 얼굴에 염료를 칠하는 과정을 통해 그들이 동경하는 붉은 개미들의 근면과 조화된 사회적 행동을 자신들의 것으로 흡수하려고 했던 것이 아닌가 하고 주목한다.

서양인들의 의심스런 시선으로 볼 때 카야포족의 붉은 개미 신화는 서로 다른 종들 사이의 애정을 나타내는, 기이하고 유치한 원시적 문화 표현에 불과하다고 생각할 수 있다. 그러나 그러한 냉소적이고 인종차별적인 해석은 이 신화가 진정한 생태학적, 진화적 의미로 가득하다는 것을 깨닫지 못한 데서 온 것이다.

최근 몇십 년 동안 많은 생물학자들은 "협력" 진화 또는 공진화라고 알려진 특별한 자연 진화 과정을 연구하는 데 많은 시간과 노력을 기울였다. 공진화는 서로 어느 정도 밀접한 진화 관계에 있는 두 생물 종(또는 그 이상)이 시간이 지나면서 서로에게 영향을 끼쳐 앞뒤로 나란히 또는 "동시에" 함께 변화하는 진화 형태를 말한다. (예를 들면, 열대난초와 그것의 가루받이를 하는 곤충 사이에 공진화가 발생한다. 또는 나비와 숙주 식물 사이에도 공진화가 일어난다.) 어떤 경우든 공진화 과정이 일어나면 서로 연계된 두 종은 서로 "다른 종"의 진화에 영향을 줌으로써 일련의 미묘한 진화적 변화를 일으킨다.

카야포족의 채소밭에서 재배되는 카사바는 바로 이 공진화가 활발히 일어나는 식물이다. 카사바는 이 작은 붉은 개미의 활동으로 성장하고 혜택을 받으면서 몇 세기 동안 끊임없이 새롭게 진화했다. 어린 카사바는 밭에서 바삐 움직이는 붉은 개미떼들이 마실 과즙을 분비한다. 개미떼는 과즙을 몸에 흠뻑 묻힌 채 작은 칼날 같은 예리한 아래턱 이를 갈며 감각적으로 줄을 지어 왔다 갔다 하면서 점점 다른 붉은 개미들도 그 카사바를 찾아갈 수 있도록 길을 만든다. 이 과정에서 붉은 개미들은 밭에서 함께 자라는 카사바와 옥수수 그리고 여러 가지 다른 작물들을 따라 엉켜 있는 녹색의 콩 덩굴들을 이빨로 마구 베어버린다.

현대 생물학자들의 말에 따르면 붉은 개미와 카사바 사이의 이런 상호관계는 서로의 진화를 도와주는 신의 축복이다. 첫째, 카사바의 달콤한 과즙은 붉은 개미들에게 훌륭한 식량을 제공하는 원천이다. 둘째, 붉은 개미들은 서로 열심히 협력하여 식량을 모으는 동안 어린 카사바를 둘러싸서 자라는 것을 막거나 죽게 만들 수 있는 콩 덩굴을 제거한다. (이때 붉은 개미의 공격으로 덩굴이 잘려나간 콩은 완전히 죽지는 않는다. 카야포족의 밭에 나쁜 영향을 주지 않고 열대의 햇살을 받으며 가까이에 있는 옥수수 줄기 쪽으로 덩굴의 방향을 틀어 다시 뻗어 올라간다.)

카야포족 사회는 천 년 동안 살아 있는 열대우림 생태계에서 작용하는 무수한 상호관계들을 직접 겪었다. 카야포족은 그 한없는 시간 동안 서로 다른 생명체들 사이의 유대가 뜻하는 것이 무엇인지 알기 위해 애써 관찰하고 고민했을 뿐만 아니라, 실제로 이렇게 힘들게 얻은 자연에 대한 지식을 바탕으로 번창한 삶을 살았다. 이들은 오늘날 생물학자들이 공진화를 연구하는 것과 같은 방식처럼 서로 다른 종들이 옛날부터 어떻게 변형해왔는지 관찰하고 측정하기 위해 그렇게 많은 노력을 기울이지 않았을 것이다. 그러나 이들의 문화가 공진화의 복합적 관계들에 대해 알고 있다는 것은 분명하다. 이들은 심지어 공진화의 관계들을 인간을 포함해서 서로 밀접하게 연관된 신성한 자연 세계가 자신의 본 모습을 밖으로 드러낸 것으로 생각한다. 카야포족 사람들의 이러한 인식은 대개 그들의 신화에서 자신들의 고유한 문화를 전달하는 암호로 세밀하게 나타난다.

오늘날 인류학은 많은 원주민의 신화와 노래, 이야기들에서 시적으로 표현된 심오한 생태적 통찰을 알려고 애쓰지는 않았다. 그러나 이제 막 싹트기 시작한 민족생태학ethnoecology—생물계에서 "자연의" 영역과 각 생물계 영역 안에서 식물-동물-인간의 관계에 대한 토착 원주민들의 인식에 대한 연구—분야에서 점점 많이 발견되고 있는 원주민들의 생태적 통찰은 그동안 서양 과학자들의 문화적 편견이 얼마나 뿌리 깊었는지를 잘 말해준다. 포시는 상황이 이러함에도 불구하고, 원주민들의 신화가 암호화된 생태 지식의 전달자로서 진지하게 연구되고 있지 않은 현실을 안타까워한다.

만물의 본성[9]
캐나다 북극 아래 지역 와스와니피 크리족

> 생태 모형은 내적 관계의 모형이다. 어떤 사건도 처음 일어난 것은 없으며 세상과 관련되지 않은 일은 없다. 어떤 사건은 다른 사건과 관련해서 종합된 사건이다. …… '따라서' 세포를 구성하는 요소들은 모두 서로 연관되어 있으며, 마치 동물이 전체로서 자연 환경에 연관되어 있는 것과 마찬가지로 하나의 전체로서 세포와 연관되어 있다.
> _찰스 버치Charles Birch, 생물학자/ 존 코브John B. Cobb, Jr., 신학자[10]

와스와니피 크리족Waswanipi Cree族의 세계에서 수많은 존재들과 작용하는 힘들 사이의 관계망은 자명종을 "움직이게 하기 위해" 시계의 톱니바퀴가 돌아가며 서로 맞물려야 하는 그런 단순한 역학 관계가 아니다. 그리고 이 관계는 사무용 워드프로세서의 화면을 "작동시키기 위해" 컴퓨터의 이진수 숫자와 프로그램 언어가 서로 착오없이 암호화된 컴퓨터 프로그램으로 작성되는 것과 같은 냉정하고 이성적인 관계도 아니다. 또한 인구생태학자나 시스템생태학자들이 숲과 바다, 산비탈, 초원 전체를 하나의 놀랄 만한 복합세계 그리고 완전한 생태계로 더욱 잘 이해할 수 있도록 하기 위해 구축한 추상적이고 생명이 없는 기계적, 개념적 모형처럼 이론적이고 관념적이지도 않다.

와스와니피 크리족의 우주를 구성하는 수많은 요소들 사이의 관계는 각각의 요소들에게 생명력과 의미, 신성함을 불어 넣어주고, 그것이 계속해서 일관성을 유지할 수 있도록 해준다. 또한 이들의 관계는 서양이 생각하는 강력하면서 단편적인 자연의 이미지가 우리에게 주는 그 어떤 의미보다 더 유연하고 포괄적이며 상징적이다. 전통적인 와스와니피 크리족의 사회는 그들이 서로를 같은 동족이라고 생각하는 것과 똑같이 자연을 자기들과 하나라고 생각한다.

와스와니피 크리족 사람들은 이 우주에 있는 다양한 생명체들과 에너지, 물질 형태들이 모두 살아 있으며, 인간처럼 똑같이 고유한 특성과 기질을 지니고 있다고 믿는다. 이들은 인간, 동물, 식물, 지역의 지형, 천체, 바람과 폭풍, 그 밖에 여러 가지 자연 현상들을 서양의 과학이 자연에 대해 일정한 거리를 두고 분석적으로 생각하는 이미지와는 전혀 다르게 바라본다. 이들은 또한 자연계에 사는 다양한 생명체들이 서로 동일한 신화적 기원을 지니고 있을뿐만 아니라, 그 생명체들이 "인간"과 동족관계이며, 생각하는 능력을 지녔고, 타고난 "사회적" 가치를 보유했다는 점에서 서로 밀접하게 묶여 있다고 본다. 이 다양한 생명체들은 그들이 지적으로 행동하며 의지와 개성을 지니고 있다는 점에서 그리고 이 생명체들과 사람들이 서로를 이해한다는 점에서 "사람과 같은" 존재라고 인정받는다. 그들 모두는 이제 동족관계로 당당하게 자리매김한 것이다.

와스와니피 크리족 사람들은 날마다 자신들의 자애로운 어머니와 아버지, 삼촌과 숙모, 어린이와 조부모를 바라보는 것과 똑같이 경건한 시각으로 그 엄청나게 복잡한 자연 관계들을 바라봄으로써 그 복합성을 더욱 친밀하게 이해할 수 있게 만든다. 자연 만물은 이제 더 이상 혼돈에 빠져 있지도 않고, 멀리 떨어져 있거나 서로에게 무관심하지도 않으며, 오히려 가장 진정한 의미의 공동체로서 자기 모습을 드러낸다. 자연 만물은 햇살에 반짝이며 서로 얽힌 거대한 거미줄처럼 사회적 기억들과 대화하고 관계를 맺는다. 또는 이들은 사람들이 혈연과 사랑, 우정으로 묶여진 것처럼 즐거움과 슬픔, 오해와 신비로 가득 차 있다.

　와스와니피 크리족과 현대 과학이 자연을 바라보는 인식이 서로 다른 까닭은 근본적으로 자연의 특징과 현상들의 근원에 대해 서로 다르게 생각하고 있기 때문이다. 와스와니피 크리족이 생각하는 사물의 인과관계는 자연의 다양한 형태와 지세들이 자신들과 피와 뼈로 연결된 동족관계라는 데 뿌리박고 있기 때문에 자연 만물은 그 근본이 기계적이거나 '심지어' 생물학적이 아니라 인간적이다. 지난날 (자연 만물을 포함한) 와스와니피 크리족 가계 안에서 펼쳐진 인간들 사이에 펼쳐지는 상호작용의 드라마가 그 가족 구성원들과 그들을 둘러싼 자연의 영향력이 지닌 인간적 특성들의 일부를 보여준 것처럼, 와스와니피 크리족을 포함해서 우주 전체라는 공동체는 그 우주를 살아 숨쉬게 만드는 다양한 배역들을 등장시킬 것이다. 따라서 와스와피니 크리족 사람들이 갑자기 겨울 폭설을 만나거나 북쪽 하늘에서 번쩍이는 번개를 보거나 또는 다른 자연의 기이한 현상을 생생하게 목격하면, 그들은 자연에게 "어째서 이런 일이 벌어진 거지?"라고 묻기보다는 "누가 이렇게 했지?" 또는 "왜 그랬지?"라고 묻고 이해하려고 한다.

　이 기본적 인식의 차이는 와스와니피 크리족의 세계관과 과학적 세계관 양쪽 어느 것의 가치도 떨어뜨리지 않는다. 와스와니피 크리족 사회를 통찰력 있게 연구한 캐나다 인류학자 하비 페이트Harvey Feit는 현대의 서양 생태학과 전통적인 와스와니피 크리족의 생각이 여러 면에서 서로 같다고 주장한다. 이 두 가지 인식은 인간의 태생이나 인종, 문화적 혈통에 상관없이 각자 자기 나름의 방식으로, 오랫동안 자연과 친밀하게 접촉하면서 인간의 마음 속에서 경이로운 자연의 상호관계성과 불굴의 복원력 그리고 자연 그대로의 아름다움을 끈기 있고 섬세하게 밝혀준다. 실제로 자연에 대한 이 두 가지 견해는 그 자체로 아름답기도 하지만 서로가 각자에게 부족한 것들을 채워주기도 한다.

페이트는 와스와니피 크리족이 자연의 인과관계에 대해 생각하고 있는 개념이 현대 과학에서 말하는 감수성과는 전혀 다른, 인간의 품성과 동족관계라는 강렬한 이미지에서 나온 것이라고 생각한다. 그러나 와스와니피 크리족의 우주관에서 볼 수 있는 광범위한 자연계의 반복 현상이나 과정들 가운데 많은 것들은 생태학자들이 와스와니피 크리족의 영토에서 일어나는 약육강식의 관계를 연구하면서 발견했던 광범위한 형태들과 너무나도 잘 일치한다. 페이트의 결론에 따르면, 와스와니피 크리족 사람들은 세계관의 차이에도 불구하고 우리가 생태적 관계라고 부르는 것에 대해 관심을 갖고 이해하고 있으며, 이들이 생각하는 견해는 과학적 생태 원리들과 잘 어울린다.

페이트의 주장에 따르면, 와스와니피 크리족의 견해와 과학적 견해가 공통의 기반으로 삼고 있는 생태 원리들 가운데 살아 있는 하나의 통합된 전체를 창조하는 여러 요소들이 서로 다양하게 역동적으로 작용함으로써 인간과 먹이 집단이 서로 여러 가지 관계들을 만든다고 생각한다. 따라서 와스와니피 크리족의 생태계 모형을 움직이게 만드는 인과관계는 과학적 설명과는 매우 동떨어진 이야기지만 사냥꾼과 동물 집단이라는 구조적 관계로 볼 때는 과학적 설명과 대부분 비슷하다.

와스와니피 크리족이 자연에 대해 알고 있는 지혜는 자신들이 살아온 삶과 땅에 뿌리박고 거기서 겪은 경험을 바탕으로 하는데, 이것은 많은 자연 자원들을 오랫동안 지속가능하게 관리해야 한다는 서양 과학의 계몽적인 인식과 정확하게 일치한다. 와스와니피 크리족은 생태적 통찰을 통해 인간과 자연의 관계에 본능적 감수성을 가미하고 인간과 동족관계라는 부담스러운 짐을 지움으로써, 와스와니피 크리족과 현대 과학이 공유하고 있는 땅의 윤리를 생명이 없는 이론적 추상에서 반드시 성취해야 하는 열렬한 지상명령으로 상승시킬 수 있다.

세계의 에너지 회로[11]
콜롬비아 동부 열대림(아마존 북서부) 데사나족

> 사람이 시스템의 일부일 때 그는 자신의 역할이 무엇을 성취하는지 쉽게 알지 못한다. …… 만일 그가 그 시스템을 완벽하게 알지 못한다면, 그 시스템의 흐름을 조절하고 입력과 외부의 요구사항들에 적응하면서 변화에도 불구하고 안정을 유지하도록 해주는 조절 시스템에 대해 전혀 알지 못할 것이다.
> _하워드 오덤Howard T. Odum, 시스템생태학자[12]

콜롬비아 동쪽의 아마존 열대우림에 사는 데사나족에게 전해 내려온 전통적인 세계관을 보면 태양에너지는 생물학적으로 중요할 뿐만 아니라 신성한 존재이기도 하다.

우리는 생명에 활기를 주는 태양의 황금빛 광선이 지닌 힘을 그들의 세계관 어디에서도 볼 수 있다.

- 날마다 영양분 많은 햇빛을 받는 숲 속의 땅 한 떼기에서 우연히 작은 묘목 한 그루가 싹튼다. 그 작은 나무는 마치 고마운 마음을 나타내는

것처럼, 날마다 새로 나온 푸른 잎사귀를 태양을 향해 끊임없이 뻗치면서 하늘을 가로질러 움직이는 태양을 뒤좇는다.
- 어린 데사나족 소년은 기생충에 감염되어 몇 주 동안 앓고 난 뒤, 식구들이 함께 기거하는 말로카maloca라고 하는 이엉으로 엮은 그늘진 가족 움막에서 절뚝거리며 걸어 나와서 잠시 동안 따뜻한 아침 햇볕을 쬐며 병을 치유한다.
- 열대우림의 꼭대기까지 우뚝 솟아 오른 나뭇잎들과 가지들은 태양까지 닿으려고 하는 것처럼 보인다. 생명의 원천인 황금색 태양 정액은 하늘로부터 폭포수처럼 흘러내려, 그것을 받아들일 준비가 된 어머니 땅의 자궁을 비옥하게 만든다.

데사나족의 말에 따르면 태양에너지는 단순히 자연 만물이 본래 타고난 생식력을 모두 합한 것보다 더 많은 힘을 지니고 있다. 태양에너지가 자연 만물에게 생명을 공급하는 복잡한 과정 속에는 데사나족 사람들과 그들을 둘러싼 열대우림 생태계의 다른 모든 생명체들 사이의 관계에 대해 데사나족 사람들에게 전해주고자 하는 한없는 의미가 담겨 있다. 태양은 유려하게 반짝이는 빛을 사방으로 뿌릴 때 변덕스럽지도 않고 흠을 내지도 않으며 언제나 똑같은 모습을 유지한다. 그 모습은 규칙적이고 질서정연하다. 자연에서 태양에너지가 전달되는 전체 모습을 한마디로 표현하면 전체 생물권이 참여하는 거대한 단일 폐쇄회로라고 말할 수 있다. 이것은 오직 제한된 수의 생물체들만 지탱할 수 있는 아주 귀중한 정신적, 생물학적 힘의 저장소를 만든다. 요약하면 인간과 동물, 사회와 자연 사이에는 언제나 일정하게 고정된 양의 에너지만이 흐른다는 말이다.

데사나족 사람들은 이 거대한 에너지 흐름의 연결망을 "보가bogá"라고 한다. 이것을 문자 그대로 해석하면 "흐름"이며 좀 더 풀어서 말하면, 창조적이고 변화무쌍한 여성적 힘의 순환 또는 흐름이라고 할 수 있다.

이러한 생태적 통찰이 지닌 윤리적 중요성은 매우 심오하다. 인간을 포함해서 이 세상에 있는 모든 생명체들이 살아남기 위해서는 오직 하나밖에 없는 태양에너지 저장소에 의존해야만 하기 때문에 개별 생명체들의 행동은 나머지 다른 생명체들에게 영향을 끼칠 수밖에 없다. 더 나아가 이 거대한 태양에너지의 자연 순환 체계 안에 살고 있는 인간 생명체는 무한한 책임감을 느껴야 한다. 그 까닭은 간단하다. 데사나족 사람들은 전체 에너지의 양이 한정되어 있기 때문에 인간은 특정한 조건 아래서만 자기에게 필요한 양을 빼서 써야 한다고 믿는다. 또한 그렇게 "빌려온" 에너지는 다시 에너지 저장소에 되돌려줄 수 있는 형태로 바꿔야 한다고 믿는다.

자연을 질서정연한 태양에너지의 회로로 보는 시각은 오늘날 생태학자들이 태양에너지가 생명체들을 서로 연결하는 먹이사슬의 관계망을 통해 순차적으로 흘러들어간다고 인식하는 것과 명쾌하게 일치한다. 데사나족의 한 원로는 거대한 열대우림을 지나서 자신과 공동체를 한꺼번에 빨아들일 듯이 서서히 스며드는 신성한 햇빛을 마주볼 때, 이 생태계에서 인간들에게 부여된 명령은 이 소중하고 근본적인 에너지의 흐름 속에서 인간은 반드시 필요한 것 이상의 어떤 것도 "빌려가서는" 안 되며, 기도와 실천을 통해서 그가 받은 만큼 다시 그 위대한 체계로 돌려주는 것이라고 생각한다.

생태학자들은 이 숲 생태계에 있는 신성한 정신이 인간들로 하여금 만물의 영속성과 다양성을 유지하도록 이끈다는 사실을 알지 못한다. 그러나 이들은 과학적 감수성으로도 금방 인식할 수 있는 생태계의 생물학적 과정들이 인간들에게 어쩔 수 없는 자연의 제약을 가한다는 사실을 뚜렷하게 알고 있다. 이 세상의 모든 생명체들처럼 인간은 열대우림에 흐르는 한정된 태양에너지를 끌어다가 (열역학의 제2법칙에 따라) 물질대사로 변화시켜 열로 분산함으로써 엔트로피(또는 무질서의 상태)를 증가시킨다. 생태학자들은 이렇게 에너지와 물질이 생태계에서 분리되는 것이 그에 따른 생태비용의 지불 없이 무한정 지속되거나 가속될 수 없다고 생각한다.

따라서 데사나족 사냥꾼은 맥(중남미와 동남아시아에 서식하는 동물-옮긴이)을 사냥해서 죽일 때 그 동물이 지닌 태양에너지를 뽑아낼 뿐만 아니라, 열대우림 생태계 전체의 에너지 흐름의 연결망인 보가 또는 회로망에서 에너지를 추출한다고 생각한다. 그 사냥꾼은 과도한 자만이나 불필요한 소비가 아니라 자기에게 필요한 만큼의 식량을 구하기 위해 존경심을 가지고 맥의 몸을 이용함으로써 그 동물을 인간의 육신과 행동으로 변환하는 데 성공한다. 데사나족 사람들은 이 변환된 에너지가 이전에 살아 있던 맥의 몸에서 흐르던 바로 그 생물학적 에너지와 같다고 말한다. 맥에게서 인간에게 이전된 에너지는 인간이 소비하는 과정에서 마침내 열대우림 전체의 생물학적 에너지를 보관하는 저장소로 다시 돌아가고, 그 안에 사는 모든 생명체들이 이것에 의존해 생명을 유지한다.

신성한 준비 기도도 하지 않고 너무 많은 동물을 사냥하거나, 아무 이유 없이 사냥감을 죽이고, 또는 갓 잡은 사냥감을 적절하게 손질하지 않고 나누지 않는 것처럼, 책임감을 가지고 사냥하지 않는 행위는 단순히 데사나족 사회의 규칙을 위반한 것 이상의 의미를 갖고 있다. 이것은 바로 완전무결한 보가 회로의 법칙을 위반한 것이다. 데사나족 공동체는 보가의 아주 하찮은 일부일 뿐이다. 무모하게 자연의 생명에너지 흐름을 무시하는 사람은 그 생명의 회로를 끊을지도 모를 위험한 사람으로 생각되었다. 따라서 그는 자신이 잠시 "빌려 쓴" 에너지를 다시 그 저장소인 보가 체계에 복원하지 못한 것에 대한 책임을 져야 한다.

더 큰 구도에서 볼 때 인간은 태어나고 죽을 때조차도 자연의 정교한 에너지 연결망을 유지하고 관리하는 아주 중요한 구실을 한다. 첫째, 모든 데사나족 사람들의 죽음은 자연을 통해 다시 돌아온다. 동물의 신은 열대우림 속 깊은 곳에 있는 신성한 장소에서 살며, 철마다 데사나족 사냥꾼들이 잡을 동물들을 공급하는 힘을 지니고 있다. 그는 이 일을 위해 끊임없이 죽은 사람의 영혼이 필요하다. 죽은 데사나족 사람들의 영혼 대부분은 자궁처럼 생긴, 영혼과 생물학적 에너지의 저장소가 있는 신성한 장소로 돌아가서 나중에 그 지역의 동물들로 다시 태어나기 때문이다. 이것이 전하는 의미는 간단하다. 데사나족 사람들이 죽지 않는다면, 열대우림에 사는 사슴이나 거북이, 물고기, 그리고 다른 동물들도 태어나지 않는다는 것이다.

둘째, 데사나족 아기가 새로 태어날 때마다 생태계도 조금씩 영향을 받는다. 아기의 탄생은 그에 앞선 성적 결합도 마찬가지지만 자연의 한정된 정신적, 생물학적 에너지를 조금씩 소진하는 것을 말한다. 따라서 만일 데사나족 공동체가 어느 날 갑자기 아무 생각 없이 출산율을 높인다면 그 지역의 동식물들은 모두 큰 고통을 겪을 것이다. 왜냐하면 인간들의 수가 생태계를 위협할 정도로 많아짐에 따라 이렇게 경솔하고 무책임할 만큼 늘어난 사람들은 자연의 위대한 에너지 저장소인 보가를 공유하고 있는 숲 속의 다른 생물들이 사용할 에너지까지 고갈시킬 것이 분명하기 때문이다.

4

자연을 바라보는 방식

인디언 원주민의 자연사

당신이 과학적으로 접근할 수 있는 문제들은 한계들이 있다. 우주의 생성 목적에 대해 묻는 것은 비과학적인 질문이다. 그것에 대한 대답이 있을 수는 있지만 그 대답은 과학적이지 않을 것이다.

_알랜 구스Alan Guth, 물리학자[1]

내 지성은 엄청나게 많은 사실들을 수집해서 거기서 일반 법칙들을 갈아내는 일종의 기계가 된 것처럼 보인다.

_찰스 다윈[2]

    과학이 자연을 이해하는 기본 방식은 자연을 여러 개의 개념들로 쪼개는 것이다. 과학은 자연의 엄청난 복잡성과 규모를 하나의 전체로 보지 않고 조각난 형태로 조금씩 나누어 이해한다. 과학자들은 그들의 분석력을 정확하게 정의된 한 개의 과학적 문제에만 집중한다. 이들은 그 문제에 작용하는 영향력이 더 넓은 세상으로 퍼지는 것을 조심스럽게 조절함으로써 독특하고 설득력 있는 가상의 지식을 만들어낸다. 이들은 유동적인 자연 세계를 정교하게 여러 개의 부분으로 나누어 인공의 극장을 만들고, 거기서 반복해서 일어나는 자연현상들을 관찰하면서 앞으로 어떤 일이 일어날지 예측한다.

    대다수 과학자들은 자신들이 지금 끝이 어딘지 모를 자연 세계의 일부를 탐구하고 있다는 것을 안다. 그러나 이들은 자연이 지닌 엄청난 규모와 복합성, 인간의 지각 능력을 압도하는 감각적 풍성함, 끊임없는 신비스런 힘 때문에 자연 전체를 제대로 "이해하지 못하기"보다는 오히려 이렇게 단편적으로 이해하는 것이 더 좋다고 생각한다. 과학은 몇 세기에 걸쳐 아주 짧은 기간 동안 임시로 만든 모형에 단계적으로 우주를 투사함으로써 훌륭한 지적, 물질적, 경제적 성과를 얻었다.

그렇지만 많은 사람들은—과학자이든 비과학자이든—만일 그들이 인간과 자연의 관계를 정의할 때, 증명 가능한 "진실들"로 구성된 과학적 지식에만 기댄다면 커다란 위기를 맞을 것이라는 사실을 알고 있다. 만일 오늘날 과학과 기술 중심의 사회에 살고 있는 우리가 과학 지식으로 솜씨 좋게 꿰맞춘 모자이크를 완전한 자연의 모습인 것처럼 인정하려는 유혹에 빠진다면, 그것은 커다란 착각을 넘어 위기에 빠질 수 있다. 과학과 기술은 최근의 역사가 충분히 확인해주는 것처럼 우리가 생명을 무시하고 자연을 파괴하는 행동을 하도록 유인할 수 있다.

20세기 초 물리학에서 과학적 "확실성"이라는 생각—적어도 양자나 전자 현상의 영역에서—은 극도로 배타적인 개념이었다. 실제로 원자라고 하는 소우주 안에서도 우리는 자연을 절대로 완벽하게 알 수 없다. 과학자들의 호기심에 가득 찬 "눈"으로도 순식간에 지나쳐버리는 자연의 일부분이나 현상들을 뚜렷하게 파악할 수 없다. 오히려 이것들은 마치 끊임없이 아른거리는 아지랑이 속에서 어렴풋이 보이는 것처럼 솜털 같은 구름으로 휩싸인 통계 확률로 나타난다.

생명과학도 우리가 자랑스럽게 생각했던 과학적 인식 방식과 비슷한 한계에 직면해야 했다. 몇십 년 동안 뇌 과학자들은 인간의 의식을 구성하는 기반―자유 의지, 꿈, 고통, 황홀경, 그 밖의 여러 가지―이 무엇인지를 놓고 논쟁을 벌였다. 어떤 사람들은 이렇게 물었다. 인간의 정신은 우리가 예측할 수 있는 수많은 생물학적 부분들의 자기표현에 불과한가? 아니면 "정신"은 그것보다 훨씬 더 종잡을 수 없는 어떤 것인가? 이를테면 인간 두뇌를 구성하는 몇십억 개의 살아 있는 부분들과 그들을 둘러싼 환경을 연결하는 다차원의 관계망은 각 부분들이 연속해서 복합적으로 얽히면서 예측할 수 없는 "불시의" 현상이 번번이 새롭게 발생하기 때문에 결국 우리는 그것을 알 수 없는 것인가? 분자유전학자들은 과연 조직학과 DNA 분자의 유전 정보들을 가지고 사람이 어떻게 만들어지는지를 완벽하게 설명할 수 있는가? 그리고 믿기 어려울 정도로 복잡한 집단들―열대우림과 산호초군에서 풍부한 수자원이 있는 심해의 대양까지―의 모형을 만드는 컴퓨터 프로그램도 자연에서 끊임없이 역동적으로 발생하는 불가사의한 생태 현상들을 정확하게 반영할 수 있는가?

자연을 합리적으로 분할하는 데 성공한 현대 과학의 눈부신 성과는 자연에서 인간의 심리와 감성, 정신도 분리해낼 수 있었다. 우리는 이런 인간 중심의 자연관에서 어떤 종류의 생태적 가치들이 나오는지 의문을 가질 수 있다. 도대체 누가 또는 무엇이 지난날 우리가 오만하게 과학이 제시하는 단순한 자연의 청사진만 믿고 생물권을 공사 감독하도록 이끌었는지 알고 싶다. 우리는 적어도 인간이 자연에 대해 알고 있는 지식과 자연의 균형을 유지해야 하는 인간의 의무를 서로 분리하는 것에 반대하는 전통의 자연 지혜를 탐구할 수 있다. 우리는 다른 생명체들을 단순한 객체나 대상이 아니라 우리와 함께 진화하고 정신적으로 평등한 존재로 바라봄으로써, 인간의 탐욕과 무책임이 가져올 앞날의 결과를 어렴풋하게나마 알 수 있다. 동시에 구체적인 경험 지식도 얻을 수 있다. 우리는 잠시 멈춰 서서 매우 합리적인 과학적 이해의 범위를 넘어서 우리가 알지 못하는 어떤 우주의 비밀이 지금 이 순간에 남아 있는지, 또는 앞으로도 영원히 밝혀지지 않을지 의심해 볼 수도 있다. 왜냐하면 인간의 논리와 수학적 증명만으로는 이 우주의 구석구석에서 우리가 부인할 수 없는 중요한 자연의 힘들이 작용하는 것을 모두 밝혀낼 수 없기 때문이다.

앨버트 아인슈타인은 어느 날 한 친구가 "너는 세상의 모든 것이 과학으로 설명될 수 있다고 확실히 믿니?" 하고 묻자, 그가 소중히 여기는 과학의 한계에 대해 이와 비슷한 생각을 말했다.

그 백발의 늙은 과학자는 "응, 그럴 수 있지. 그러나 알 수는 없네. 그것은 알맹이가 빠진 설명일 뿐이지. 그것은 마치 베토벤의 심포니를 단순히 소리 파동의 변주로 설명하는 것과 같지."라고 대답했다.

관찰 생물학[3]
아프리카 부시먼족(산족)

> 우리는 누구나 영원과 생명, 경이로운 실체의 구조가 지닌 신비에 대해 깊이 생각할 때 두려움에 몸을 떨 수밖에 없다. 날마다 이 신비에 대해 조금씩 알려고 애쓰는 것만으로도 충분하다. 이 신성한 호기심을 절대로 잃어버리지 마라.
> _앨버트 아인슈타인[4]

아프리카 남쪽에 사는 부시먼족Bushmen族은 전통 활과 독을 바른 화살을 써서 사냥을 하며, 그들의 사냥감에 대해 매우 잘 알고 있는 뛰어난 사냥꾼들이다. 캐나다 인류학자 리처드 리Richard Lee의 말에 따르면, 이들이 오래 전부터 자신들이 사는 지역에서 나는 가지각색의 식량 자원들을 구할 때 썼던 검증된 방식은 지금까지 인간이 성취했던 가장 성공적이고 오랫동안 지속된 방식이다. 이들의 방식은 약 1만 년 전 농업이 시작된 이래 인간이 살아왔던 가장 보편적인 생활방식인 이른바 "수렵채취" 방식이 원시 인간 사회의 만성적인 결핍과 배고픔, 고통을 가져왔다고 하는 인류학에서 오랫동안 잘못 믿어왔던 신화를 산산이 깨뜨렸다.

쿵부시먼족!Kung Bushmen族은 보츠와나 북동쪽 도베Dobe 지역에 있는 아하Aha 산맥 근처에 사는데, 주위에 작은 물웅덩이들이 있는 메마른 땅이다. 이들은 자신들이 대대로 이어온 수렵채취 기술을 세련된 예술로 발전시켰다. (지금은 더 이상 수렵과 채취생활에만 생계를 의존하지 않는다.) 이들은 자신들을 둘러싼 자연환경의 구성과 변화에 대해 매우 잘 알고 있었기 때문에 식량을 구할 때 아무 노력 없이 그저 하늘만 바라보지 않았다. 리처드 리의 연구에 따르면,

쿵부시먼족이 자신들이 살고 있는 자연환경에 대한 지식과 사냥감의 습성, 식용식물의 성장 과정에 대해 알고 있는 것은 실제로 매우 방대하다. 그들은 철마다 식량을 어디에서 어떻게 구할 수 있는지 알고 있다. 그들은 스스로 어려운 상황에 빠진 적이 없으며, 심지어 건기乾期가 끝날 때쯤, 모든 자원이 부족한 시기에도 식량을 구하러 나가서 절대로 맨손으로 돌아오지 않는다.

물론 이런 "생태 의식"은 순전히 관념적인 것이 아니다. 이것은 날마다 구체적인 생존의 현실 속에서 나온 것이다. 그러나 쿵부시먼족은 매우 살기 힘든 환경에서 생활하지만 여가와 정신 활동을 할 정도로 충분한 잉여 시간을 가지고 있는 것처럼 보인다. 이곳의 성인들은 식량을 구하기 위해 일주일에 12~19시간, 일 년에 600~1,000시간 정도 일을 해서 꽤 인구밀도가 높은 어린이와 노인을 포함해서 자기 부족에게 필요한 기본 식량을 충분히 제공할 수 있다. 이것은 지금까지 어떤 농경사회에서도 볼 수 없었던 품위 있는 노동조건이다.

이 세상 어디에도 쿵부시먼족처럼 식량을 구하기 위해 야생동물을 추적하고 뒤를 밟아 마침내 사냥에 성공하는, 믿기 어려울 정도로 뛰어난 기술을 지닌 종족은 없다. 전하는 바에 따르면, 쿵부시먼족은 자신들의 지역 안에 있는 약 500종의 지역 식물과 동물을 구분하고 이름을 말할 수 있다고 한다. 그들의 사냥감 가운데는 얼룩영양, 누, 기린과 같은 커다란 아프리카 포유동물뿐만 아니라 혹멧돼지, 호저, 날쥐, 여러 종류의 작은 영양 같은 작은 포유동물들도 있다.

도베 지역에서 자라는 100종이 넘는 식용식물들은 야생의 동물 사냥감보다 더 든든한 식량자원이다. 이 식용식물 가운데 30종이 뿌리와 알뿌리를 먹는 식물이고, 30종은 열매와 과일을, 나머지는 멜론과 견과류, 나무즙, 나뭇잎을 먹는다.

원주민들이 먹을 것을 분배하는 방식을 보면 부시먼족 사람들이 자연을 대하는 기본 가치들이 무엇인지 알 수 있다. 그것은 바로 상호호혜의 원칙이다. 식량은 대개 그것을 구한 사람의 소유라고 생각되지만 이들은 언제나 그것을 마을로 가져와서 다른 사람들과 나눈다. 저녁

식사 때가 되면 구운 뿌리나 금방 따온 열매들을 마을에 있는 여러 가족들이 돌아가며 나누어 먹는 게 보통이다. 얼룩영양처럼 큰 동물을 사냥해오면 그것을 잡은 사람은 도살한 고기 가운데 1/5만 자기 집으로 가져간다. 또 다른 1/5은 건조시키고 나머지는 가까이 있는 동족들끼리 차례로 나누어 가진다.

전통적으로 이들 부시먼족은 개인의 부를 축적하거나 잉여 식량을 모아야 하는 필요성을 느끼지 못하는 것처럼 보인다. 자연은 이들의 둘레에서 생명을 유지할 수 있게 해주고, 이들의 삶에 의미를 부여하므로 그 어느 누구도 혼자서 소유할 수 없다. 부시먼족은 자연환경 자체를 자신들의 생명을 보관하는 창고로 생각한다.

부시먼족이 자연과 조화로운 관계를 유지하는 비결은 여러 세대에 걸쳐 자연이 어떻게 작용하며, 그 안에서 인간의 자리는 무엇인지 끊임없이 알기 위해 노력한 결과이다. 부시먼족은 자연이 자신들에게 무엇을 제공해야 하는지 알아야 할 모든 것을 안다. 이 지식은 실제로 자연을 조절하는 형태로 나타나는데 그 방식은 자연을 부드럽게 깊이 존중하면서 마침내는 지속가능한 형태로 만든다.

부시먼족이 자연에 대해 알고 있는 비상한 지식은 외지인들이 볼 때는 철저하게 부시먼족의 생존 문제에 한정되어 있는 것처럼 보인다. 그러나 부시먼족은 실제로 날마다 부딪히는 현실적 생존의 문제 말고도 현대의 과학자들처럼 자연과 "지적인" 관계라고 부를 수 있는 무엇을 가지고 있다. 간단하게 말하면 그들은 왕성한 호기심을 갖고 지금까지 자신들이 세밀하게 연구해온 세상에서 살고 있다. 그들은 자연의 다양한 요소들을 깊이 들여다보고 일관된 구조를 지닌 지식 모형들을 창조할 수 있다. 이 모형들은 대개 전문가의 관찰과 믿을 수 있는 경험적 증거에서 볼 수 있을 정도로 논리적이고, 수정을 통해 새로운 발견에 이를 수 있고, 눈앞의 경제적 이득 때문에 구속되지 않는다.

부시먼족은 이런 점에서 인류 최초의 과학자라고 할 수 있다. 예를 들면, 부시먼족 사람들 가운데는 해부에 대해 매우 관심이 많고 실제로 뛰어난 지식을 가진 사람들이 많다. 보츠와나Botswana에 사는 코부시먼족!ko Bushmen族은 자신들이 잘 아는 동물의 경우 그 동물의 다양한 뼈와 근육, 신체기관들의 명칭을 말할 수 있다. 이들은 자신들의 방식대로 서로 다른 종의 근육과 뼈 또는 신체기관들의 일치 여부를 충분히 분간할 수 있다. 이들은 진화동물학을 전공한 학자들 못지않은 지식을 가지고 있다.

또한 부시먼족은 뛰어난 동물생리학자들이다. 한스 하인즈Hans J. Heinz가 실제로 부시먼족이 말한 내용을 기록한 코부시먼족의 생리학 구술 "교본"에서 몇 가지 생물학과 관련된 격언을 발췌해보자.

• 숨에 관하여

우리가 숨쉬는 공기는 바람이 일으키는 것과 똑같으며, 부르는 이름도 같다. 신(구에Gu/e)이 그것을 만들었고, 그것이 사람에게 필요한 것처럼 동물과 식물에게도 필요하다.

• 땀에 관하여

우리는 달릴 때 몸이 뜨거워지기 때문에 숨이 차오르고 땀이 난다. 땀을 흘리면 몸이 차가워진다. 물을 많이 마실수록 땀을 더 많이 흘린다.

• 소화에 관하여

음식물은 위에서 더욱 잘게 부서지고 물러진다. 위에는 카아ka'a라고 하는 물이 있는데 이것은 침과 다르며 토할 때 신맛이 난다. …… 음식물은 위에서 창자로 간다. 창자는 스스로 수축하고 분출하면서, 음식물이 앞으로 나아가게 한다.

• 순환 작용에 관하여

몸에는 여러 가지 다른 종류의 혈관들이 있다. 두꺼운 벽을 가진 혈관들이 다리와 팔 안쪽에 있는데 이것들은 심장처럼 뛴다. 얇은 벽을 가진 혈관들은 사지의 바깥쪽에 있지만 뛰지는 않는다.

• 생리 작용에 관하여

고환은 남자의 과ghwa(정액)를 만든다. …… 남자의 과는 작은 관을 통해서 남자의 성기를 지나간다. …… 여자는 집(자궁) 꼭대기에 작은 뚜껑(난소)을 가지고 있다. 태아는 집에 가기 전에 뚜껑에서 자라기 시작한다. 처음에 태아는 집에서 작은 핏자국으로 있다가 남자의 과가 그곳에 오면 아기가 된다. 그 뒤 태아는 집으로 이동한다. 남자의 과와 여자의 피가 아기를 만든다. 이 때문에 여자는 달마다 흘리던 피를 멈춘다. 이것은 다른 동물들도 마찬가지다.

끝으로 부시먼족은 자신들이 알고 있는 자연의 작용이나 구조에 대해 겸손하게 생각하며 자만하지 않지만, 과학자들은 자신들이 자연에 대해 알고 있는 지식에 대해 자화자찬한다. 코부시먼족은 자신들이 대답할 수 없는 동물의 해부 결과나 생리 현상을 만나면 자신이 자연 만물에 대해 알고 있는 지식의 한계를 인정하는 데 전혀 부끄러움이 없다.

이들은 대개 그러한 지식은 자신이 아니라 자기 부족민들 가운데 가장 지혜롭고 경륜이 많은 원로들이 알고 있다고 말한다. 원로들은 자연에 스며 있는 신령스런 힘, 느툼ntum과 오랫동안 교감해왔고, 원주민들에게 먹을거리를 제공해주는 동물과 식물들을 가장 잘 알고 있는 사람들이다. 그들은 자신들보다 더 지혜로운 현자들이나 그들에게 지혜를 주는 전능한 자연의 신들이 자신들에게 아직 이해할 수 있는 능력을 주지 않은 지식에 대해서는 책임질 수 없다고 생각한다.

자연의 더 심오하고 불가사의한 신령한 영역을 이해하기 위해 탐구하는 것은 대개 개인의 일이다. 전통 부시먼족 사회에서는 부족민들이 단체로 춤을 추는 의식을 진행하는 동안 무아지경에 빠져 이러한 지식을 얻는다. 이때 느툼이라는 뜨거운 영적 힘이 신의 호출을 받아 황홀경에 빠진 사람에게 나타난다. 그 힘이 이 춤추는 사람 안에서 끓어오르면 그의 정신은 반쯤 죽은 상태가 되고, 하늘까지 이어진 거미줄을 타고 날아오른다. 이 거미줄은 땅과 하늘 사이에서 신들과 죽은 사람들의 영혼을 연결해주는 통로를 상징한다. 무아지경에 빠진 부시먼족은 언제라도 폭발할 것 같은 살아 있는 우주의 힘들로 충만한 상태에서 신들과 직접 만나서 세상의 평범한 사냥꾼들이 이해할 수 있는 것과는 전혀 다른 인식으로 자연의 경이를 관찰할 수 있도록 허락받는다.

태초부터 있었던 자연의 근본 질서에 대한 이런 황홀한 경험은 부시먼족의 신화나 춤, 노래 속에서 찾아볼 수 있지만 말로는 모두 표현할 수 없는 것이다. 춤을 추며 무아지경을 경험한 한 부시먼족 사람이 어느 인류학자에게 명주실로 짠 우주의 거미줄을 따라 하늘로 올라가 신을 만났던 길고 긴 여행에 대해 설명하면서 "사람들이 노래를 부를 때 나는 춤을 춘다. 나는 땅에 들어간다. 사람들이 물을 마시는 곳 같은 곳에 들어간다. 나는 먼 여행을 떠난다. 아주 먼 여행이다. 나는 땅에서 떠오르면서 이미 거미줄을 타고 있다. 거미줄을 하나씩 타고 가면서 …… 마침내 신이 계신 작은 곳에 도착한다. 거기서 당신이 해야 할 일을 한다. …… '그런 다음' 당신은 들어간다. 땅으로 들어간다. 그리고 다시 당신의 몸으로 들어가 돌아온다. …… 친구여, 이것이 내가 겪은 일이며 느낌이다. 이때 나는 춤을 춘다."고 말했다.

인간 두뇌의 구조[5]
콜롬비아 동부 열대림(아마존 북서부) 데사나족

> 만일 실험처럼 전체 정신이 한꺼번에 활동하는 소리를 듣고 싶다면 (바흐의) 마태 수난곡을 틀고 소리를 최고로 높여라. 그것은 인간의 중추신경계 전체가 한꺼번에 내는 소리이다.
> _루이스 토머스Lewis Thomas, 물리학자이며 수필가[6]

> 내 생각으로는 두뇌의 신경 활동만으로 인간의 정신을 설명할 수 없다는 것이 분명해 보인다.
> _와일더 펜필드Wilder Penfield, 두뇌전문의[7]

콜롬비아 동쪽 열대우림에 사는 데사나족이 전통적으로 자연에 대해 알고 있는 지식을 살펴보면, 자연의 구성요소들 가운데 인간의 두뇌만큼 철저하게 인간의 호기심을 자극하는 탐구와 사색의 대상이 된 요소는 없었다.

데사나족은 어떤 의미에서 실제로 인간의 두뇌 "지도를 그린" 사람들이다. 이들은 오늘날 서양의 과학자들이 한 것과 똑같은 방식으로 두뇌지도를 그리지 않았다. 이들은 창백하고 마비된 두뇌의 외피에 미소 전극의 탐침을 질서정연하게 갖다대거나, 두뇌 내부에 미세한 약물을 주사해서 두뇌를 화학적으로 분석하고 신경 전달 과정을 파악하지 않는다. 이들은 또한 뇌파도腦波圖에 규칙적으로 되풀이되는 뇌파의 희미한 율동도 측정하지 않는다. 데사나족은 오히려 서양의 과학자들이 보기에 너무 시적이고 은유적으로, 어떤 면에서는 예술적으로 두뇌지도를 그렸다. 이들은 자신들의 예민한 지각과 상상력, 신화적 묘사로 두뇌의 신비한 형태와 기능들을 설명했다.

데사나족은 무엇 때문에 뼈로 둘러싸여 어두운 두개골 안에 갇혀 있는 이 희한한 신체조직에 관심을 갖게 되었을까? 우리는 그 답을 알 수 없지만 그들이 두뇌에 대해 알고자했던 열망은, 그들을 둘러싼 자연의 움직임을 자세히 관찰함으로써 그들이 자연 환경의 다른 특징들에 대해 알고자 했던 욕구와는 별개의 관심사였다.

그러나 데사나족이 처음에 어떻게 해서 인간의 두뇌를 해부해 보고 싶어 했는지 추측하는 것은 그다지 어렵지 않다. 아마존 유역에 사는 많은 원주민들과 마찬가지로 데사나족은 열대 지역의 농민들로 밀림 지대를 여기저기 개간해서 쓴 맛이 나는 카사바를 주요 작물로 재배했다. 또한 몇 세기 동안 계속해서 동물들을 사냥하고 거기서 동물단백질을 섭취했다. 데사나족 사냥꾼들은 여러 세대에 걸쳐 얼룩영양과 페커리(아메리카 멧돼지의 일종 – 옮긴이)에서 원숭이와 사슴에 이르기까지 동물 사냥감을 날마다 추적하고 사냥하고 도살하면서, 이들 동물의 두뇌를 해부하고 생리 기능들에 대한 실제 지식을 광범위하게 축적했다.

어느 데사나족 주술사는 여러 종류의 신성한 식물들에서 환각제 성분을 추출해서 대대로 이어져 온 다양한 전통 방식으로 그것을 먹는다. 실제로 주술사는 일생동안 환각제 성분의 양을 아주 미세한 부분까지 조절하고, 그에 따른 시각과 미각, 소리의 변화를 관찰하여 자신의 두뇌가 어떻게 생리적 반응을 하는지 약학 "실험"을 하고 기록했다.

데사나족 주술사는 인간의 두뇌를 말할 때 서로 다른 두 개의 대뇌 반구들을 '다른 집' 또는 '다른 영역'이라고 부른다. 그는 두 개의 대뇌 반구가 서로 완벽하게 대칭을 이룬다고 본다. 데사나족 주술사는 오늘날 신경생물학자가 대뇌의 "오른쪽 반구"라고 부르는 것을 '두 번째 면'이라고 하고 "왼쪽 반구"—데사나족 세계관에서는 왼쪽이 더 중요함—를 '첫 번째 면'이라고 부른다.

두뇌의 외피에 한 줄로 깊게 갈라진 틈 또는 주름살진 부분은 두 쪽을 자연스럽게 갈라놓는 경계선처럼 이마에서 정수리까지 정중앙을 따라 나 있다. 데사나족 주술사에게 이 갈라진 틈은 단순한 해부학적 경계 표시가 아니다. 이것은 신화 속에 나오는 최초의 뱀 아나콘다가 태초에 숨어 있던 신성하고 구불구불한 계곡 골짜기라고 한다. 데사나족의 말에 따르면 바로 이 대뇌의 갈라진 틈(현대 의학 용어로 열구 sulcus, 裂溝)을 따라 우주의 에너지가 인간에게 활발하게 밀려든다. 그들은 사람의 생명을 유지시켜주는 이 강력한 힘의 흐름을 "보가"라고 부른다.

데사나족 주술사는 인간의 두뇌가 지닌 전체성을 '디푸카이dihpú ka'i'라고 하는데, 이는 말 그대로 '머리-정신'이라는 뜻으로 의역하면 '인식의 정수'를 말한다. 미국의 노벨상 수상자인 두뇌생물학자 로저 스페리Roger Sperry(그는 두뇌의 신경회로가 "예상치 못하는 특성"을 지닌 까닭에 갑작스럽게 생기는 인간 정신의 영역이 분명히 있다고 생각한다)의 주장에 따르면, 데사나족 주술사는 살아 있는 두뇌를 하나의 전체로 보는데 이것은 두뇌를 구성하고 있는 요소들을 합한 것보다 더 큰 실체이다.

데사나족 주술사는 두뇌의 외피에 있는 수없이 많은 주름 하나하나를 '캐kae'라고 한다. 이 구불구불한 모양의 캐(오늘날 두뇌과학자들은 뇌회gyrus, 腦回라고 부른다)는 데사나족 신화에서 두뇌의 모양을 규정하는 구실을 할 뿐만 아니라 자기 고유의 기능도 가지고 있다. 각각의 캐는 서로 다른 감각 이미지들과 개인의 특성, 색깔의 특징들을 풍부하게 저장하고 있는 특정한 장소일 뿐만 아니라, 개인의 타고난 정체성과 평생의 생명 이력이 기록된 장소이다. 이런 의미에서 데사나족 주술사는 이 캐를 두뇌 안에 있는 작은 "두뇌"라고 생각한다. 캐는 개인의 생각과 정체성을 형성하는 여러 가지 감각, 형식, 개별 형질들을 독자적으로 만들어낼 수 있는 두뇌의 하부 단위로서 작용한다. 동시에 이들 개별 캐는 서로 다른 캐들과 우아하게 조화를 이루며, 두뇌가 질서정연한 체계로 활동할 수 있게 하는 핵심적인 역할을 한다.

캐와 캐 사이의 역동적인 연결 체계는 서양의 환원주의 두뇌생물학자들이 말하는, 빛나는 유형의 흰색 신경 조직들이 서로 "얽혀" 있는 매우 작은 신경단위인 뉴런이 서로 화학 작용을 하는 것과는 다른 것이다. 서양의 과학자들보다 더 직관적이고 전체적인 관점에서 생각하는 데사나족은 이러한 두뇌의 회로들을 훨씬 더 정의하기 어려운 존재로 본다. 이 회로들은 외부에서 들어온 자극을 서로 복잡하게 연결된 가늘고 신비한 선들을 통해 두뇌의 한 부분에서 다른 부분으로 전달한다. 그러면 이 신비로운 거미줄은 다시 인간의 모든 생각과 행동을 유발시키는 궁극의 원천, '카이ka'i' 또는 '정신'을 낳는다.

데사나족 주술사는 이처럼 숨이 막힐 듯한 압축된 아름다움과 복합성과 마주해서, 그가 무엇을 보았는지 부족민들에게 설명하기 위해 그에 알맞은 말들을 찾아내려고 한다. 여기서 그는 스페인의 노벨상 수상자 산티아고 라몬 카잘Santiago Ramon y Cajal(그가 19세기에 그린 척추동물의 신경계는 처음으로 두뇌를 수많은 독립된 뉴런들이 물리적으로 거대한 다도해를 이루고 있는 것으로 묘사했다.)에서 로저 스페리(그는 1960년대에 인간 대뇌의 오른쪽과 왼쪽이 서로 독립적 구실을 한다는 사실을 밝혔다.)에 이르기까지 오늘날 대다수의 두뇌생물학자들이 안고 있는 인식과 상상력의 어려움과 똑같은 딜레마에 빠진다. 주술사와 과학자는 신화와 전문 과학 용어 또는 동굴벽화나 뇌파도와 같은 불완전한 모형이나 매체를 이용해서 영감을 불러일으키는 두뇌 조직의 변화과정과 반복 작용(서로 매우 다른 인식을 바탕으로 하지만)을 다른 사람들에게 이해시키고 전달하려고 애쓴다.

콜롬비아의 인류학자 헤라르도 레이첼-돌마토프Gerardo Reichel-Dolmatoff는 1981년에 발표한 보고서 〈데사나족의 샤머니즘에 나타난 두뇌와 정신Brain and Mind in Desana Shamanism〉에서 데사나족이 인간의 두뇌를 수정 같이 투명한 최고의 돌로 은유한다고 자세히 설명한다. 그 돌은 수많은 육각형의 각기둥으로 빽빽하게 쌓여 있으며, 각기둥 하나하나는 서로 다른 불가사의한 빛의 에너지를 내뿜는다. 또한 데사나족은 인간의 두뇌를 벌들이 활발하게 움직이는 거대한 벌통 또는 흰개미 집으로 은유하기도 하는데, 그곳은 매우 정교하고 생기가 넘치는 장소이다. 데사나족 주술사는 이 거대한 "벌통"이 여러 개의 벌집들이 서로 정교하게 맞물린 다층 구조로 구성되어 있다고 말한다. 벌집 하나하나는 작은 육각형 모양의 방들이 미로처럼 얽혀 있다. 이 방들은 아주 작은 순수한 벌꿀 덩어리가 가득 들어 있다. 그 벌꿀은 우리가 먹는 보통 벌꿀이 아니라 아주 특별하고 초자연적인 종류의 벌꿀로 육각형의 방마다 색깔을 비롯해 여러 가지 특징들을 가지고 있다. 맛과 향, 감촉이 다르고 어떤 방에는 다양한 작은 애벌레들이 살고 있는데 거기서 신성한 꿀을 배불리 먹는다. 여기서 직관적으로 데사나족은 두뇌가 자라면서 뉴런도 성숙해진다고 생각한다.

또한 데사나족은 두뇌가 빛과 색깔과 깊은 관련이 있다고 본다. 여기서 두뇌는 서로 다른 색깔을 띤 육각형 기둥들이 서로 좌우 평형을 이루며 다발 모양을 하고 있는 것으로 그려진다. '두 번째 면'—오른쪽 대뇌반구—을 구성하는 기둥들은 빨간색, 노란색, 파란색 가운데 한 색이다. 이와 다르게 '첫 번째 면'—왼쪽 대뇌반구(과학적 설명에 따르면 언어, 논리, 여러 가지 중요한 정신 작용을 지배한다)—을 구성하는 기둥들은 진정한 무지갯빛을 내뿜으며 스펙트럼을 통과하는 모든 색깔들을 띤다.

데사나족 주술사는 두뇌의 '첫 번째 면'을 구성하는 수많은 기둥들에 나타나는 색깔은 매우 다채롭고 풍부한 색상을 가지고 있어서 사람이 말로 표현할 수 없을 정도라고 한다. 여기서 다시 한 번 데사나족 주술사와 서양의 두뇌과학자가—서로 매우 다른 지식 경로를 기반으로—서로 공통된, 또는 적어도 서로 보완할 수 있는 의견에 수

렴하는 것처럼 보인다. 그들은 모두 살아 있는 인간 두뇌의 능력과 우아함 그리고 끝없는 역설에서 목격한 숨이 막힐 듯한 아름다움에 압도된 채, 성스러운 발견이라고 부를 수 있는 경험을 공유한 것처럼 보인다.

가장 뛰어난 서양의 두뇌생물학자들 가운데 일부는, 기존의 패러다임을 흔드는 위대한 발견들에 뒤이어서 두뇌와 정신의 불가사의한 특징과 현상들에 대해 대개 종교적인 열정을 가지고 끊임없이 깊이 사색한다. 이들은 인간의 의식과 창조성의 궁극적 본질이 무엇이며, 기억은 어떻게 두뇌에 저장되고, 꿈은 어떻게 만들어지는지 끊임없이 탐구한다. 이처럼 인간의 경험을 구성하는 요소들은 세밀한 과학적 탐구와 분석이라는 강렬한 응시 아래서 흔적도 없이 증발해버리는 것 같이 보인다. 스페리는 우주의 1/2입방피트도 안 되는 인간의 머리 속에 무한한 힘이 감춰져 있다고 간결하게 말한다.

한 데사나족 주술사가 레이첼-돌마토프에게 들려준 감명적인 말에서도 이와 같은 통찰의 목소리를 듣는다. 그 주술사는 두뇌를 구성하는 훌륭한 구조와 다양한 정신 능력과 마주하고는 (서양의 두뇌과학자도 똑같이 두뇌에 매료되어 공감했을 법한 열광적인 말로) 부드럽게 속삭였다. "그것은 우리가 그 이름조차도 알지 못하는 특색들을 담고 있다."

자연 기르기에 대하여[8]
브라질 아마조니아(아마존 강 유역) 카야포족

> 기초생태학과 친근해진다면 당신의 세계관은 영원히 바뀔 것이다. 당신은 이제 다시는 식물, 미생물, (사람들을 포함한) 동물을 나와 아무 상관없는 존재로 보지 않을 것이다. 오히려 당신은 그것들을 거대한 자연의 복합체를 구성하는 일부분으로, 사전에 나오는 정의로 말하면 설명할 수 있는 방식으로 작동하는 한 체계의 관련 요소들로 더욱 자세하게 볼 것이다.
>
> _폴 에를리히Paul Ehrlich, 생태학자[9]

브라질 중앙에 사는 카야포족은 아마존 유역에 사는 다른 토착 원주민들처럼 열대우림에서 필요한 식량과 물자를 쉽게 구하기 위해 독창적인 방식을 쓴다. 이들이 사냥과 채취, 어로, 농사를 통합적으로 생각하는 생활양식은 오늘날 서양에서 생각하는 "자연자원 관리"와 매우 다른 자연관에 뿌리내리고 있기 때문에 아주 최근까지도 서양의 과학자들은 이들을 제대로 평가하지 못한다.

원주민들은 아마조니아Amazonia의 거대한 열대우림과 강들을 바라볼 때, 오늘날 생태학자들이 자기들 마음대로 자연을 일방적으로 분할한 구분들로 바라볼 까닭이 전혀 없다. 북쪽의 카야포족은 1978년 인구가 약 2,500명이었고, 브라질 내륙에 있는 약 80만 평방마일의 인디언 보호구역 안에서 9개의 마을을 이루고 살았다. 이들은 그곳에 사는 생명체들과 주변 환경들 사이에서 일어나는 미묘한 변화들을 추적할 수 있는 예리한 눈을 가지고 있다. 이 변화들은 카야포족 사람들이 하루하루 살아가기 위해 필요한 정신적, 물질적 의미를 지니고 있다.

북쪽의 카야포족은 그들의 자치구 안에 있는 열대의 초원 지역 또는 사바나 지역을 하나의 단일한 범주로써 '카포트kapôt'라고 말한다. 이들은 불규칙하게 뻗어나간 카포트 초원들 안에 여러 가지 변이를 일으킨 초원들(변이를 일으킨 초원의 또 다른 변종도 포함)이 있다는 것을 안다. 이들은 줄기가 짧은 풀들이 자라는 널따란 사바나 지역을 '카포트캔kapôt-kên', 줄기가 좀 더 긴 풀들이 자라는 초원 지역을 '카포트캄보이프레크kapôt-kam-bôiprek'라고 부른다. 또한 드문드문 나무들이 서 있는 초원 지역을 피카티크라이pykatĩkrãi라고 하고, 서로 다른 나무들이 무리를 지어 들어선 초원 지대를 '카포트케메프티kapôt-kmẽpti'라고 한다. 카야포족이 카포트를 이렇게 쪼갠 것은 그들이 사냥이나 채집, 농사를 지을 때 거기에 있는 동물과 식물, 토양의 군집들을 잘 구분하기 위해서이다.

이와 동시에 북쪽의 카야포족은 생태계를 사바나, 숲 또는 산악 지대로 나누는 것을 절대적 구분으로 보지 않는다. 이들은 그 경계가 계속해서 확산된다고 본다. 따라서 카야포족은 어떤 특정 생태지역으로 되었다가 다른 지역으로 바뀌는 과도기 상태의 생태 지역—대개 부르는 명칭이 없는—에 더 많은 관심을 가진다.

실제로 이 중간 지대는 카야포족이 자신들의 공동 마을을 지을 때 가장 선호하는 지역이다. 이 지대의 장점은 뚜렷하다. 카야포족 공동체에게 이곳은 시간(수확기)이나 공간(수확할 것을 분배하는 장소)의 중심지이며, 카야포족의 식량을 공급하는 동물과 식물들의 생태 "공동체"들이 풍부하게 서식하는 교차지점이다.

카야포족이 그들을 둘러싼 자연 세계의 특징들을 정교하게 표현하는 방식은 서양의 과학자들에게는 보이지 않을 것이다. 왜냐하면 그

방식은 서양인들이 보통 생각하는 토착 원주민들의 생활양식과 다르기 때문이다. 인류학자들은 최초의 인류가 식량을 구하는 방식이 사냥, 채집, 가족 단위의 곡물 또는 채소 경작과 같은 세 가지 방식으로 깔끔하게 나뉠 수 있다고 추정했다. 그러나 카야포족 원주민들—그리고 다른 수많은 토착 원주민들—은 서양인들이 자기 편리에 따라 멋대로 나누어 놓은 일의 구분을 따르지 않는다.

북쪽의 카야포족은 열대 지방에서 훌륭하게 채소를 재배하는 사람들이다. 밭에서 키우는 식물뿐만 아니라 반#야생 또는 야생식물들까지 잘 키운다. 카야포족은 식량을 얻기 위해 열대우림의 야생 동식물을 사냥하고 채집하는 것 말고도 집 가까이 또는 마을 주위의 조그만 땅을 개간하고 화전을 일구어 채소밭을 만든다. 이들은 그 밭에서 카사바, 참마, 호박, 과일나무, 콩 같은 여러 가지 작물을 재배한다.

그러나 카야포족은 사냥과 낚시, 식량 채집을 위해 정기적으로 이동한다. 이들은 마을과 거대하게 연결되어 있고, 한때 사람들이 즐겨 사냥과 낚시, 채집 활동을 하고 농사를 지었던 구불구불한 옛 발자취들을 따라 이동한다.

마을의 채소밭은 확실히 고정된 식량 저장소이다. 여기서 수확한 많은 작물들 가운데 특히 뿌리 작물은 이동을 많이 하는 사람들에게는 부담스런 짐이었을 것이다. 따라서 카야포족은 오늘날에도 몇천 마일까지 뻗어있다고 하는 그들의 미로 같은 자취들을 따라 다양한 작물들의 씨를 질서정연하게 뿌린다. 시간이 흐르면서 이들은 숲에서 반유목 생활을 하는 사람들에게 더욱 알맞은 형태로 밭을 일구었다. 길게 실처럼 이어진 "발자취로 만든 밭"은 마을에서 멀리 떨어진 곳에 있는 것도 있지만 배고픈 카야포족 여행자들은 금방 찾아낼 수 있다.

과거에 이 미로처럼 얽힌 거대한 땅은 중요한 식량 공급처였음에 틀림없을 것이다. 오늘날까지 남아 있는 카야포족 마을 한 곳은 적어도 평균 2.5미터 넓이의 땅이 여기저기에 500킬로미터 가량 펼쳐져 있으며, 참마, 고구마를 비롯한 먹을 수 있는 다양한 덩이줄기 식물, 약용 식물, 과일나무들을 재배한다.

더욱이 카야포족 농부들은 마치 서양인들이 식물을 "야생종" 또는 "재배종"으로 분류한 것에 대항하는 것처럼 열대 원예 작물에 한정해서 채소를 재배하지 않는다. 이들은 열대우림에서 필요한 야생 식물들을 직접 구하는 일을 반복한다. 그런 다음 그 식물들을 자신들이 자주 다니는 길을 따라 이어진 마을 가까이에 있는 햇빛이 비치는 숲 속의 밭에다 조심스럽게 옮겨 심는다. 매우 실용적인 카야포족은 이 인공의 자원 집합소 또는 "삼림 밭"에서 야생 카사바와 참마에서 야생 강낭콩에 이르기까지 적어도 54종의 야생 식물을 재배한다고 한다.

잠시 마을에 머무는 카야포족 여행자들은 자신들에게 필요한 야생 작물들을 한 곳에서 한꺼번에 만날 수 있게 되어 편리하게 이들 식용 뿌리와 먹을거리들을 얻을 수 있다. 다릴 포시는 카야포족이 숲의 야생에서 자라던 식물들을 이렇게 인공으로 만든 "삼림 밭"에 옮겨 심는 지혜를 발휘함으로써, 그동안 서양의 과학이 간과했던 생태적 생활방식을 실천하고 있다고 말한다.

포시는 카야포족이 자연과 조화를 이루며 사는 방식들 자체가 바로 토착 원주민들의 문화가 매우 소중한 인류의 자원으로써, 아마존 유역의 자연 자원에 대해서 알려지지 않은 매우 풍부하고 귀중한 정보의 원천을 제공한다는 사실을 증명하는 것이라고 결론을 내린다. 이 방식들이 오늘날 서양의 과학적 사고와 조화를 이룬다면 아마존의 생태는 더욱 건강하게 발전해 나갈 것이다.

인간의 탐욕과 환경오염이 언젠가 세상을 망칠 것이다[10]
말레이시아 취옹족

> 그러나 시간이 너무 없다. 자연이라는 기제는 인류가 그 작동 방법을 정확하게 알기도 전에 이미 빠른 속도로 파괴되고 있다. 파괴된 것들은 다시 회복하기 어려울 것이다.
> _폴 에를리히, 생태학자[11]

점점 사라져가고 있는 말레이시아 반도 열대우림에 사는 취옹족 원주민들은 최초의 인간을 창조한 "토한Tohan"이 어느 날 갑자기 지구에 살고 있는 모든 생명체들을 다시 한 번 멸망시킬 것이라고 말한다.

그러나 토한은 자기 분노와 심술 때문에 아무 까닭없이 그렇게 지구를 정화하지는 않는다. 그는 인간들이 또 다시 땅과 생명체들을 돌봐야 하는 책임을 무시했기 때문에 동물과 식물, 인간들이 현재 살고 있는 어스세븐(지구)의 표면을 깨끗이 정화하려고 하는 것이다.

토한은 이 세상에 살아 있는 것들을 더 이상 사랑할 수 없었을 것이다. 최초의 인간인 한 남자와 한 여자를 동시에 같은 방법으로 창조한 뒤 그들에게 숨, '느주그njug'를 불어넣어준 이가 바로 그가 아닌가? 단순히 죽어야 할 운명을 가진, 인간 이전에 존재했던 인간의 원형인 '비아살bi asal'의 도움을 받아 어스식스Earth Six—비아살이 사는 멋지고 아름다운 곳으로 그 밑이 어스세븐의 하늘이다―에서 자라는 과일나무들의 씨를 얻어다 준 이가 바로 토한이 아닌가? 그 씨들을 어스세븐의 거대한 열대우림 지역에 뿌려서 인간들이 철마다 그 결실을 수확할 수 있게 한 이가 바로 그가 아닌가?

그러나 토한은 인간들이 어스세븐을 얼마나 심하게 남용하고 있는지 알게 되었고, 따라서 그는 옛날에 했던 것처럼 어떤 행동을 취할 것이 분명하다. 그는 세상이 '카마kama'가 되어 너무 더러워졌다고 생각하는 순간 바로 자신이 사랑했던 어스세븐을 뒤집어엎을 것이다.

토한은 요술 같은 우주적 행위를 통해 어스세븐의 표면을 완전히 청소할 것이다. 지구 위에 사는 모든 생명체는 물에 빠져 죽고, 새로 창조된 동물과 식물들이 그 자리를 차지할 것이다. 말레이시아의 보기 흉한 녹색 열대우림들은 곧바로 아무것도 살지 않는 불모의 평원이 될 것이다. 그곳에 언덕과 계곡, 강바닥들이 자유롭게 만들어져 새로운 지형을 이루고, 새로운 인간들이 나타나 동물을 사냥하고, 물고기를 잡고, 밭에서 쌀과 타피오카와 질경이를 재배할 것이다.

새로 만들어진 어스세븐은 새로운 인간들이 푸른 숲에서 나는 과일들을 평화롭게 나누고, 함께 사는 다른 생명체들을 존중하며 보살피고, 어스세븐과 조화를 유지하기 위해 신성한 의식을 지속하는 한 그들의 삶을 유지시켜 줄 것이다. 그러나 만일 이 인간들이 토한이 준 선물을 또 다시 탕진한다면, 또는 너무 많은 사람들이 태어나고 죽고, 너무 많은 동물들이 죽어 피를 흘리거나, 너무 많은 오물이 버려져서 어스세븐이 다시 매우 뜨겁고 병이 들면 토한은 다시 한 번 이 어스세븐을 파괴하고 말 것이다.

토한은 어스세븐을 파괴하기 전에 살아 있는 모든 취옹족과 그 이웃의 토착 원주민들, 오랑아슬리Orang Asli에게 부드러운 속삭임으로 이 세상의 종말을 경고할 것이다. 토한은 이러한 대변혁을 일으킬 때 어스세븐을 괴롭혔던 사람들만 마지막 멸종의 고통을 당하도록 남기고, 나머지 사람들은 꽃봉오리로 바꾸거나 어스식스로 날아 올라가게 할 것이다.

5

동물의 힘

인간과 동물은 동족 관계

> 두 종 사이의 솔직한 대화
> 인간 : 나는 모든 피조물들 가운데 가장 훌륭해. 존재하는 모든 것의 중심이지.
> 촌충 : …… 너는 자기 혼자 잘났다고 하고 있어. 만일 네가 모든 피조물의 왕이라면 네 창자를 지배하면서 너를 먹고 사는 나를 무엇이라고 할까?
> 인간 : …… 너는 이성도 없고 불멸의 영혼도 없어.
> 촌충 : …… 동물의 기준으로 볼 때 신경계의 집합과 복합성은 그 정도를 측정할 수 있는 척도의 끝이 없다는 것이 확인된 사실인데, 그렇다면 우리는 어느 지점에서 서로 나누어질까? 영혼과 약간의 합리성을 지니기 위해서는 얼마나 많은 뉴런(신경 세포)을 가져야 하니?
> _산티아고 라몬 카잘, 노벨상 수상 신경해부학자[1]

인간들은 지구에서 살아가는 동안 대개 사냥꾼이었다. 이들은 구석기 시대에 생명을 유지하기 위해 다양한 정신적, 물질적, 방법적 기술을 개발하고, 그들을 둘러싼 자연환경과 그 속에 사는 동물들에 대해 자세한 지식들을 축적했다. 수만 년 전 인간들은 정교하게 만든 화살촉으로 매머드, 엘크, 들소, 그 밖에 다른 거대한 사냥감들을 뒤쫓았으며, 작은 야생 동물들은 정교한 도구와 기술을 써서 덫을 놓아 사냥했다. 오늘날 현대 기술이 지배하는 거칠고 무자비한 세상에서도 그러한 전통을 새롭게 이어가는 자그마한 지역들이 남아 있다. 그곳의 원주민들은 막 잡은 신선한 고기에 들어 있는 고단백질을 섭취하기 위해 아무리 위험한 곳이라도, 과거에 그들의 조상들이 그랬던 것처럼 여전히 위험을 무릅쓰고 사냥을 나간다. 초목이 우거진 말레이시아와 아마존의 밀림, 뜨거운 태양이 내리쬐는 오스트레일리아와 아프리카의 초원과 평원, 매서운 추위가 휘몰아치는 북극 지방이 바로 그곳이다.

사냥으로 먹고살기 위해서는 야생동물들이 자연 속에서 어떻게 사는지 자세하게 알아야 한다. 새끼를 낳는 주기와 이동 행태, 좋아하는 먹이들에 대해 빈틈없이 알고 있어야 하며, 동물들이 어떻게 의사소통을 하는지, 어떤 감각이 뛰어난지, 철따라 행동이나 겉모습에서 어떤 변화가 나타나는지, 인간들이 다가가거나 공격할 때 이들의 취약점이 무엇인지에 대해서도 예리한 통찰이 있어야 한다. 원주민들이 이러한 것들에 대해 얼마나 많이 그리고 깊이 알고 있느냐에 따라서 자신들과 함께 살고 있는 다른 동물들의 정신적 삶과 오랜 생존 경험을 얼마나 함께 공감하고 그들과 얼마나 평화로운 나날을 유지할 수 있는지가 결정된다.

오늘날 생명과학자들에게 서로 다른 두 생명체(여기서는 인간 포식자와 먹이) 사이의 참을성 있고 친밀한 관계는 그 결과가 양쪽에 이익이 되든 손해가 되든 또는 아무 보잘것없는 것이든지에 상관없이 공생관계라는 것으로 널리 알려져 있다. 더 큰 동물이 더 작은 다른 동물을 잡아먹는 포식자와 먹이의 관계는 공생관계의 여러 가지 변종 가운데 하나일 뿐이다. 포식의 결과는 당연히 두 당사자 가운데 한쪽을 죽이기 때문에 그러한 관계가 "희생당하는" 먹이 종에게는 완전히 파멸을 뜻한다고 가정하기 쉽다.

그러나 생태학자들은 오랜 관찰을 통해 포식자 집단과 먹이 집단 사이의 역동적인 공생관계는 장기적으로 볼 때 한쪽만 일방적으로 피해를 보는 것은 아니라는 것을 밝혔다. 오히려 시간이 지나면서 처음에 포식자 집단이 먹이 집단에게 끼친 부정적 결과는, 실제로 진화의 관점에서 가장 약하고 취약한 개체들만 사라지는 긍정적 결과를 가져온다. 두 집단은 점점 지속되는 선택의 압박과 생존 욕구에 대응해서 서로 조정하고 적응한다.

생태계가 서로 조정하며 진화하는 이유는 명백하다. 두 집단은 아무리 서로 모습과 습성, 과거의 진화 형태가 다르다고 해도 공생관계를 통해 서로의 진화에 도움이 되는 "이익"을 공유한다. 만일 두 집단이 속한 생태계의 먹이사슬 관계가 잘 유지되고 번창한다면, 그들—포식자와 먹이—은 반드시 오랫동안 생존하고 번창할 것이다.

이런 생태계의 기본 원리는 포식자 집단이 북극곰이거나 송골매 또는 탐욕스러운 피라냐인 경우에만 적용되는 것이 아니라, 지금까지 알려진 자연계의 가장 큰 포식자인 호모사피엔스, 인간에게도 적용된다. 그러나 이 경우에는 다른 포식자들과 비교해서 매우 큰 차이점이 있다. 인간이라는 포식자들은 그들이 뒤쫓는 동물 집단들과 여러 세대에 걸쳐 서로 정교하게 유전적 "대화"를 나누어 온 다른 포식자 집단들과도 생물학적으로 연결되어 있지만, 이들은 서로 다른 집단들 사이에서 지속되는 공생관계에 담겨진 의미를 읽어낼 수 있는 정신 능력을 절묘하게 타고났다.

과학자들은 대개 개별 동물들의 행동을 분류하거나 유전자 빈도의 변화를 추적하고, 집단수의 변동을 도표로 그림으로써 서로 다른 종 사이의 관계를 객관적으로 표명하는 데 관심을 둔다. 그러나 실제 전통적 원주민 사냥꾼은 당장 눈에 보이는 이와 같은 상호작용의 특징들을 잘 알지만, 포식자 자체나 먹이와 관련된 주관적인 것 또는 그것과 연관된 내면의 경험들을 더 열심히 알려고 애쓴다. 사냥꾼은 단순히 그의 먹이를 죽이는 것에 대해 진지하게 고민하기도 하지만, 심리적으로 자기 문화가 지닌 정신적 가치들과 관습들 안에서 윤리적 대립을 야기할 수 있는 여러 가지 문제들도 감수해야 한다.

예를 들면, 그는 신체적 형태와 감각 기관, 내장 기관, 행동 양식들을 가지고 있고, 옛날에 조상이 서로 같았을지도 모를 야생동물을 죽이고 배를 가르고 먹어야만 하는지에 대한 근본적인 고민에 빠진다. 실제로 그는 인간을 살아 움직이게 하는 신성한 생명의 기운 또는 영혼이 이 야생동물도 똑같이 살아 움직이게 한다고 믿는다. 또 그는 이 야생동물의 숨을 끊을 때, 얼마나 고통스러울까를 생각하면서 동시에 향긋하고 톡 쏘는 신선한 고기를 먹어야 하는가 하는 고민도 하게 된다. 그리고 그는 그의 손 안에서 피를 흘리며 아직까지 따뜻한 온기를 잃지 않은 채 파르르 떨고 있는 동물의 시체를 앞에 두고, 그 생명체(또는 아직 태어나지 않은 그 동물의 자손들)의 건강과 안녕을 기원해야 하는 난감한 상황에 빠진다.

그러나 이들 한 사람 한 사람은 서로가 다른 문화적 관점에서 얻은 지식과 경험을 바탕으로 서로 공생관계 속에 간직해 둔 동물에 대한 진정한 사랑을 느끼고 표현할 수 있다. 오늘날 생물학자들은 "객관성"과 함께 동물에 대해 감성적으로 초연해야 한다고 주장한다. 그러나 그들은 때때로 인간 내면에 깊이 자리 잡고 있으면서 어쩌면 자신의 동반자인 동물들에 대한 억누를 수 없는 본능적인 관심과 애정이 끌리고 그것을 확인하고 느낄 수 있는 능력을 다시 새롭게 자극하는 경험을 할 수 있다.

동정심이 많은 생명과학자와 전통적인 원주민 사냥꾼은 인간은 본디 다른 생명체에 대해 애착을 가지고 있다고 생각하는 공통점이 있다. 윌슨E. O. Wilson은 이것을 "생명애"라고 말한다. 야생동물들에 대한 인간의 열정적이고 자연스러운 경외심과 놀라운 친화력, 감사와 존경이 동물의 생명을 죽이는 동안 속죄하는 마음을 가지려고 애썼던 옛날부터 대대로 이어져 온 인간성이라는 똑같은 샘에서 뿜어져 나왔다는 것은 사실일까?

윌슨이 말한 생명애라는 개념—인간의 타고난 지구 위의 모든 생명체에 대한 동포애와 의식—은 이러한 견해를 대담하게 선언한 것이다. 그는 생명을 탐구하고 그 기원을 밝히는 것이 인간의 정신 발전에서 매우 심오하고 어려운 작업이라고 썼다. 우리의 존재는 이러한 작업에 의존하며, 우리의 정신은 그것이 엮어져서 만들어지고, 희망은 그 흐름 속에서 떠오른다.

아이들을 놀라게 하는 것에 관하여[2]
북아메리카 북극권 툰드라 지대의 이누이트족

> 외눈박이 과학 기술의 눈을 아무리 크게 부라려도 엄청나게 많은 죽음 앞에서는 인간과 다른 자연의 피조물들이 다르게 보이지 않는다.
> _로렌 에슬리Loren Eiseley, 인류학자[3]

몇몇 이누이트족 아이들이 마을 근처의 툰드라 평원을 뛰어다니며 놀고 있었다. 아이들은 자신들이 앉을 작은 의자를 만들기 위해 여기저기 바삐 돌아다니면서 돌을 모았다. 그때 근처에서 땔감으로 쓸 마른 이끼를 줍고 있던 한 여인이 즐겁게 놀고 있는 아이들을 방해하지 않기 위해 조심스레 발을 옮겼다.

그러나 그녀가 놀이에 몰두하고 있던 아이들에게 가까이 다가가자 더 이상 자신을 억제할 수 없었다. 그녀는 그들 뒤에 바짝 다가가서 장난삼아 그들을 놀라게 하려고 큰 소리로 있는 힘껏 박수를 쳤다.

그녀가 아무 의심 없이 가만히 있던 아이들에게 준 두려움은 전혀 의도하지 않았던 결과를 가져왔다. 아이들은 너무 놀라서 날개를 달고 하늘로 오르더니 '니크자투트nikjatut'(버들 뇌조雷鳥)로 변하여 멀리 날아가 버렸다.

그 여인은 순진무구한 어린아이들을 놀라게 한 것을 후회하면서 마을 사람들에게 아이들이 돌아오게 해달라고 도움을 청했다. 마을 사람들이 아이들을 찾으러 떠났지만 헛수고였다.

오늘날 툰드라 지대의 이누이트족은 하늘에서 갑자기 버들 뇌조가 세차게 날갯짓하는 소리를 들을 때마다, 날개 달린 새로 변했던 아이들을 떠올린다. 그들은 버들 뇌조를 보면 그것이 모두 놀란 아이들이 변한 것이라고 생각한다.

이 소박한 이야기 속에서 이누이트족이 자기 자식들 또는 툰드라 지역에서 함께 살고 있는 다른 생명체들을 어떻게 생각하는지 정확하게 알아맞히기는 쉽지 않을 것이다. 그러나 이누이트족은 아이들이 그들 사회에서 특별히 귀중한 존재이며, 주변 환경에 대해 매우 조심하고 예민하며, 의식을 많이 하는 존재이기 때문에 아이들이 당연히 받아야 할 깊은 존중과 애정을 무시하고, 감정적으로 부당하게 대우할 때 마음에 큰 상처를 입는다고 생각한다.

그 밖에도 이 이야기는 이누이트족이 본능적으로 야생동물들을 자기 동족이라고 생각하며, 날마다 그들과 운명이 교차한다고 생각하고 있음을 암시한다. 이누이트족은 수줍음을 많이 타고 허둥지둥 날아가는 버들 뇌조에게서 자신들의 아이들이 갑자기 놀라운 일을 당했을 때 보이는 공포, 두려움, 전율과 똑같은 모습을 봄으로써, 이 새들이 우주에서 아이들과 똑같은 윤리적 지위를 가지고 있다고 확신하는 것 같다. 따라서 자신의 아이들이 고통을 겪는 모습이 투사된 버들 뇌조는 자기 자식을 대하는 것처럼 똑같이 애정을 가지고 대해야 한다고 주장한다.

이누이트족의 여러 이야기 속에 함축된, 다른 동물들에 대한 깊은 문화적 공감은 때때로 원주민 사냥꾼들이 동물들을 사냥해서 잡아먹는 것과 서로 충돌한다. 그런 점에서 이누이트족 사냥꾼은 그의 동족에게서 물려받은 생명력과 감각성, 신성함을 지니고 있다고 믿는 사냥감을 죽일 때 심리적으로 매우 심한 고통을 받을 것이 분명하다.

이 사실은 덴마크의 탐험가이자 민족학 학자인 쿤드 라스무센Kund Rasmussen이 이바루아르드주크Ivaluardjuk라는 이누이트족 남자와 라이언 인레트Lyon Inlet 외곽에 있는 사냥지역을 걸으면서 나눈 대화에서 명확하게 밝혀졌다.

인생에서 가장 큰 위험은 사람들이 먹는 음식이 모두 영혼을 가지고 있다는 데 있어요. 우리가 죽이고 먹어야 하는 모든 피조물들과 우리가 옷을 만들기 위해 죽여야 하는 모든 동물들은 우리처럼 영혼을 가지고 있지요.

그 영혼들은 몸과 함께 사라지지 않으므로, 우리가 그들을 죽인 것 때문에 그들이 우리에게 복수하지 않게 하려면 그들을 달래는 수밖에 없어요.

이누이트족은 아이들이 버들 뇌조로 변하는 것과 같은 이야기들을 통해서 겉모습과 상관없이 인간과 버들 뇌조가 똑같이 공유하는 생명의 기운과 고통에 대해 타고난 나약함을 다시 떠올리는 일이 과연 가능했을까?

북풍이 가져다 준 선물[4]
캐나다 북극 아래 지역 와스와니피 크리족

> 만일 인류가 논병아리만큼 오래되었다면, 우리는 그가 부르는 소리의 의미를 더 잘 알아낼 수 있었을 것이다. 몇몇 자의식을 가진 세대들이 우리에게 전해준 어떤 전통과 자존심, 거드름, 지혜를 생각해보라! 어떤 연속의 자존심이 이 새를 재촉한다. 이 새는 인간이 있기 아주 오래전부터 논병아리였다.
> _알도 레오폴드, 생태학자[5]

전통적인 와스와니피 크리족 사냥꾼은 사냥에 성공하는 것이 모두 자기가 잘해서 그런 것이 아니라고 말한다. 동물을 사냥하는 데 성공하는 것은 말코손바닥사슴이나 비버 또는 송어가 와스와니피 크리족 사람들을 먹여 살리기 위해 스스로 목숨을 내놓았기 때문이기도 하다. 또한 와스와니피 크리족 사냥꾼은 이 같은 동물들의 관용 말고도 북풍을 뜻하는 '추에텐슈chuetenshu'가 길고 매서운 캐나다의 겨울 동안 그들이 먹고 살 수 있도록 이 동물들을 주기 때문에 사냥에 성공할 수 있다고 말한다.

와스와니피 크리족 사냥꾼들은 북풍과 그들이 사냥한 동물의 영혼들이 변덕스럽거나 수동적이지 않고, 오히려 "자연의 눈"으로 현재 사냥꾼들의 윤리적 지위를 역동적으로 가르쳐준다고 생각한다. 북풍과 동물의 영혼은 옛날이든 지금이든 사냥꾼의 행동과 대등한 관계로 작용한다. 그렇게 함으로써 인간을 뺀 자연계의 거대한 구성원들이 이 사냥꾼들을 감시하고, 사냥꾼들이 자신들을 대우한 정도에 따라 벌을 줄 수 있는 길을 만든다.

이러한 자연의 힘들은 그 과정을 통해서 영적으로 깨인 와스와니피 크리족 사냥꾼에게 그들 공동체가 먹어야 할 주요한 육식 동물을 잡을 수 있게 한다. 실제로 이들 동물의 관용으로 사냥꾼은 최고의 선물을 제공받을 수 있었다. 이 선물은 극도로 흥분된 상태에서 사냥꾼들에게 쫓기다가 신비한 마비 증세를 경험하는데, 때가 되면 멈춰 서서 사냥꾼의 화살이 자기의 심장을 뚫기를 기다린다.

삼림순록을 사냥하는 계절이 시작될 때 부르는 와스와니피 크리족의 전통 사냥 노래는 해마다 순록을 사냥하는 사람들에게 특별한 의미가 있다.

내가 삼림순록을 사냥할 때
그들은 마치 가만히 서 있는 것 같다네
비록 그들은 나를 피해 멀리 달아나고 있지만

그들은 마치 가만히 서 있는 것 같다네
내가 삼림순록을 사냥하기가 얼마나 쉬운가

와스와니피 크리족 사냥꾼은 북풍과 동물의 영혼들이 그에게 제공한 고기와 모피, 뼈를 받는 대가로 영원히 그에 알맞은 의무를 져야 한다. 사냥꾼이 그의 먹이에 대해 져야 하는 의무는 단순해 보이지만 실제로 매우 무겁고 부담스럽다. 만일 그가 의무를 이행하지 않으면 그에 따른 대가를 받아야 한다.

예를 들면, 그는 자신이 받은 것을 남김없이 써야 한다. 그는 동물을 찾아 사냥하고, 그것을 도살해서 고기는 먹고 뼈와 나머지는 잘 처리하는 고도로 세분화된 과정을 따름으로써, 동물의 몸과 영혼을 존중하는 자세로 행동해야 한다. 그는 동물들을 단칼에 죽여야 하고, 그들이 부당하게 고통을 겪지 않게 해야 한다. 또한, 설사 자기가 필요로 하는 것보다 더 많은 동물을 죽일 수 있는 사냥도구나 기술을 고안했다고 하더라도 필요 이상으로 더 많은 동물을 죽여서는 안 된다. 그리고 재미나 자기과시를 위해 동물들을 죽이는 것과 같이 살아 있는 동물들에게 극도의 모욕을 주는 행위를 해서는 안 된다.

전통적인 사냥꾼들이 잘 알고 있는 것처럼 와스와니피 크리족 사냥꾼, 그의 사냥감 그리고 추에텐슈를 연결하는 살아 있는 상호 호혜의 순환관계는 시적 허구와 같은 인간의 상상력을 뛰어넘는다. 그것은 불완전하기는 하지만 인간과 동물, 자연이 서로 시간을 초월해서 하나로 묶여 있다는 것을 반영한다. 그것은 언제나 인간의 언어와 표현능력의 한계를 넘는다.

오랜 세월에 걸쳐 유효성이 입증된 와스와니피 크리족의 자연에 대한 지식들은 한 요소에 생태적 시각과 윤리적 시각이라는 두 가지 진실이 담겨 있다. 와스와니피 크리족의 자연 지식은 "객관성"을 중시하는 서양의 과학적 사고방식과 달리, 되풀이되는 중요한 자연 현상들에 대한 설명과 함께 이것들이 오랫동안 어떻게 지속되었는지에 대한 지식을 동시에 암호화한다. 책임감 있는 와스와니피 크리족 사냥꾼은 그의 선조들로부터 그가 죽인 동물의 몸이 그를 자라게 하지만 그 동물의 영혼은 다시 태어나서 세상으로 돌아온다고 배웠다. 그래서 그는 인간과 동물이 균형을 이룰 때 비로소 동물들을 사냥해도 그 수가 줄지 않으며 인간과 동물이 모두 살아남는다는 것을 안다.

모든 종들은 자기들의 시각으로 세상을 본다[6]
말레이시아 취옹족

> 감각 능력에 대한 세밀한 연구는 어떤 종도 똑같은 (감각) 능력을 가지고 있지 않다는 것을 보여 준다. …… 모든 동물은 각자 고유한 메르크벨트Merkwelt(인식 세계)를 가지고 있다. …… 말하자면 이 세상은 우리가 자기 자신의 메르크벨트로 인식하는 환경과 다르다.
> _니코 틴베르겐Niko Tinbergen, 노벨상 수상 동물행동학자[7]

말레이시아의 취옹족은 그들의 신화에 나타난 것처럼 기꺼이 열대 우림의 생태계를 수많은 다른 생명체들과 공유했다. 시간이 흐르면서 취옹족 전통 사회는 서양인들이 "인간"이라고 말하는 것과 "인간이 아닌 동물"이라고 말하는 것 사이의 근본적 공통점과 차이점에 대해 실용적이면서 시적인 한 가지 특이한 시각을 갖게 되었다.

동물에 대한 이런 인식은 여러 세기와 몇백 세대에 걸쳐 서서히 등장했는데, 원주민들은 날마다 숲 속에서 마주치는 야생동물들을 끈질기게 관찰하면서 이런 생각을 다듬어 나갔다. 따라서 취옹족의 신화와 그들이 지닌 자연 지식이 그 지역에 사는 동물들의 습성과 박물학에 대해 매우 예리하고 상세한 내용을 담고 있다는 사실은 그리 놀라운 일이 아니다. 그 지식은 서로 다른 종들의 타고난 생물학적 능력을 아주 정확하게 파악하고 있다는 점에서 오늘날 동물의 행동과 생태에 대한 가장 정교한 통찰의 일부를 보완하고 있다고 볼 수 있다.

취옹족의 사냥꾼은 현대 진화학자처럼 인간이 다른 동물들보다 우월하다고 보지 않는다. 최초의 동물에 대해 전하는 취옹족의 창조 신화 어디에도 약 35억 년 전 이 지구 위에 최초의 생명이 탄생했다고 하는 현대 과학의 진화론의 주장과 일치하는 내용은 없다. 그러나 취옹족의 언어는 인간이 적절한 생물학적 관점을 유지할 수 있게 도와준다.

취옹족의 우주는 인간의 우월성을 인정하지 않는다. 실제로 이들의 언어에는 모든 것을 포괄하는 범주로 "인간이 아닌 동물"이라는 용어가 아예 없다. 취옹족은 때때로 말레이시아 언어에서 "동물"이라는 외래어를 빌려 쓰기도 한다. 이들은 형태가 비슷한 동물들을 하나로 묶어서 그냥 카와우kawaw(새), 키엘kiel(물고기), 탈로덴talòden(뱀)이라고 부른다.

그럼에도 불구하고 취옹족의 전통 사회에서는 많은 취옹족들이 말레이시아 열대우림에 사는 동물들에게 각자 고유한 이름을 붙여주고 서로 다른 정체성을 인정한다. "인간이 아닌" 피조물을 포괄하는 용어가 뚜렷하게 없다는 사실은, 취옹족 세계에서는 인간이 살아 있는 모든 동물들 가운데 하나일뿐이라는 것을 말해준다. 따라서 취옹족은 세상을 인간 대 인간을 뺀 자연과 초자연의 나머지로 단순하게 구분하지 않는다.

이런 점에서 취옹족이 자연을 전체성이라는 관점에서 보는 것은 진화생물학의 주류가 생각하는 관점과 일치한다. 취옹족 사냥꾼과 현대 동물학자들은 인간의 근본적인 욕구와 능력, 기원이 정확히 동물과 유사하며 다른 모든 생명체들과 밀접한 관계를 맺고 있다고 생각한다.

취옹족 사회는 자연을 제멋대로 "인간"과 "인간이 아닌 것"으로 계층을 만들어 분리하는 것에 반대함으로써, 취옹족 원주민들로 하여금 오늘날 일부 생물학자들이 "동물적 의식" 또는 "동물적 사고"라고 부르는 거대한 미지의 영역을 자유롭게 상상할 수 있게 했다. 취옹족 원주민들은 모든 생명체가 각자 고유한 현실 인식을 지니고 있다고 생각했다. 동물들이 각자 자기 종의 한정된 두뇌와 중추신경계를 가지고 인식하는 자신들만의 "세계관"은 인간의 세계관만큼이나 적절하고 완벽하다. 취옹족은 열대우림에 사는 모든 동물들이 그들 고유의 독특한 감각들을 가지고 있어서 그들 세계에서 일어나는 사건들의 지형과 흐름을 해석할 수 있다는 사실을 예리하게 간파하고 있다. 취옹족은 이러한 동물들과 소통하기 위해 독창적이고 간결한 생물학적 은유를 창조했다.

취옹족의 원로들은 서로 다른 의식을 가진 존재들은 '서로 다른 눈'이라는 뜻의 '메드메시근med mesign'을 가지고 있다고 말한다. 달리 말하면 열대우림에 사는 모든 동물들은 각자 자기 종에 고유한 눈들을 가지고 태어난다는 것이다.

  취옹족은 이것이 말레이시아의 검은긴팔원숭이인 시아망siamang에게 딱 들어맞는다고 생각한다. 시아망은 시아망 나름대로 세상을 인식한다. 호랑이, 큰박쥐, 코뿔새, 큰도마뱀, 맥, 개미핥기, 로리스원숭이, 코끼리, 물뱀들이 다 자기 고유의 인식 방식을 지니고 있다. 따라서 초목이 우거진 말레이시아 밀림 속에 절묘하게 적응해서 사는 모든 동물들의 서로 다른 감각 세계와 특성은 충분히 인정받고 존중되어야 한다.

  열대우림에 살고 있는 동물들이 서로 다른 인식 방식들을 가지고 있다는 문화적 상대성에 대한 공감은, 취옹족의 생태적 인식과 윤리적 가치를 세우는 주춧돌로써 그들의 전통적인 자연 지식 안에 소중히 간직되어 있다. 따라서 취옹족은 자신들과 다른 생명체가 서로 같다고 생각하며 인간의 "현실"을 동물의 현실로 변환할 수 있다고 생각한다. 이것은 취옹족 원로들만의 생각이 아니라 그 사회의 모든 구성원들이 살아가는 방식의 일부이다. 이것은 바로 취옹족과 동물의 관계가 어떠한지를 알려 주며, 취옹족이 날마다 동물들에게 취하는 태도나 행동들에 나타난 윤리적 의무가 무엇인지 잘 보여 준다.

  취옹족이 자연을 대할 때 동물들과 적절한 관계를 유지하는 데 큰 가치를 두고 다른 생명체에 대해 특별한 동정과 존중을 나타내는 것은, 바로 인간과 동물이 세상을 바라보는 서로 다른 눈을 가졌다는 믿음에서 나온다. 취옹족 사회가 다른 생명체들을 대하는 태도는 동물들의 행동과 상호작용이 아무리 비밀스럽고 신비하며 잔인하다고 해도, 그것들이 의미하는 것을 찾아내려고 애쓰는 모습에서 확인할 수 있다.

인간을 포함한 모든 동물들의 행위는 그들이 각자 고유하게 물려받은 생물학적 유산과 특성, 욕망, 욕구들을 반영한 것이다.

모든 동물이 각자 자기 눈으로 보는 것과 인간이 보는 것이 서로 대등한 "진실"을 담고 있다고 믿는 것은 그들이 동물의 고유한 인식능력을 인정하기 때문이다. 인류학자 사인 호웰의 말에 따르면 취옹족의 우주관으로 볼 때 어떤 특정한 생명체의 구성원들이 보는 세계는 그들에게 진실한 것이다. 따라서 그들의 욕구와 행동이 아무리 불안하고 심지어 인간을 위협한다고 하더라도, 그것은 그 생명체가 세계를 바라보는 시각에서 나온 것이기에, 취옹족은 그 욕구와 행동에 공감하며 이해하려고 한다는 것이다.

그 예로 한 취옹족 설화를 보면 아무 생각 없이 원숭이 고기와 과일을 함께 먹음으로써(호랑이 탈라이덴talaiden이라고 알려진 금기 식사법) 호랑이의 영혼을 모독한 한 가족이 굶주린 호랑이에게 끊임없이 쫓기는 이야기가 나온다. 이 호랑이는 평범한 호랑이가 아니라 자기 인간성을 잃고 나서 호랑이 망토를 입고 인간의 루와이ruwai(영혼)를 호랑이의 영혼으로 바꾼 미친 인간이다.

냉정한 눈을 가진 취옹족 주술사 영웅인 봉소Bongso는 자기의식을 잃지 않고 다른 세계를 모두 볼 수 있는 독특한 능력을 지니고 태어났다. 그는 숲 속 깊은 곳에 날카로운 창으로 만든 덫을 놓아 호랑이를 사로잡음으로써 공포에 질린 가족을 구해낸다. 그는 긴팔원숭이로 변해 나무 위로 다니며 그 커다란 호랑이 시체를 마을까지 나른 다음 땅바닥에 내려놓는다. 마을 사람들이 둘러서서 죽은 호랑이를 보고 있을 때 봉소는 죽은 호랑이의 머리 위에 신성한 연기를 내뿜으며 묻는다.

"너는 왜 우리를 먹으려고 했지?"

봉소의 주술적 힘으로 잠시 살아난 호랑이는 "기억나지 않아. 내가 바란 것은 오직 고기였을 뿐이야. 내가 너희들을 보았을 때 그건 고기였을 뿐이야." 하고 작은 소리로 대답한다.

취옹족과 마찬가지로 그 호랑이도 살기 위해 본능적으로 "고기"를 먹으려고 했었던 것이다. 취옹족이 자신들이 숲 속에서 쫓는 야생 사냥감들을 "고기"로 인식한 반면에 더 이상 인간의 영혼을 지니지 않은 사악한 호랑이는 달아나는 인간들을 "고기"라고 인식해서 그들을 공격하려고 한 것이다.

서로 다른 생명체들이 이렇게 대화와 공감을 나누면서 얻는 문화적 "대가" 가운데 하나는 취옹족이 날마다 인간과 동물 사이의 윤리적 관계를 지배하는 신성한 규칙을 지키려고 애쓴다는 사실이다. 이 신성한 규칙은 모든 생명체들이 자유롭게 각자 자기 고유의 생존방식을 추구할 수 있도록 해준다. 동시에 만일 인간들이 그 규칙들을 아무 생각 없이 또는 의도적으로 위반한다면 그에 따른 처절한 대가가 따른다.

끝으로 취옹족의 전통 사회에서는 오직 한 사람만이 서로 다른 동물들의 현실을 오갈 수 있는 능력을 가지며, 그는 자신이 겪은 일을 자기 의식 속에 완벽하게 기억할 수 있다. 푸타오putao라고 부르는 주술사는 인간이 아니거나 인간을 초월한 존재의 "세계"와 같은 다른 세상에서 인간의 의식을 잃지 않은 채 그 세계에 속한 구성원들이 자신들의 실체를 보는 것과 똑같은 방식으로 그들의 실체를 볼 수 있는 유일한 사람이다.

오늘날 동물학자들 가운데 가장 덜 인간중심적이면서 가장 상상력이 풍부한 사람이 있다면, 그는 취옹족의 주술사와 함께 야생동물들에 대한 이해를 공유할 수 있을 것이다. 두 사람은 다른 생명체가 지닌 생명의 역동성을 깊이 이해하고 있으며, 모든 생명체가 가지고 있는 고유한 감각에 대해 깊은 존경심과 경외감마저 느낀다. 두 사람은 모든 동물들의 내적 "실체"가 아무리 이해하기 어렵다고 해도 우리가 그것을 쉽게 잘 이해할 수 있도록 밝혀내야 하며 그 일은 인간의 호기심과 경외심, 성찰을 집중해서 탐구할 만한 가치가 있다고 생각한다.

동물의 행동[8]
아프리카 부시먼족(산족)

> 인간의 의식과 주관적 감정은 너무도 중요하고 유용한 것들이라서 어느 한 종만 고유하게 가지고 있을 것 같지는 않다. 인간만이 의식적으로 생각한다고 하는 가정은 동물들이 그들의 생활 속에서 여러 가지 문제에 얼마나 영민하게 대처하는지 알면 알수록 점점 더 그 정당성을 설명하지 못한다.
>
> _도널드 그리펜Donald R. Griffen, 동물행동학자[9]

부시먼족의 야생동물 관찰 능력은 매우 뛰어나다. 부시먼족이 야생동물에 대해 알고 있는 지식은 자신들의 전통 사회를 유지하는 근간이 된다. 따라서 이러한 지식은 야생동물에 대한 커다란 존경심을 불러일으킨다.

부시먼족이 동물들에 대해 알고 있는 지식은 대개 실생활과 관련된 것들이 많다. 예를 들면, 이들은 딱정벌레의 애벌레가 분비하는 디암피디아 심플렉스Diamphidia simplex라는 천연 독소를 이용해서 사냥용 화살촉에 바르는 독을 만들 수 있을 정도로 그 곤충의 일생에 대해 완벽하게 알고 있다. 또한 부시먼족은 때때로 그들이 날마다 먹는 자극성 없는 음식에 야생 벌꿀의 달콤한 맛을 더해 먹으면 맛이 좋다는 것을 안다. 따라서 부시먼족은 꿀벌들이 무리를 지어 무슨 일을 하는지, (벌침이 없는 여왕벌의 존재와 역할을 포함해서) 꿀벌 사회가 어떻게 구성되어 있는지, 그들이 번식하는 방식은 무엇인지에 대해서 매우 상세하게 설명할 수 있다. 부시먼족은 모기가 퍼뜨리는 말라리아와 여러 가지 기생충 때문에 생기는 질병들에 끊임없이 위협을 받으며 살아왔다. 그래서 비록 이런 질병들을 옮기고 전염시키는 여러 가지 원인들을 이들의 전통적 조사 방법으로 밝히지는 못했지만, 기생충 같은 절지동물들의 생태에 대해 누구보다도 더 많은 지식을 갖게 되었다고 한다.

부시먼족이 가진 동물 행동에 대한 지식은 자신들의 생존을 위해 필요한 정도를 넘어서 놀랄 정도로 상세하다. 부시먼족 사냥꾼은 자기 영토에 사는 새들의 종류를 일목요연하게 분류해서 그들에게 각각 특정한 이름을 붙인다. 그는 새들이 지저귀는 소리를 단순히 흉내내는 정도가 아니라 완벽하게 재현할 수 있다. 또한 보통 사람들이 구별할 수 없는 아주 미묘한 새소리의 차이까지도 잡아낼 수 있다. 부시먼족의 "조류학"은 모든 새의 번식 방식과 서식지, 먹이의 변화에 이르기까지 여러 가지 복잡한 지식들도 담고 있다. 이것은 사냥꾼에게 쓸모 있는 지식이지만, 서양의 과학자들도 자연의 활동들을 더욱 완벽하게 이해하기 위해서는 반드시 연구해야 하는 정보들이다.

생존을 위해 거대하고 사나운 육식 야생동물들을 사냥하고 관찰하는 부시먼족보다 더 뛰어난 능력을 지닌 동물행동학자들은 세상 어디에도 없다. 이들이 동물들에 대해 알고 있는 지식은 매우 탁월하다. 예를 들면, 코부시먼족은 점박이하이에나도 가끔씩 동물을 사냥해서 먹는다는 것을 오래전부터 알고 있었지만 동물행동학자들은 최근까지도 그들이 썩은 고기만 먹는다고 알고 있었다. 그러나 1968년 유럽의 저명한 포유동물행동학자가 점박이하이에나의 포식자 행동을 확인했다.

부시먼족은 시간의 제약을 받지 않은 채 야생동물들과 함께 생활하기 때문에 동물학자들이 현장에 나와 관찰하는 것보다 훨씬 더 자세하고 완벽하게 동물들의 습성을 알 수 있다. 부시먼족은 수컷 누가 자위 행위를 하고 있는 모습을 아무렇지 않게 말한다. 또한 한 무리의 이랜드(큰 영양) 떼가 무리 속으로 들어오려고 애쓰는 다친 이랜드 한 마리를 반복해서 내치는 모습과 젬즈복 무리는 대대로 암컷이 우두머리 역할을 해왔다는 것을 담담하게 얘기한다.

부시먼족은 그들을 둘러싼 동물들의 감각 능력이 자신들보다 훨씬 뛰어나다는 것을 일찌감치 깨달았다. 그들은 누의 후각은 모든 동물들 가운데 가장 예민하며, 심지어 영양보다 더 뛰어나다고 주장한다. 누의 후각은 날씨가 축축할 때 더욱 더 예민하다. 그러나 오랫동안 비가 내릴 때는 비에 젖은 땅에서 올라오는 따뜻하고 습한 냄새가 뒤를 쫓는 사냥꾼의 냄새를 감춰버리므로, 누의 예민한 후각 효과는 빛을 잃는다. 며칠 동안 계속해서 내리던 비가 그치면 누의 예민한 후각은 최고조에 달한다. 부시먼족은 그것은 마치 태양이 칼라하리 사막을 뒤덮은 습기를 위로 끌어올려서 사냥꾼의 냄새가 습기 사이를 지나서 다른 것들에게 스며들게 하려는 것 같다고 말한다. 사냥꾼이 풍기는 냄새는 축축한 땅과 따뜻하고 향긋하게 피어오르는 공기 사이를 따라서 살랑거리는 바람에 실려 자유롭게 날아간다.

부시먼족은 이런 최적의 조건 아래서—특히 한바탕 바람까지 불어준다면 더할 나위 없다—네 발 달린 누의 냄새를 추적할 수 있다. 그러나 신중한 누는 행운의 바람이 도와주지 않아도 사냥꾼의 냄새를 맡을 수 있다. 그 방법은 아주 간단하다. 파리가 사냥꾼 위에 앉았다가 사냥꾼의 냄새를 묻혀서 누에게 갈 수 있다. 따라서 우리는 더운 날 사냥꾼이 땀을 흘리고 있을 때 영양이 갑자기 줄행랑을 치는 모습을 볼 수 있다.

민속학자 한스 하인즈Hans Heinz는 부시먼족이 자연에 대해 알고 있는 지식의 과학적 합리성을 연구하는 데 많은 공을 들였다. 그는 제멋대로 날아다니는 파리 한 마리가 바람이 불지 않아도 자기 다리에다 냄새를 묻혀서 근처에 있는 누에게 인간의 냄새를 실어 나를 수 있다는 사실을 인정한다. 하인즈는 이렇게 미세하고 힘들게 얻은 관찰 결과를 통해 부시먼족 사회가 갖고 있는 자연에 대한 정보가 엄청나다는 사실에 놀라지 않을 수 없고, 서양의 과학과 문명이 부시먼족들에게 오히려 많은 것들을 배워야 한다고 솔직하게 고백한다.

그리고 부시먼족은 연구 기간이나 덧없는 학문적 욕심 같은 것에 방해받지 않고 평생 동안 동물 행동을 연구하는 "학자들"로서, 자신들이 축적한 지식들을 이야기와 일상적인 대화 또는 노래들로 만들어 대대로 전승해왔다. 오늘날 부시먼족은 제넷고양이의 잠자리가 어느 곳이냐에 따라 그것이 흑백 얼룩의 제넷고양이인지 녹색 얼룩의 제넷고양이인지 구별할 줄 안다. 또한, 엄마 영양과 새끼 영양 사이의 관계를 잘 알고 있기 때문에 가짜 새끼로 위장해서 엄마 영양을 유인할 수도 있고, 필요할 때는 엄마 영양이 부르는 소리를 완벽하게 흉내 낼 수도 있다.

동물의 수호자[10]
콜롬비아 동부 열대림 (아마존 북서부) 데사나족

> 우리는 자연의 일부일 수밖에 없다. 그러나 그 때문에 인간의 고유한 특성이 무시되어서는 안 된다. 인간이 동물에 "지나지 않는 존재"라는 말은 "신의 형상대로 창조된 존재"라는 말만큼이나 그릇된 말이다. 어떤 의미에서 호모사피엔스가 특별하다고 하는 것은 그저 오만한 주장일 뿐일까? 모든 생명체는 각자 고유한 성질이 있다. 우리는 벌들의 춤과 혹등고래의 노래와 인간의 지성을 같이 놓고 평가해야 할까?
> _윌슨, 곤충학자이며 진화생물학자[11]

콜롬비아 동쪽에 사는 데사나족은 열대우림에 사는 동물의 운명이 이들을 보살피는 '바이마세Vaí-mahsë'의 손에 달려 있다고 말한다.

그는 데사나족의 먹을것 가운데 대부분을 차지하는 수많은 포유동물과 새, 물고기들을 지켜주는 영원한 수호신이다.

동물의 수호자 바이마세는 그 동물이 인간에게 쓸모가 있든 없든 모든 동물을 지켜준다. 그는 아주 작은 벌새인 미미mimí, 도마뱀 쿠무예에kumú ye'e와 오래전부터 열대우림에서 살고 있던 모든 거미, 전갈, 뱀을 보살핀다.

바이마세는 가끔 인간의 모습으로 데사나족에게 나타난다. 그는 마디가 많은 난쟁이의 모습을 하고 있는데, 몸은 붉게 물들어 있고, 신성한 나무에서 추출한 매운 맛이 나는 즙 냄새가 나며, 눈에 띄지 않는 도마뱀의 모습으로도 나타난다. 그는 커다란 뭉우리돌의 바닥에 사는데 우연히 길을 지나치는 사람들을 보면 마치 잘 알고 있다는 듯이 머리를 쳐들고 반쯤 감은 마른 눈꺼풀 사이로 눈알을 번뜩인다.

동물의 수호자는 변장의 대가이다. 그는 인간들이 그들의 동족인 동물들에게 해를 입히는지 감시하고, 그에 따라 적절한 벌을 내리기 위해 여러 얼굴과 모습으로 위장할 수 있다. 바이마세는 데사나족 사냥꾼에게 세상 어디에나 있는 가장 중요한 신의 화신이다. 데사나족이 사냥을 잘하기 위해서는 끊임없이 그를 기쁘게 하고 달래줘야 한다. 따라서 모든 데사나족 사람들은 숲에 사는 동물들에게 예의바르게 대해야만 한다.

바이마세는 변화무쌍한 모습으로 데사나족이 사는 곳곳에 나타나지만 그 가운데서도 그가 가장 좋아하는 곳이 있다. 데사나족의 주술사인 '파예payé'에게 바이마세가 있는 곳을 찾아내라고 하면, 그는 숲의 지붕 위로 우뚝 솟아오른 암벽 쪽을 보고 고개를 끄덕인다. 그곳에 있는 어둡고 미로 같은 동굴들이 그가 사는 집, '말로카스malocas'이다. 또 파예는 바이마세의 말로카스 근처에 파푸리 강의 급류가 여러 곳에서 하얀 거품을 내며 위험하게 흐르고 있다고 말한다. 바이마세는 강물에 사는 물고기의 영혼을 보호하는 수호자로서 바위들 사이에서 불길하게 소용돌이치는 강물 속 깊은 곳에서도 산다.

동물들이 자주 들락거리는 곳은 동물들의 안전을 위해 매우 중요한 곳인데 이런 곳은 바이마세의 권능을 가지고 있다. 예를 들면, 맥과 페커리가 자주 가는 작은 못이나 진흙이 많은 수렁들이 그런 곳이다. 바이마세는 이곳을 야생동물 보호구역으로 정하고 동물들을 위해서 경계선을 긋는다. 이 동물의 수호자가 실제로 어느 곳에 살든지 그곳은 모두 바이마세를 경배하는 신성하고 두려운 장소로 존중받는다. 여행자가 무심결에 그런 신성한 장소로 갈 경우에는 존경심을 가지고 조용히 지나가거나 아니면 길을 바꿔 돌아가야 한다.

이 신성한 장소가 그런 힘을 지닌 까닭은 신성한 동물의 수호자가 살기 때문만은 아니다. 그곳은 모든 동물들의 생식 능력과 다산의 원천이며, 아직 태어나지 않은 다음 세대들이 모여 있는 소우주이기도 하다.

바이마세는 축축하고 움푹 들어가 자궁처럼 생긴 신성한 곳 안에서, 소중한 땅과 소용돌이치는 강물 속에서, 모든 생명체의 가장 중요한 영혼과 생물학적 본질, 말하자면 죽어서도 사라지지 않는 섬세하고 풍성한 생명의 정수를 지키고 보호한다. 바이마세는 아무도 모르는 이 신성한 방에서 모든 생명체들의 원형인 최초의 조상들을 보살핀다. 그리고 그는 인간과 마찬가지로 거대한 공동체에서 살고 있는 사슴, 맥, 페커리, 원숭이, 설치동물들과 같이 아직 태어나지 않은 수많은 동물들의 새끼들도 잘 보살핀다.

바이마세가 하는 가장 중요한 일 가운데 하나는 열대우림에 있는 거대한 생명의 바퀴를 돌리는 일이다. 그는 데사나족이 죽으면 언제나 그들의 영혼들을 동물들의 귀중한 생명의 정수가 쌓여 있는 곳에 보낸다. 그는 죽은 인간의 영혼을 막 태어나려는 동물과 교환하기 위해, 인간 사회에서 그와 영적으로 교류하는 주술사 파예와 열심히 협상을 한다. 파예는 무아지경 속에서 바이마세와 영적으로 만나며, 다음 해에도 풍족한 사냥감을 베풀어 달라고 간청한다. 그는 그 대가로 바이마세의 집에 일정한 수의 죽은 데사나족의 영혼을 보내기로 약속한다. 파예는 이 영혼들이 언덕에 있는 거대한 "창고"로 되돌아가므로 동물의 수호자가 사냥꾼들에게 준 동물들의 에너지는 다시 보충될 수 있다고 생각한다.

동물의 수호자는 자신의 동물들에게 제대로 존경을 나타내지 않은 데사나족 사람들에게 벌을 줄 수도 있다. 한 데사나족 주술사는 인류학자 헤라르도 레이첼-돌마토프에게 자기 지역에서 규칙을 위반한 데사나족 마을과 동물들의 강력한 영적 수호자 사이에서 일어난 중대한 사건에 대해 이야기했다. 주술사의 꿈에서 동물의 수호자는 관대해 보이지만 초대받지 않은 약간 음흉한 여행자로 위장하고 규칙을 위반한 마을로 떠난다. 그는 여러 대의 카누에 입으로 부는 화살과 악기, 맛있는 음식과 마실 것, 여러 가지 탐나는 선물들을 싣고 큰 강을 따라 오다가 마을 입구의 강가에 아무 예고도 없이 내린다.

그는 자신이 가져온 음식들이 모두 상한 것이라는 사실을 아무에게도 말하지 않은 채, 마을 사람들이 배불리 먹게 한다. 모든 마을 사람들은 순식간에 심한 병에 걸리고, 마침내 동물의 수호자는 자신이 보살피는 동물들을 위한 복수에 성공한다. 마을 사람들은 마치 마법에 걸린 것처럼 꿈 속에서 그들이 마구 잡아먹었던 동물들이 그들의 눈앞에 불쑥 나타나는 것을 경험하고 두려움에 떤다. 그 주술사는 동물의 수호자는 꿈 속에서 이 물고기들을 마을 사람들에게 먹게 하고 마을 사람들은 그것들을 먹는다고 전했다. 마을 사람들이 사냥한 모든 종류의 물고기와 동물, 새들이 그들의 꿈 속에서 나타난다.

동물의 수호자와 동물들은 데사나족이 동물들의 복수를 받아 병에 걸리는 꿈을 꾸게 함으로써, 마음 속 깊이 희생된 동물들과 화해하도록 하고, 그들이 신성한 계약을 깨뜨린 것에 대한 정신적, 생태적 대가를 치르게 한다. 주술사는 우리가 정신이 어지러운 꿈을 꾸는 까닭은 바로 이 때문이라고 안타까워했다. 이것이 바로 우리의 수명을 줄이는 방법이며 병에 걸리는 이유이다.

시간이 흐르면서 다른 동물들의 운명을 추적하는 일은 너무 복잡해졌다. 따라서 오늘날 과학은 대개 진화생물학과 집단생물학의 난해한 어휘와 수학적 상징들을 써서 그것의 거대한 윤곽만을 간단하게 묘사하는 정도로 그친다. 그러나 과학이 동물 집단들을 통계 숫자로 비틀고 굴절한다면, 그 안에 담겨진 중요한 의미들을 이해하지 못할 것이다.

동물 집단들이 그저 숫자로만 표시된다면 인간들이 생태계의 규칙을 파괴한 죄를 어떻게 벌할 수 있겠는가? 또 어떻게 동물들이 그저 "잡아먹을 수 있는 자원" 이상의 존재라고 이해시킬 수 있는가? 누가 그들을 숭배하고, 그들의 사라짐을 슬퍼하며, 그들이 바라는 것을 똑똑히 표현하고, 그들의 정당한 생태적 요구와 타협할 것인가?

데사나족은 동물의 수호자라는 강력한 상징을 이용해서 모든 동물들의 기원, 유일성, 본질적 가치, 다양한 다른 생명체와의 관계, 사라지지 않는 생존권과 같은 심원하고 영원한 영역에 직접 주목한다.

데사나족의 "종"에 대한 개념은 여기서도 불완전하게 보이지만 그 자체로 한계가 있다. 그것은 현대 과학이 가진 동물 집단의 수를 조절하거나 예측할 수 있는 것—야생동물 관리체계가 완벽하지는 않지만

―과 같은 능력이 없다는 것이다. 그러나 이 개념은 데사나족 사람들 모두에게 자연에 있는 모든 동물들 하나하나가 다 자신에게 맡겨진 역할이 있으며 생태계 안에서 아주 구체적이고 생명력이 넘치는 존재임을 알려주어 인간들이 자연스럽게 건강한 생태 가치를 알도록 하는 귀중한 능력을 가지고 있다.

데사나족이 살고 있는 열대우림의 모든 동물들이 지닌 영적, 생물학적 본질은 동물의 수호자인 바이마세의 완전하고 풍성한 품성에서 나온다. 우리는 비록 그에게 컴퓨터가 뽑아내는 야생동물에 대한 도표나 생태 보고서 같은 기록들을 요구할 수는 없지만, 그는 모든 동물들이 숨기고 있는 신성한 기원과 특성, 습성, 서식지, 그리고 무엇과도 바꿀 수 없는 생식능력과 원천에 대한 정보들을 지니고 있다.

이런 의미에서 바이마세는 모든 동물들을 대표하는 가장 중요한 대변인이고 교섭자이다. 그는 모든 동물들의 안녕과 생존을 위해 정당한 요구를 대신하는 절박한 목소리이다. 그는 자신이 보호하는 다양한 동물들에게 해를 입히거나 이유없이 무시하는 사람들을 크게 혼내준다. 바이마세는 이들 동물과 인간의 동족 관계에 대해―아직 알려지지 않은 신비한 내용을 포함해서―모든 것을 알고 있기 때문에 자신이 일상에서 반복해서 인간들과 부딪치면서 그 풍부한 지혜를 사람들이 기억하게 한다.

기꺼이 죽기를 마다하지 않는 사슴[12]
미국 캘리포니아 주 중북부 지역 윈투족

> 개구리는 보는가? 그것은 눈에 보이는 형상을 인식하는가? 그것은 자신이 반응하고 있다는 것을 아는가? 내가 과학자로서 그 질문에 대답할 수 있는 것은 아무것도 없다. 그것은 의식의 문제이다. 그것은 과학적 연구와 전혀 상관없는 일이다.
> _조지 월드, 노벨상 수상 생물학자[13]

> 보통 우리는 과학을 포함한 우리 문화를 생각할 때 우리 자신을 이 세상에서 가장 최고의 그리고 유일한 지적 존재로 평가한다.
> _프란시스코 바렐라Francisco J. Varela, 생물학자[14]

윈투족Wintu族 사냥꾼은 눈 덮인 사스타Shasta 산 남쪽, 타는 듯한 태양이 내리쬐는 산기슭 구릉지대를 따라 사슴 한 마리를 뒤쫓는 동안 오늘 사냥이 성공할 것이라고 예감한다. 자신의 사냥술과 행운이 함께 잘 어우러진다는 느낌을 받았기 때문이다.

그의 사냥술은 그가 자신을 얼마나 잘 조절하느냐에 달려 있다. 이 기술은 그가 이 세상에서 날마다 갈고 닦으며 어렵게 얻은 것이다. 그의 활은 주목을 깎아서 만들었고, 화살촉은 화산에서 나온 흑요석으로 만든 것이다. 그는 불그스름한 흙에 찍힌 사슴의 선명한 발자국을 뒤쫓는 데 누구보다 뛰어나며, 제때에 정확하게 화살을 쏴 도망가는 사슴의 심장을 뚫고 단방에 고꾸라뜨린다.

그러나 윈투족에게 사냥꾼의 행운은 이 사냥술과 전혀 다른 문제로 사냥꾼의 삶과 특정한 사슴의 목숨이 서로 동시에 교차하는 필연적 만남과 같은 것이다. 이러한 차이는 윈투족이 그들을 둘러싼 세상과 사슴을 포함한 자연의 모든 구성물과 생명체들을 어떻게 이해하는가에서 잘 드러난다.

예를 들면, 윈투족은 옛날부터 아침밥을 먹기 전 새벽에 일어나 하루를 시작하는 황색 햇살에 감사하고, 솔직하고 분명한 아침 기도 속에서 약속하는 모든 것들을 맞이한다. 그들의 기도에는 부디 사냥이 성공하기를 기원하는 마음이 절절하다.

> 태양이 남쪽 하늘 위에 걸려 있게 하소서.
> 북쪽 아래 있는 나를 보소서.
> 세수를 하자. 먹자. 음식을 먹자.
> 나는 고통이 없네.
> 세수를 하자.
> 오늘 사슴 한 마리 잡아 집으로 가져와서 먹자.
> 북쪽 아래 있는 나를 보소서, 할아버지 태양이여. 높으신 분이여.
> 남으로 북으로 나는 활기차게 움직이네.
> 오늘 나는 행복할지니.

윈투족은 인간의 경험과 기술이 무한한 자연의 극히 일부분에만 영향을 끼칠 수 있다고 생각한다. 인간의 개인적 경험이라는 빈약한 망상 너머에 있는 자연 세계는 본디 어느 것에도 매이지 않고 어떤 차별도 없으며 무한하다. 따라서 인간들은 시간이 지나면 자신들이 실제로 자연을 바꿨다고 생각할 때도 있지만 그것은 그저 환상일 뿐이다. 윈투족은 자신들이 그저 덧없는 이 세상을 사는 동안 잠시 생명을 부여받은 존재일 뿐이라고 생각한다. 본디 한정된 운명을 지닌 인간이 자연에서 할 일은 자연이 다른 종들에 대해 정해 놓은 신성한 질서를 지키는 것으로 한정될 수밖에 없다. 그는 세상을 새로 창조할 수도 없고 바꿀 수도 없다. 자연의 계획은 만고불변하다.

빈약한 인간의 감각적 한계를 넘어서는 질서정연하고 거대한 불변의 우주라는 개념은, 사슴을 사냥하는 원투족 사냥꾼의 생각에 큰 영향을 미친다. 처음에는 세심하게 연마된 사냥술이 그의 사냥 기회를 향상시키는 것처럼 보이지만, 사실은 그가 사냥에 성공하느냐 못하느냐하는 것은 개인의 이해를 뛰어넘어서 희미하고 보이지 않지만 언제나 자신의 인식 속에서 반복되는 자연의 행태와 깊게 연관된 행운에 따른 것이다.

따라서 만일 그가 오늘 사슴을 잡는 데 성공한다면, 그는 그 공을 자신의 사냥술과 우연한 행운의 합작품으로 돌리는 것이 타당하다. 그러나 만일 그가 사냥에 실패한 채 숲 밖으로 나온다면, 자연의 더 큰 힘이 그 사슴의 생명을 소중하게 여겼기 때문이라고 생각할 것이다.

원투족 사냥꾼의 화살이 빗나가서 그 동물이 살았다면 그것은 거대한 자연의 영원한 질서를 반영한 것일 뿐이므로, 그는 운이 없다고 생각하며 "나는 이제는 더 이상 사슴을 사냥할 능력이 없어."라고 불평하지 않는다. 그는 오히려 오늘 일어난 일에 대해 그가 알고 있는 우주의 작용을 인정하며 "그 사슴은 나를 위해 죽고 싶어 하지 않는군."이라고 말한다.

만일 사냥꾼에게 행운이 와서 사슴이 기꺼이 그를 위해 죽는다면—이것은 자연의 위대한 계획일 뿐이다—그는 이 선물을 겸손과 감사와 예의를 갖춰 받아들인다. 그는 그와 마을 사람들이 그 사슴을 절실히 필요로 했기 때문에 그 사슴이 스스로 희생했다고 생각한다. 그는 그 사슴의 모든 부위, 이를테면 발굽, 골수, 가죽, 힘줄, 관절까지 모두 유용하게 쓴다. 그는 어떤 것도 함부로 버리지 않는데, 본디 그가 검소해서 그런 것이 아니라 그 사슴이 그를 위해 죽었기 때문이다.

사냥꾼은 생생한 에너지와 영양을 지닌 사슴의 시체를 최고의 선물로 받아들이고, 기꺼이 자기를 희생한 사슴의 시체를 예의바르게 처리함으로써 인간과 동족인 동물이 맺은 신성한 계약을 확인하고 다시 소생시킨다. 그는 그 기품 있는 동물을 동정하고 우주 안에서 그 동물이 있었을 자리를 생각하면서, 죽은 사슴과 아직 태어나지 않은 그 사슴의 후손들에게 자기 가족이나 선조들을 대하는 것과 똑같은 경의를 보낸다.

따라서 원투족 사냥꾼과 사슴, 인간과 동물은 서로 평등한 관계이다. 이것은 기쁠 때나 슬플 때나 애정을 갖고 옛날부터 이어온 전통이다. 여기서 보여준 서로 다른 생명체 사이의 유대관계는 수많은 구성요소들이 날마다 서로 교차하는 우주의 완전함과 장엄함을 축소해서 보여준 것이라고 할 수 있다.

6

식물의 힘

인간과 식물의 관계

> 식물은 특별하다. …… 어느 식물도 비슷한 것은 없다. …… 나는 작은 묘목을 보면 그 곁을 떠나고 싶지 않다. 그 나무가 자라는 것을 자세히 지켜보지 않으면 그 나무에 담겨진 내력을 알 수 없다. 나는 들판에 있는 모든 식물들을 안다. 그들을 아는 것은 내게 큰 기쁨이다. 과학자는 생명체를 느낄 수 있어야 한다.
>
> _바버라 매클린톡Barbara McClintock, 노벨상 수상 식물유전학자[1]

오늘날 생물학자들은 태초부터 인류가 식물세계에게 많은 도움을 받았다는 것을 잘 안다. 이들은 바다 위를 떠다니는 단세포 조류에서부터 햇빛을 받아 엽록소를 만들기 위해 우뚝 솟은 나무로 우거진 광활한 열대와 온대 지방의 숲에 이르기까지 지구 위의 모든 생명체들이 식물의 도움으로 생태계에서 살아간다고 할 정도로 식물의 역할을 높이 평가한다.

생태계가 이렇게 식물의 도움을 받기 시작한 것은 45억 년 전부터이다. 햇빛을 받아 광합성이라는 생화학 작용을 통해 생명을 유지한 첫 번째 생물은 아마도 20억 년 전 이 세상에 나타난 남조류인 시아노박테리아cyanobacteria(오늘날 해캄과 같음)일 것이다. 그 이전에 있었던 생명체는 유기 영양 생물 세포로 스스로 신진대사를 통해 에너지를 만들지 못했다. 이 원시 박테리아들은 대개 태양에너지를 이용해서 영양을 공급받지 않고, 번개나 햇빛 또는 다른 힘들이 원시 바다에 작용할 때 만들어지는 거대한 유기 분자들을 화학적으로 열분해해서 생명을 유지했다. 그러나 광합성을 하는 식물들처럼 시아노박테리아는 일반 물분자의 수소 원자를 이산화탄소 분자와 결합시켜 스스로 유기 영양소를 만들 수 있었다. 따라서 시아노박테리아의 출현은 생물체가 자급자족할 수 있는 중요한 진화 단계로 접어들었음을 보여 주었다.

지구에서 만들어지는 유기 물질의 양이 한정된 까닭에 이것을 둘러싼 경쟁은 점점 더 격렬해졌다. 이에 따라 생명을 유지할 수 있는 새롭고 거대한 에너지원이 필요해졌는데 박테리아와 식물의 광합성은 그 길을 열었고, 이것은 실제로 거의 무한대의 에너지를 공급할 수 있는 방법이었다. 광합성 유기체는 먹이 사슬로 연결된 모든 생명체들에게 햇빛의 복사에너지를 공급함으로써 생물권에서 없어서는 안 될 가장 중요한 자리를 차지하게 되었다. 이들은 "생산자"였고 "소비자"인 동물들은 광합성 유기체를 가장 기본이 되는 식량 자원으로 삼지 않을 수 없었다.

광합성의 시작은 지구의 대기 구성에 아주 거대한 변화를 가져왔다. 이 생태계의 변화는 인간을 포함한 모든 동물들이 식물에 의존하지 않으면 살 수 없게 만들었다. 청록색 박테리아든, 바닷말이든, 육지에 사는 더 복잡한 종자식물이든, 모든 광합성 유기체들은 반복해서 산소를 외부로 내뿜었고, 식물 세계가 번성할수록 대기를 구성하는 산소의 양은 점점 더 많아졌다. 실제로 온통 기체로 뒤덮인 청록색의 지구는 서서히 산소로 가득한 거대한 숨을 내쉬기 시작했다.

이후 20억 년 동안 지구는 (쌍으로 된 산소 원자의 형태로) 유리산소(遊離酸素, 화합물에서 떨어져 나온 발생기의 산소 – 옮긴이)를 발산함으로써 지구 대기의 기체 구성을 계속해서 바꾸어갔다. 처음에는 대기에 포함된 산소의 양이 적고 불안정했지만 점점 현재와 같은 양으로 늘어났다. 이때 녹색식물이 내뿜는 신선한 산소는 새로운 생명체가 진화할 수 있는 기회를 끊임없이 제공했다. 지구가 점점 산소로 호흡하는 생물들에게 알맞은 환경으로 바뀌면서 여러 종류의 어류와 양서류, 파충류, 조류, 포유류(그리고 눈 깜작할 사이에 진화한 호모사피엔스)들을 포함해서 엄청나게 다양한 새로운 생명체들이 이 땅 위에 퍼졌다.

태초부터 생태계 안에서 인간과 식물의 유대관계는 인간이 식물 세계에 식생과 호흡을 의존하는 것으로 끝나지 않는다. 식물이 지구 생태계를 위해 하는 수많은 일은 모두 인간 사회를 지탱하는 데 도움을 준다. 나무와 여러 가지 복잡한 관다발식물(유관속維管束식물이라고도 하며 녹조에서 진화한 관다발을 가진 식물로 양치식물과 종자식물이 이에 포함됨 – 옮긴이)의 뿌리, 줄기, 잎들은 거대한 지구의 빨대 구실을 하는데 지역의 기후 환경에 영향을 미칠 수 있을 정도로 많은 양의 지하수를 위로 빨아올린다. 식물의 잎이 만드는 서늘한 그늘, 중력을 거스르고 우뚝 솟은 줄기, 잎사귀와 가지들이 만든 천연 우산과 같은 식물의 구조는 인간의 생존에 직간접적으로 영향을 미치는 많은 동물들에게 중요한 서식처를 제공한다. 식물은 죽으면서도 생태계에 있는 인간에게 관대함을 베푼다. 식물은 자신의 잔해를 땅에 남김으로써 수많은 미생물들이 그것을 분해해 기름지고 영양이 풍부한 새로운 부식토를 만들도록 한다.

식물은 생태계에서 이렇게 중요한 구실을 하는 것 말고도 풍부한 섬유질에서 약효가 좋은 약재에 이르기까지 많은 재생 가능 자원들을 우리에게 제공한다. 또 식물은 우리의 감성과 미의식의 미세한 부분까지 영향을 미치며 우리에게 위안을 주기도 한다. 진화한 식물의 생식기관인 갖가지 색깔의 꽃은 우리가 예배를 드리는 장소를 장식하고, 중요한 예식이 있을 때마다 우리와 함께 한다. 그리고 끝없는 생명의 풍요와 영원, 재생력, 희망의 상징으로써 우리의 무덤을 수놓는다. 사람들은 좋아하는 풀과 관목, 나무들을 조화롭게 심어 아름다운 정원을 만든다. 이것은 우리의 마음에 평온과 안정, 평화를 불러일으키는 인공의 작은 생태계이다.

　농부와 재배 작물의 관계만큼 인간과 식물의 관계를 잘 보여 주는 사례는 없을 것이다. 오늘날 인간들은 밀이나 옥수수 또는 여러 가지 농작물들의 유전자를 조작함으로써 식물의 생존이 인간의 손에 달려 있다고 할 정도로 인간과 식물은 생물학적 공동 운명체가 되었다. 식물의 이러한 진화는 결국 인간과 서로 복잡하게 얽히지 않을 수 없다. 우리는 식물을 재배하면서 어떤 의미에서는 우리 스스로를 "재배하게" 되었다. 좋든 나쁘든 인간과 식물의 결합은 오랫동안 서로에게 영향을 주며 진화했다. 이것은 생태계에서 인간과 식물이 서로 다른 유대관계를 맺고 있는 것처럼 인간으로 하여금 살아 있는 식물을 진심으로 사랑하고 헌신하는 감정을 느끼도록 이끌 것이다.

자라는 것[2]
알래스카 내륙 지역 코유콘족

> 우리와 다른 생명체들을 이토록 가깝게 묶어주는 것은 무엇일까? 생물학자는 생명이란 매우 작은 화학물의 파편에서 떨어져 나온 거대한 분자들이 자기 증식을 통해 복잡한 유기 구조를 만드는 것이라고 말할 것이다. …… 문학적 감수성을 가진 생물학자라면, 생명이란 절대로 있을 수 없는 상태이면서 동시에 다른 체계로 열어진 불안정한 상태, 따라서 덧없는 것이며 (그렇지만) 어떤 값을 치르더라도 지킬 만한 가치가 있는 것이라고 덧붙여 말할 것이다.
>
> _윌슨 E. O. Wilson, 곤충학자, 진화생물학자[3]

알래스카 내륙에 사는 코유콘족은 식물을 "자라는 것"이라는 뜻의 '민디노리알mindinolyal'이라고 부른다.

민디노리알은 북아메리카 북극 지역의 식물들이 매서운 추위를 견디며 강인하게 자라는 것은 그것이 매우 엄혹한 환경 속에서도 끊임없이 성장하고 번식하려고 하는 추진력을 가지고 있기 때문이라는 사실을 암시한다. 이 길들여지지 않은 광활한 내륙 지역은 겨울은 매우 춥고 여름은 순식간에 지나가는 북부 지방 식물대植物帶로 차가운 바람과 얼음으로 성장이 멎은 침엽수림들이 드문드문 서 있으며, 툰드라지대로 연결된 광활한 대지와 소택지沼澤地에는 이끼들이 융단처럼 깔려 있다. 옛날부터 이곳에서 자란 식물들은 인간들과 마찬가지로 해마다 살아남기 위해 일곱 달이 넘도록 차가운 겨울 광풍과 맞서야 했다. 녹색 식물들은 그나마 짧은 여름 한철 태양이 남쪽으로 한 번 획 지나가고 마는 이 지역의 기후 환경에 절묘하게 적응했다. 그들은 또 한 차례의 매서운 추위가 들이닥쳐 햇빛이 사라지기 전에 매우 빠른 속도로 꽃을 피우고 번식한다.

코유콘족의 전통 우주관에서 식물을 포함한 거대한 자연 세계의 대부분은 영적인 힘에 둘러싸여 있다. 동물과 식물, 땅과 지형, 공기, 날씨, 하늘 모두가 영혼을 지니고 있다. 이 영혼의 무리는 우주를 움직이게 하고 서로를 연결해 과거와 만나게 하며, 인간의 자세와 활동을 끊임없이 세밀하게 관찰하는 "눈"을 제공한다. 인간과 동물, 다양한 자연물들뿐만 아니라 수많은 식물들도 모두 영혼을 지니고 있으며, 이 영혼은 오늘날 모든 생명체들과 자연물들이 살아 움직일 수 있게 보살핀다.

식물의 영혼도 다른 영혼들과 마찬가지로 동족의 안녕을 위해 일한다. 예를 들어, 만일 어떤 사람이 자작나무로 설피(雪皮, 눈밭을 걸을 때 신는 신 – 옮긴이)를 만들면서 깎아낸 나뭇조각을 불경하게 아무 데나 던져둔다면 자작나무의 영혼은 그 사람에게 앙갚음을 할 수 있다. 그 사람이 다음에 다시 그 나뭇조각을 찾으려고 할 때 그 나무의 영혼은 그 나뭇조각을 숨겨서 찾기 어렵게 만든다.

식물들마다 영혼의 본질은 다르다. 영혼의 본질은 식물들의 겉모습이나 서식지, 생존방식이 다른 것처럼 모두 고유하고 다양하다. 모든 식물들은 다른 생명체들처럼 태초의 아득히 먼 시대가 끝날 즈음 인간이 변해서 생겼다. 세상이 대홍수로 천지개벽을 하자 갈까마귀는 (성경에 나오는) 노아Noah처럼 모든 생명체들을 암수 두 마리씩 쌍으로 구해냈다. 그 뒤 이들은 모두 인간의 모습에서 식물의 모습으로 바뀌었다.

코유콘족의 말에 따르면 심지어 썩은 나무의 줄기에서 자라는 볼품없고 엽록소도 없는 균류들도 갈까마귀와 아득히 먼 시대의 흔적을 지니고 있다. 세상을 창조하는 일에 열중하고 있던 갈까마귀는 먹을 수 있는 기름방울을 땅 위에 뿌려 사람들이 힘들이지 않고도 먹거리를 구할 수 있게 했다. 그러나 갈까마귀는 인간들이 무기력해질 것을 염려해 계획을 바꿨다. 각각의 기름방울에 오줌을 누고 그것을 자작나무에서 자라는 쓴맛의 버섯으로 바꾸었다. 이제 더 이상 그것을 먹을 수는 없지만 그것을 태우면 모기를 내쫓는 데 그만이다.

식물의 영혼이 식물의 세상에서 막강한 힘을 발휘하는 것은 당연한 일이지만, 때로는 인간들에게도 가혹한 심판을 내린다. 식물의 영혼은 인간들이 식물을 학대하거나 모독하고 낭비할 경우 그에 상응하는 벌을 내린다. 어떤 식물에 부여된 영혼의 힘은 그 식물의 크기나 그 식물이 지닌 잠재적 위험성과 상관이 없으며, 코유콘족의 생활과 얼마나 밀접한 관계가 있느냐 하는 것과도 반드시 일치하지 않는다. 실제로 오늘날 코유콘족의 식탁에서 그 지역의 식용 식물들이 차지하는 비중은 매우 적으며, 과거 전통적 수렵채취 생활을 할 때도 그들이 먹는 전체 식량의 10퍼센트를 넘은 적이 없었다.

코유콘족이 잡는 말코손바닥사슴, 삼림순록, 연어 같은 여러 사냥감들은 아득히 먼 시대라고 알려진 창조 신화 시대 때부터 이어져 온 영혼의 힘을 그대로 간직하고 있다. 식물들에게 신성이 스며들어 있는 것처럼 동물들에게도 신성이 있다. 코유콘족이 생각하는 만물의 구성을 보면 식물들이 지닌 영혼의 뿌리는 아득히 먼 시대의 땅 속 깊은 곳까지 내려간다. 모든 동물 안에 남아 있는 아득히 먼 시대의 영혼의 잔재가 인간에게 커다란 책임과 의무를 부여하듯이, 식물의 내부에 이어져 온 신성도 같은 구실을 한다. 모든 생명체가 상호 작용하는 거대한 자연의 그물망에서 식물이 하는 역할은 아주 작아 보인다. 그러나 북부 지방의 거센 환경에서 살아남은 다양한 생명체들 가운데서 식물은 모든 코유콘족에게 섬유질을 제공하고, 향기로운 꽃향기를 맡게 해주며, 달콤한 과일을 맛보게 해줌으로써 존경과 경의의 대상이 되었다.

흰가문비나무를 지칭하는 '치바아Ts'ibaa'는 산기슭과 강 계곡의 배수가 잘 되는 땅에서 자라는 상록수로 100피트까지 자란다. 이 나무 안에는 '비에가 훌란biyeega hoolanh'이라는 강력한 영혼이 들어있는데 이는 아득히 먼 시대의 신화와 관련이 있는 표현이다. 대부분 식물의 영혼은 자연에서 상대적으로 약하게 비춰지는데, 비에가 훌란은 곰이나 울버린 같은 매우 강력한 영혼을 지닌 동물들과 비견될 정도로 강력한 힘을 가지고 있다. 이는 흰가문비나무가 코유콘족의 생활에서 매우 중요한 역할을 하기 때문이다. 코유콘족은 흰가문비나무를 불을 지피는 장작으로 쓰기도 하고, 피부를 치료하는 약으로도 쓰며, 잘 휘어지는 뿌리를 이용해서 바구니를 짜기도 한다. 코유콘족 사회에서 흰가문비나무가 차지하는 비중은 그들의 언어에서도 확인되는데 나무가 쓰이는 부위와 목재의 종류를 나타내는 말이 적어도 40가지 이상은 된다.

코유콘족은 다 자란 흰가문비나무가 지닌 영혼의 힘이 나뭇가지의 끝으로 집중된다고 생각한다. 치바트레ts'iba tlee 또는 "가문비나무의 머리"라 불리는 가문비나무 나뭇가지의 끝은 옛날부터 주술사가 환자의 질병을 "쫓아내기" 위해 행하는 치료 의식에 사용되었다. 덫에 사냥감이 걸렸는지 확인하기 위해 오랫동안 눈 속을 헤매느라 완전히 지쳐버린 코유콘족 사냥꾼은 밤에 밖으로 나가 잘 아는 커다란 흰가문비나무

아래서 밤을 지새우며 민디노리알 가운데 제왕인 이 나무의 영혼이 너를 보살펴줄 것이라는 선조의 말을 마음 속에 되새길지도 모른다.

자작나무를 말하는 '케이kk'eeyh'에도 아득히 먼 시대에서 기원한 비에가 훌란이라는 영혼의 힘이 들어 있다. 자작나무는 해마다 가을이 오면 잎이 떨어지고 나무껍질이 벗겨지면서 줄기가 하얗게 드러나는데 코유콘족의 실생활에 유용한 아름다운 나무이다. 유난히 하얀 나무껍질은 따뜻한 계절에 살아 있는 나무의 다른 부위에 해를 입히지 않고 벗겨 바구니나 저장소에 깔끔하게 쌓아놓는다. 나무의 재질이 단단하고 나뭇결이 매끄러워 설피나 썰매, 카누처럼 내구성이 강한 생활 도구를 만드는 데 쓸모가 많다. 또한 코유콘족의 난방 연료로 쓰는 최고의 목재들 가운데 하나이기도 하다.

그러나 자작나무의 비에가 훌란을 경제적 가치로만 평가해서는 안 된다. 그것은 인간이 생물 종들을 약탈해서는 안 된다는 윤리적 요소를 내면에 담고 있다. 코유콘족은 자작나무에 대해 예의를 갖추고 아득히 먼 시대에 자작나무와의 상호연관성을 존중하기 때문에 추운 겨울에 자작나무의 껍질을 벗기는 일은 하지 말아야 한다고 생각한다. 만일 그렇게 하면 나무는 추위에 떨게 되고, 결국 자신들도 매서운 추위를 맞게 될 것이라고 생각하기 때문이다. 실제로 코유콘족은 자작나무의 껍질을 벗길 때 자작나무가 가장 편안한 상태에 있도록 배려한다. 코유콘족은 자작나무 목재를 집 안으로 가져와서 조심스럽게 녹이고 껍질을 벗긴다. 그런 다음 목재를 눈 밑에 파묻어서 추위에 떨지 않게 보호한다.

식물에게 이렇게 예의를 갖춰 대하는 태도는 코유콘족의 가슴 속에 남아 있는 식물에 대한 존경을 뚜렷하게 보여 준다. 이것은 식물 하나하나가 인간을 위해 겪는 "고통"을 함께 인식하고 진정으로 고마워하는 마음을 드러낸다. 코유콘족과 함께 살면서 그들이 생태계를 어떻게 인식하는지 면밀하게 기록한 알래스카의 인류학자 리처드 넬슨은 여기서 한 걸음 더 나아간다. 코유콘족이 식물을 존중하는 태도는 인간이 때때로 어쩔 수 없이 견뎌야 하는 고통과 굴욕을 식물도 똑같이 겪는다는 깊은 공감에서 나온다. 넬슨의 주장에 따르면, 코유콘족은 식물이 죽거나 베어져도 그 식물 속에 이런 감정들은 그대로 남아 있다고 믿는다. 따라서 코유콘족은 살아 있는 것들은 누가 그들을 죽이거나 벨 때 바로 죽지 않기 때문에 인간들은 통나무나 작은 나뭇가지 조차도 모든 생명체가 당연히 받아야 할 존경심을 가지고 대해야 하며, 그렇게 하지 않는 사람은 그 대상이 동물이냐 식물이냐를 불문하고 불행하게 될 것이라고 믿는다고 말한다.

어떤 식물들은 인간의 감수성과 너무 닮고 아득히 먼 시대와 깊은 연관을 맺고 있어서 사람들은 그들과 인간들이 서로 영적인 동족 관계라고 생각한다. 이런 깊은 관계는 대개 이야기로 표현된다. 그런 이야기들 가운데 하나를 보면, 아득히 먼 시대에 있었던 반인반수의 모습을 한 '밍크맨mink-man'은 나무여자들의 남편이었던 신성한 영혼의 갈까마귀가 방금 죽었다는 소식을 알리기 위해 반은 사람이고 반은 식물인 나무여자들tree-women을 찾아갔다. 나무여자들은 이 소식을 듣고 자신들의 몸에 상처를 내면서 크게 슬퍼했다. 이때 난 상처 때문에 신성한 변형을 통해 식물로 바뀐 어떤 종류의 나무 "껍질"은 지금까지도 울퉁불퉁 보기 싫은 모습을 갖게 되었다.

슬픔에 빠진 나무여자들 가운데 하나는 오리나무로 변했는데 이 나무는 원뿔 모양의 씨앗을 가진 낙엽수로 강 옆의 습기가 많은 땅을 좋아하며, 껍질에서 피처럼 붉은 즙을 분비한다. 코유콘족은 옛날부터 이것을 이용해 붉은색 염료를 만들었다.

코유콘족은 오늘날 자신들의 영토에 널리 퍼져 있는 오리나무의 조상이었던 아득히 먼 시대의 나무여자들이 겪은 아픔을 이렇게 마음 속에 되새기며 산다. 또한 태초의 아득히 먼 시대에 인간과 동물, 식물이 서로 하나였다는 사실(예를 들면, 오리나무 껍질에서 나오는 즙이 피처럼 붉은 것에서 볼 수 있듯이)은 영원한 만물의 질서에서 식물의 자리가 어딘지를 분명하게 보여준다.

숲의 섬[4]
브라질 아마조니아(아마존 강 유역) 카야포족

> 나는 숲과 이 지구가 살아 있다는 사실을 소중히 기억했다가, 그것을 잊어버린 당신에게 다시 되돌려 주려고 한다.
> _파이아칸Paiakan, 카야포족 인디언 추장[5]

> 오래된 숲을 없애는 것은 삼림을 관리하는 것이 아니다. 그것은 우리가 물려받은 소중한 유산을 마구 써버리는 것이다. 또한 한 가지 종류의 나무만 심는 것도 삼림을 관리하는 것이 아니다. 그것은 대규모 농장을 관리하는 것일 뿐이다. 오늘날 우리는 대규모 농장 관리만 하고 있다. …… 삼림을 복원하는 것만이 유일한 삼림 관리이다. 우리는 숲을 이용해서 여러 가지 생산물과 먹거리를 구한다. 그 다음에 우리가 해야 할 일은 숲의 기능을 손상시키지 않고 더 많은 생산물을 제때 얻을 수 있도록 하기 위해 숲의 활력과 지속 가능성을 복원하는 것이다. …… 삼림을 관리하는 방법은 이것뿐이다.
> _크리스 메이저Chris Maser, 생물학자이며 환경친화적 삼림 전문가[6]

브라질 중심부에 외따로 떨어진 싱구 강Xingú River 유역, 녹색의 엽록소들이 전체를 물들인 열대우림을 가로질러 층층이 우뚝 솟은 나무들과 주름진 산허리, 군데군데 펼쳐진 초원들을 바라보면, 카야포족이 이곳에서 대대로 살아왔지만 자연환경은 거의 바뀐 것이 없구나하는 생각이 들게 마련이다.

　실제로 카야포족은 옛날부터 이 태고의 아마존 지역에 몇 가지 눈에 띄는 상처들을 입혔다. 이들은 아마존의 지형을 따라 카야포족 마을을 형성했는데, 남자들의 공동 모임장소를 중심으로 그 둘레에 가족 단위의 집들을 빙 둘러서 지었다. 집 근처에는 아담한 채소밭을 만들고, 먼 곳에는 좀 더 큰 화전을 일구었다. 이곳에서는 바나나, 옥수수, 카사바를 비롯한 여러 가지 과일과 채소들이 잘 자라는데, 이곳의 토양은 땅에 떨어진 열대우림 식물들의 잎과 줄기, 가지들이 쌓인 것을 그대로 놔두거나 태움으로써 단백질과 여러 가지 영양분이 풍부하다.

　카야포족 사람들은 서양인들이 눈치채지 못하는 방법으로 생태계를 바꾸는 데 능숙하다. 카야포족은 매우 느리기는 하지만 아주 효과적으로 사바나 지역을 숲으로 바꿀 수 있다.

　카야포족이 숲을 복원하는 가장 중요한 방법은 광활한 사바나 지역에 흩어져 있는 다양한 크기의 작은 숲들에서 자라는 나무 덤불들을 복원하는 것이다. 사바나의 "바다"에 둘러싸여 떠 있는 이 역동적인 "숲의 섬들"을 이곳에서는 '아페테apêtê'라고 부른다. 대다수 서양의 학자들은 이 아페테가 천이遷移—초원 생태계가 만들어질 때 단계적으로 일어나는 자연스런 발전 과정—라고 부르는 자연스런 생태 현상으로 만들어진다고 생각했다. 그들은 사바나 지역에 있는 온대성 숲의 일부가 개간되면서 풀들이 가장 먼저 자라고 그 뒤 관목들이 자라며, 마침내 키 큰 나무들이 그 숲을 지배하는 방식으로 아페테가 만들어진다고 생각했다. 물론 이 과정에서 사람의 개입은 전혀 없다고 생각했다.

그러나 카야포족의 사바나 지역, 특히 카야포족이 자주 드나드는 초원 지대의 아페테는 인간의 손으로 만들어진다. 실제로 놀랍게도 서로 다른 크기와 모양, 성장 단계의 작은 숲의 섬들 가운데 3/4이 카야포족의 손으로 만들어졌다.

카야포족이 숲을 복원하는 기본 방식은 아주 단순하면서도 지혜롭다. 이들은 현재 초원 지대의 숲의 섬들에 비옥한 토양과 어린 나무들을 가져와서 그 숲의 축소판을 만든다. 이들은 그 나무들을 한동안 자기 집의 채소밭을 가꾸듯 보살피며, 대개 습기가 많은 계절이 시작되는 8월과 9월에 이 일을 한다. 그리고 인공의 아페테에서 자라는 식물이 뿌리를 내리고 꽃을 피우면, 생태계의 자연 천이 과정을 통해 스스로 자라고 번식해서 성숙한 숲을 이루도록 내버려둔다.

카야포족이 나무가 없는 사바나 지역에서 숲의 섬을 복원하는 전통 방식은 다음과 같은 단계를 밟는다.

- 땅에 떨어진 잎과 가지들을 모아서 퇴비 더미에 쌓는다. 그것들이 썩으면서 완전히 분해되면 막대기로 두드려서 부드러운 퇴비가루를 만든다.
- 나무를 심을 사바나 지역으로 그 퇴비를 나른다. 빗물에 토양이 유실될 우려가 적은 접시처럼 움푹 들어간 땅이 좋다. 흰개미와 개미집에 있는 흙 부스러기들과 퇴비를 함께 뿌리고, 살아 있는 흰개미와 개미도 약간

뿌린다(개미집에서 나온 흙 부스러기는 기름지다. 카야포족은 상호 적대 관계인 곤충들은 서로 열심히 싸우느라 새로 심은 나무의 연약한 싹을 상하게 할 여유가 없다고 말한다).
- 이렇게 퇴비와 섞은 것을 1~2야드의 넓이에 1피트 정도의 깊이로 땅 위에 덮는다. 이 기름진 땅에 근처 열대우림에서 캐온 다양한 야생 식물들을 심는다.
- 그후 몇 달 동안 카야포족 사람들은 밭에 가는 길에 이곳을 지나며, 아직 완성되지 않은 이 작은 숲의 섬(아페트누apêt-nu라고 부름)에서 자라는 어린 식물들을 잠깐씩 보살핀다. 그들은 이 숲 둘레에 계속해서 나무를 심어 숲의 면적을 넓히고 식물 구성도 다양하게 만들 것이다.

때가 되면 아페트누는 아페테가 된다. 아직 완성되지 않은 이 작은 숲의 섬은 인간의 보살핌을 받아 야생 종자들이 퍼지고, 다른 자연 현상들의 영향을 받아 커다란 나무들이 무성하게 우거진 진정한 아페테로 발전한다. 카야포족이 심은 야생 관목들과 덤불들은 이렇게 계속해서 숲으로 널리 퍼진다. 이 숲은 카야포족에게 필요한 음식과 연료, 약재들을 제공하고, 카야포족은 여기서 수백 종의 뿌리와 잎, 열매들을 수확한다. 약 250종의 야생 과일과 650종이 넘는 약초들을 열대우림에서 얻는 것이다.

아페테는 오랜 세월 동안 이 아페테는 10년마다 몇 에이커씩 면적을 넓히면서 다른 기능도 수행한다. 다 완성된 숲의 섬들은 카야포족 사냥꾼들의 집 가까이에서 중요한 사냥감인 새와 포유류들의 서식지를 제공한다. 또한 이 숲들은 다른 부족들과 전쟁이 났을 때 방어벽 역할도 한다. 이 숲은 카야포족 주술사에게 신비한 약초를 제공하는 비밀의 정원이 되기도 하고, 때때로 젊은 카야포족 연인들이 사랑을 나누는 은밀한 장소가 되기도 한다.

카야포족이 이렇게 공들여 사바나 지역의 숲을 복원하는 이유는 두 가지가 있다. 그들은 아페테를 만듦으로써 자신들에게 쓸모 있는 많은 식물과 동물들을 한 군데에 가까이 모아 두고 지속적으로 생계를 유지할 수 있는 숲 속의 "밭"을 얻는다. 또한 우리는 상상하기 어렵지만, 자신들이 일구어 놓은 사랑스런 아페테들이 계속해서 많은 동물과 식량을 제공하면서도 끝없이 활기차고 새로운 모습으로 거듭나는 것을 보면서 큰 즐거움을 느낀다.

줄기사람 베기[7]
말레이시아 취옹족

> 인간은 식물과 동물을 정당하게 다루기도 하고 부당하게 다루기도 한다. …… 동물과 식물도 또한 자기 마음을 털어놓고 자기를 실현할 권리가 있다. 그들도 살아야 할 권리가 있다.
> _아르네 네스 Arne Naess, 환경철학자[8]

말레이시아 반도의 취옹족은 태곳적부터 자신들에게 필요한 야생 식물들을 구하기 위해, 위험을 무릅쓰고 초록의 열대우림 속을 돌아다녔다. 그들은 자신들의 사냥과 채집 활동을 열대우림의 한 해 주기와 일치시킨다. 그들의 생활은 숲에서 나는 수많은 식용 과일들이 무르익는 때와 숲의 축축한 땅에서 자란 통통한 버섯, 녹말성분이 많은 뿌리들을 풍성하게 수확하는 계절의 변화와 잘 조화를 이룬다. 또한 그들의 삶은 오두막집을 지을 때 뼈대로 쓰는 묘목, 방수용 지붕으로 쓰는 넓은 아탑attap 야자수 잎, 마루로 쓰는 평평한 나무껍질과 쪼개진 대나무 줄기처럼 숲에서 생산하는 풍성한 천연 건축 자재들과 깊은 관련이 있다.

열대우림이 주는 가장 유용한 선물들 가운데 하나는 줄기식물의 탄력성 있는 줄기이다. 취옹족은 이 줄기를 솜씨 있게 엮어서 등짐을 나르는 바구니를 만들기도 하고, 잠잘 때 깔고 자는 돗자리를 만들기도 하며, 담배를 넣어 갖고 다니는 작은 주머니를 만들기도 한다. 최근 몇 년 동안 취옹족이 아닌 말레이시아 사람들 가운데서 이런 물건들을 찾는 수요가 크게 늘어나자, 가난한 동부 취옹족 마을 사람들은 세그마나오seg manao라고 부르는 등나무줄기 같은 것을 베어 팔기 시작했다. 그들은 좁은 흙길을 따라 등나무줄기 다발을 란창Lanchang까지 나른 뒤, 떠멜로Temerloh 거리에 있는 참나무 판자 가게에 건네주고 얼마 안되는 현금을 받아 어려운 생계를 보충한다.

그러나 점점 시장이 커지면서 줄기를 수확해서 시장에 팔 수 있는 기회가 늘어났고, 그에 따라 전통을 지키려는 취옹족에게는 어려운 문제가 하나 발생했다. 취옹족은 그 나무줄기가 단순히 인간에게 유용한 "천연자원" 이상의 중요한 의미를 가지고 있다는 것을 잘 안다. 취옹족은 옛날부터 세그나마오와 같은 줄기식물도 열대우림의 모든 종족들처럼 '루와이ruwai'라는 영혼을 가지고 있다고 믿었다. 실제로 취옹족은 줄기식물에 들어 있는 영혼의 본질은 신화에 나오는 신성한 "사람"이 녹병에 걸린 잎과 섬유질의 줄기로 변한 것이라고 믿는다.

취옹족은 이 등나무줄기가 인간이 혈연관계에 있는 동족에게 표시하는 것과 똑같은 깊은 존경과 경외심을 받을 자격이 있다고 생각한다.

여러 세기 동안 취옹족은 자신들이 줄기식물에 부여했던 고귀한 가치 때문에 그것의 수확량을 제한했다. 이런 생각은 최근까지 말레이시아 시장에서 줄기식물의 가격이 오르고, 대다수 취옹족 가족들이 가난한 생활을 이어오면서 조금이라도 돈을 벌려고 애썼음에도 불구하고, 그들이 줄기식물을 마구 베어서 내다팔지 못하게 하는 데 큰 역할을 했다.

인류학자 사인 호웰에 따르면, 얼마 전부터 취옹족의 어린 소년들 사이에 줄기식물을 팔고자 하는 유혹이 점점 더 커졌다고 한다. 소년들은 많은 줄기와 아길라agila 목재를 시장에 내다 팔면 전에는 꿈도 못 꿨던 과자, 건전지, 라디오 같은 사치품을 살 수 있다는 생각에 "줄기 사람"을 마구 베기 시작했다. 이 불경한 젊은이들에게 어떤 재난도 닥치지 않자, 그동안 숲의 정령이 과도하게 식물을 파괴한 사람들에게 벌을 내릴까봐 두려워했던 취옹족 어른들 중 일부도 이러한 약탈에 합류했다.

오래전 한 마을 사람이 그의 이웃에게 마을 사람들이 등나무줄기를 학대했던 것에 대해서 꾸었던 무서운 꿈 이야기를 들려주었다. 그는 취옹족의 전통에 따라 여러 명의 '비인하르bi inhar'를 만났다. (비인하르는 어떤 폭포와 산꼭대기 같은 신성한 장소에서 사람들 눈에 띄지 않고 살면서 세상의 모든 것을 다 보는 정령으로, 오래 전에 죽은 주술사들의 몸 안에 있던 영혼이다.) "우리는 너희 모두에게 화가 나 있다." 비인하르 가운데 한 명이 꿈 속의 그에게 엄숙하게 말했다. "너희는 숲에 들어가서 마치 도둑처럼 너희가 언제나 숭배하고 크게 존경했던 존재들을 우리에게서 훔쳐갔기 때문이다." 그는 놀라 당황했지만 비인하르는 취옹족이 란창 근처의 시장에 내다판 등나무줄기가 서 있던 자리에 대해서는 아무 말도 하지 않았다. 오히려 비인하르는 취옹족에게 완전히 다른 죄를 물었다. "우리는 너희에게 화가 난다. 우리의 '고구마'를 모두 훔쳐갔기 때문이다."

죄의식에 주눅 들어 있던 그는 이 기이한 꿈이 전하고자 하는 메시지가 무엇인지 금방 알아챘다. 그 꿈이 전하는 메시지는 열대우림에 있는 모든 종족들은 인간을 포함해서 각자 자기 고유의 세계관인 메드메시근을 가지고 있다는 취옹족의 뿌리 깊은 믿음과 아름답게 연결되어 있었다. 이들의 세계관은 모두 인간의 세계관만큼이나 합당하고 "옳은" 관점이다.

그는 등나무줄기가 "사람"이라는 마을 사람들의 믿음이 완전히 틀렸다는 사실을 깨달았다. 취옹족의 들뜬 눈으로 볼 때, 그 등나무줄기는 길게 뻗은 줄기식물들의 무리에 지나지 않아 보인다. 그러나 지혜로운 비인하르 정령들의 냉철한 눈으로 볼 때, 그 식물은 완전히 다른 모습으로 나타났다. 정령들의 눈에는 등나무줄기가 자신들의 밭에서 기르는 중요한 채소처럼 보였다. 비인하르가 살고 있는 세계에서는 그 식물이 고구마였던 것이다. 따라서 비인하르는 인간들이 등나무줄기를 베어가는 것을 보고 호저(아프리카바늘두더지)들이 자신들의 고구마를 파헤치고 있다고 본 것이다.

그가 자신이 꾼 꿈에 대해 내린 해몽은 더 많은 취옹족 사람들에게 자극제가 되었다. 그들은 현세의 인간들에게 가려져 있던 세상을 보는 비인하르 정령들의 냉철한 눈이 실제로 만물의 진정한 본질을 꿰뚫어 보았던 죽은 위대한 주술사들의 눈이라고 믿었다.

취옹족 마을 사람들은 꿈의 실체가 밝혀지고 난 뒤, 자신들의 탐욕 때문에 자신들이 "줄기사람"이라고 생각했던 등나무줄기가 아직 완전히 파괴하지는 않았지만 그동안 자신들이 너무 무책임하게 행동했던 것은 분명하다고 인정했다. 그 꿈은 등나무줄기가 자신들이 생각했던 것보다 훨씬 더 중요한 역할—일반 사람의 흥분한 눈으로는 볼 수 없는—을 했음을 가르쳐 주었다. 줄기식물들은 단순한 "줄기사람"이 아니라 취옹족의 질병과 건강을 보살피는 자애로운 비인하르 "사람"의 신성한 생계 수단이었다. 따라서 줄기식물은 취옹족이 과거에 알고 있었던 것보다 훨씬 더 큰 존경을 받을 가치가 있었다.

비인하르는 등나무줄기를 자신들이 애써 경작한 "고구마"라고 보았기 때문에 그들은 취옹족이 자신의 "밭"에 몰래 들어와서 그것을 훔친 것에 대해 당연히 화가 났다. 비인하르는 취옹족이 공들여 일구어 놓은 밭에 굶주린 야생 동물들이 침입해서 고구마와 타피오카, 질경이를 캐먹지 못하게 막을 때 느꼈던 분노를 똑같이 표현했던 것이다.

취옹족은 자신들의 방식을 바꾸기로 했다. 그들은 생계를 위해 상업적 수확을 완전히 그만 둘 수는 없었지만 줄기식물에 대한 존경심을 새롭게 보여 주었다. 그들은 등나무줄기의 주인인 비인하르를 경배함으로써 자신들의 존경심을 표현했다. 취옹족은 등나무줄기를 찾으러 숲으로 들어가기 전날 밤에는 언제나 마을에서 간단한 등나무줄기 수확 의식을 치렀다. 나무토막으로 지은 신성한 오두막들 가운데 한 곳에서 기도를 드리고, 의식용 그릇에 들어 있는 향나무 조각을 태워 잿

불을 환하게 밝혔다. 이렇게 비인하르에게 신성한 연기를 선물로 바치고 그 대가로 다음날 등나무줄기를 베었던 것이다.

취옹족은 코를 자극하는 향기가 별밤 하늘에 나선 모양을 그리며 올라가면, 비인하르 정령들이 그 연기를 먹는다고 확신했다. 연기가 비인하르가 살고 있는 곳에 도달하면 비인하르가 좋아하는 맛있는 음식으로 바뀐다는 것이었다. 또 취옹족의 기도 말들은 깃털 같이 날아오르는 연기를 타고 올라갔다. 한 취옹족 마을 사람이 거의 한 시간 동안 계속해서 감사와 소망의 기도를 했다. "당신에게 평화를, 당신의 평화에도 평화를. 나를 용서하소서." 다시 겸손하게 기도했다. "나는 아무 것도 알지 못합니다. 충분히 깨닫지 못했습니다."

취옹족은 이 의식을 통해 자신들이 옛날부터 알고 있었던 자연에 대한 잘못된 믿음을 수정했다. 이로써 취옹족은 오늘날 변화하고 때로는 적대적인 세계 속에서 살아남을 수 있다. 동시에 이 새로운 전통은 취옹족이 과거의 비인하르 정령들과 소통할 수 있게 만들었다. 그들은 비인하르와 맺은 활기찬 관계가 언제 어떻게 될지 모르지만 언제나 서로 호혜적인 것이라고 본다. 비인하르는 하찮은 등나무줄기를 포함해서 열대우림의 모든 생명체와 지형들의 수호자로서 위치한다. 취옹족의 기도를 비인하르의 정령들에게 전달하는 향기로운 연기는 비인하르의 음식이기도 하기 때문에 비인하르의 삶은 취옹족과 취옹족이 생계를 위해 드리는 밤 기도와 뗄 수 없는 관계이다.

취옹족은 비인하르를 먹여 살리기 위해 열심히 기도하면서, 자기 자식들이 먹고살기 위해 필요한 것보다 더 많은 등나무줄기를 베지 않도록 애쓴다. 그 대신 비인하르는 자신을 귀찮게 하는 이 취옹족들을 보호하고 도와준다. 동시에 비인하르는 지구상의 모든 생명체들을 보호하고 도와준다. 우리의 마음에 와 닿는 취옹족의 의식은 인간과 자연의 상호의존성에 대한 깊은 이해를 담고 있으며, 서양 사회에 중요한 메시지를 전달한다.

꿀나무 노래[9]
말레이시아 사라와크 지역 다야크족

> 수분 작용에서 볼 수 있는 것처럼 많은 식물과 동물들이 서로 연결되어 있다는 사실은 자연의 움직임들을 하나의 기능적 통합체로 묶는 중요한 근거가 된다.
> ─폴 에를리히Paul Ehrlich, 생태학자[10]

열대의 식물들이 울창하게 들어서고 크고 작은 수많은 강들이 흐르는 말레이시아 보르네오Borneo 섬의 외따로 떨어진 산악 지대인 사라와크Sarawak에 사는 다야크족Dayak族에게 노래는 인간과 자연의 힘이 조화로운 균형을 이루며 살게 만든 매개체였다.

다야크족 가운데 노래를 부르는 사람은 그의 특별한 창조적 능력과 놀라운 상상력을 이용해서 다야크족의 삶과 관련이 있는 모든 장소와 경험들을 떠올리는 아름다운 노래들을 많이 만든다. 다야크족의 노래는 매우 다양한 형식을 가졌다. 구애와 찬양 또는 슬픔을 표현하는 아주 세속적인 노래들이 있는가 하면, 매우 개인적이면서 기도와 꿈 또는 계시를 나타내는 성가도 있고, 아기를 달래는 자장가, 연대기를 다룬 엄숙한 노래, 감미로운 유혹의 노래도 있다.

다야크족 가수가 부르는 노래들 가운데 가장 아름다운 노래는 그들의 전통 세계를 구성하는 가장 귀중한 요소들을 기가 막히게 종합해서 보여 주는 천재적인 창작품으로, 다야크족 개인이나 부족, 더 넓게는 자연 세계가 겪은 것을 소재로 한다.

그 가운데 하나가 "꿀나무 노래Honey Tree Song"이다. 이 노래는 다야크족으로 비다유Bidayuh말을 쓰는 캄퐁멘투타푸족Kampong Mentu Tapuh族의 라세아망암피Raseh Amang Ampih라는 원주민이 불렀는데, 1972년 미국 시인 캐럴 루벤스타인Carol Rubenstein이 기록했다.

사라와크에 사는 대다수 토착 원주민들은 비다유말을 쓰고, 가파른 산기슭을 돌아다니며, 화전을 일구고 쌀·채소를 비롯한 농작물들을 기른다. 다야크족은 열대의 화전 농사 말고도 야생 사슴이나 원숭이 같은 동물을 사냥하기도 하고, 빈랑나무 열매, 과일, 수많은 식용 식물들을 채집해서 식량을 조달한다.

꿀은 숲이 다야크족에게 주는 가장 고마운 선물 가운데 하나이다. 이들은 큰 위험을 무릅쓰고 거대한 열대 나무들의 가장 꼭대기에 매달려 있는 야생 벌집에서 꿀을 채취한다. 야생 벌꿀은 한밤중에 마을 사람들이 밤에 모여 의식을 진행하는 동안 어둠을 이용해서 채취하는데, 이 일은 대개 젊은 남자들의 몫이다.

이 의식은 나무를 탈 때 미끄러지지 말라고 바닥을 끌로 판 신발을 신은 용감한 젊은이가 목표로 삼은 나무의 거대한 줄기를 타고 오르는 때에 맞춰서 시작한다. 그는 횃불을 들고 나무에 오르는데 횃불에서 나오는 연기가 무자비한 벌 떼의 공격을 막기 때문이다. 나무 아래 있는 마을 사람들은 불을 피워 연기에 질식한 벌들이 떨어지게 하고, 자신들의 얼굴을 환하게 비춰서 나무에 올라간 젊은이가 용기를 낼 수 있도록 격려한다.

젊은이는 땀을 뻘뻘 흘리며 천천히 꿀이 있는 나무 끝까지 계속해서 올라간다. 그가 나무를 타는 행위는 어떤 면에서 마을의 주술사가 영적인 무아지경에 빠지는 것과 같다. 이것은 또한 다야크족의 소년 영웅인 세바우크Sebauk가 한때 나무 꼭대기까지 힘들게 올라가서 아래 세상이 거꾸로 뒤집어진 모양을 한 세상에 닿았다고 하는 신화와 닮았다. 그곳에는 할아버지 달과 농사의 수호신인 일곱 개의 할머니 별이 살고 있었다.

젊은이는 벌집에 가까이 다가가면서 자기 식의 "꿀나무 노래"를 부른다. 그는 기도하는 것처럼 부드럽게 노래를 부르며 무자비한 벌들을 달래고, 자신들에게 아낌없이 꿀을 주는 것에 대해 감사한다. 이 노래는 꿀을 얻는 것이 다야크족에게는 매우 위험한 일이지만 꿀이 자연의 무한한 선물임을 확인한다. 그리고 벌들에게 다야크족의 후손들도 꿀을 먹을 수 있도록 계속해서 꿀을 만들어 달라고 부탁하는 노래다.

그의 노래에는 현재와 과거의 신화가 시간을 초월해서 만나는 아름다운 이미지들을 담고 있다. 그는 숲 속에서 딱정벌레와 귀뚜라미가 내는 소리에 귀 기울이는 것을 노래한다. 그는 자기 조상들을 노래한다. 그리고 그는 이렇게 우뚝 솟은 꿀나무의 생명이, 처음에는 짧은 바늘로 무장한 호저와 그의 짝이 우연히 흘렸거나, 어떤 농부가 밀림 한 쪽 구석에 심었거나, 언덕 외진 곳에 고슴도치 한 마리가 떨어뜨린 작은 씨앗 하나에서 시작되었다고 노래한다.

"돌아가라, 벌들아, 돌아가라." 그는 이제 땀에 흠뻑 젖은 그의 머리 위에 있는 벌집에 대고 부른다. "돌아오라, 영혼이여, 나와 함께 돌아오라." 그는 꿀을 채취하는 현세의 활동을 훨씬 더 심오한 여행으로 바꾸는 이런 노랫말을 계속해서 읊조린다.

마침내 벌집에 도달한 몇 분 동안 횃불 연기를 이용해 부드럽게 벌들을 제압한다. 그는 소년 영웅 세바우크가 거꾸로 뒤집어진 열대우림의 세상에서 배워온 신성한 농사 지식을 이용해서 연기에 휩싸인 벌집 안으로 손을 집어넣는다.

이와 비슷하게 마을의 주술사는 아픈 사람을 치료하기 위해 무아지경에 들어간 뒤, 아픈 사람의 영혼이 길을 잃고 헤매며 더욱 멀리 피하려고 할 때 그 영혼의 "꿀"을 잡으려고 손을 뻗는다. 꿀을 채취한 젊은이는 이 주술사처럼 달콤한 꿀이 뚝뚝 떨어지는 벌꿀 덩어리를 가슴에 품고 나무 아래로 내려온다.

노래는 거대한 다차원의 다야크족 우주에 큰 조화를 가져오는 힘이 있다. 노래를 부르는 행위는 인간과 자연계 전체를 정교하게 이어주는 그물망에 생기를 불어넣는다. 노래는 자연의 모든 만물로 하여금 신성하고 경이로운 자연의 통합 과정을 찬양하게 하고, 그 과정에 참여하게 함으로써 모두를 하나로 연결한다.

전 세계의 많은 토착 원주민 사회처럼 이곳 사라와크의 다야크족은 식물 안에 위대한 영혼이 들어 있다고 생각한다. 그들은 살아 있는 녹색의 잎들이 감싸고 있는 열대우림이 그냥 만들어진 것이 아니라고 생각한다. 그들은 자신들이 가장 소중하게 여기는 동물 사냥감들에게 보내는 존경과 경의를 식물들에게도 기쁘게 바친다.

인간과 식물 사이의 끊임없는 유대관계는 시간을 초월해서 식물이 인간의 삶에서 차지하는 생태적, 정신적 중요성에 대한 고마움을 반영한다. 오래 전부터 전 세계의 모든 토착 원주민들은 모든 식물들이 자라는 곳과 모양은 달라도 커다란 자연의 변화 과정 속에서 없어서는 안 될 근본적인 역할을 한다는 사실을 잘 알고 있었다. 원주민들은 식물과 동물, 인간이 생태계에서 서로 뗄 수 없는 관계라는 것을 알고, 자신들의 고유한 창조 신화들을 통해 그 지식을 대대로 공유함으로써 식물의 세계에, 적어도 그 세계의 일부 영역에 신성이 담겨 있다는 자신들의 믿음을 널리 퍼뜨릴 수 있었다.

7

신성한 공간

인간과 땅의 관계

> 땅은 그냥 흙이 아니다. 토양과 식물, 동물의 회로를 따라 흐르는 에너지의 원천이다. ……
> 땅에 경제적 문제가 개입하거나 그런 방향으로 이끄는 가치 체계는 땅을 생명공학적 이미
> 지로 전제하고 생각하는 것이다. 우리는 우리가 보고 느끼고 이해할 수 있는 어떤 것, 또는
> 우리가 믿고 있는 어떤 것과 관계할 때만 스스로 윤리적이라고 생각할 수 있다.
> _알도 레오폴드 Aldo Leopold, 생태학자[1]

정신과 물질이 분리된 서양의 자연관에서 땅은 생명이 없는 존재다. 땅은 스스로 활동하지 못하는 2차원의 물리적 표면이며(만일 우리가 도시의 고층 건물이나 지하의 광석, 물과 같은 3차원의 공간적 의미를 배제한다면), 그저 인간이 측량하고 분할하여 구역을 정하는 대상일 뿐이다. 또한 땅은 더 이상 신성하지 않으며, 삼나무 목재 더미, 석탄 덩어리 같이 경제적 가치로 값이 매겨진 상품일 뿐이다. 땅은 공인된 소유권과 증서가 교묘히 섞인 투자자산으로 돈을 주고 사서 "개발하고" 다시 되파는 재산일 뿐이다.

그러나 서양 문명에 "신성한" 땅이라는 개념이나 땅의 고결함과 불가침성에 대한 생각이 전혀 없는 것은 아니다. 비록 오늘날 산업 문명의 서양 사회가 "신성한 장소들"을 구석진 자리로 계속해서 내

몰기는 했지만, 아직까지 그것들을 완전히 잊은 것은 아니다.

우리가 전통적으로 "신성한 장소"라고 하는 곳은 신에게 바쳐진 정화된 땅이라고 생각했다.

서양의 국가들은 전쟁을 할 때 신성한 영역이 어디인지를 밝히기도 한다. 그들은 시민들이 모여 있는 곳과 함께 교회, 유대교 예배당, 종교 성지, 공동묘지, 병원, 미술관이나 박물관, (언제나 "신성한 곳"은 아니지만) 귀중한 문화 명소들을 신성한 장소라고 정하고, 이곳에서는 무기를 들고 싸우지 않기로 한 것을 크게 자랑스러워한다.

서양의 일부 지역에서는 오늘날에도 농부들과 그들이 경작하는 땅 사이에 근본적인 연관성이 있다고 인정한다. 그리고 농부들은 더 이상 그들의 땅을 신성하다고 말하지 않지만, 여전히 "땅에 대한 애정"은 식지 않았다고 말한다.

서양인들은 18세기 말 미국에서 처음으로 자연보호운동이 시작된 후 야생 동식물들의 보호를 위해 필요한 곳이라고 인정되는 구역을 기꺼이 자연보호구역으로 지정하고 관리해왔다. 오늘날 북아메리카 환경 운동의 일부 선구자들은 자연환경이 잘 보존되어 있는 거대한 땅이 계속해서 야생지역이나 국립공원으로 보호받을 수 있도록 정부에 압력을 넣음으로써 자연 전체를 성역화해야 한다고 주장하고 있다.

그들은 자연보존에서 좀 더 자유로운 지역들도 사라질 위험에 있는 야생종들을 보호하기 위한 피난처일뿐만 아니라, 인간 정신을 살리는 수단으로써 온 국민이 귀중하게 보존해야 한다고 주장했다. 1901년 미국의 선구적인 환경운동가 존 뮤어John Muir는 캘리포니아의 시에라 네바다 지역을 "자애롭고 장엄하며, 숙명적이고 신성한 빛으로 충만한" 곳이라고 표현했다. 그는 근본적으로 신성한 땅에 대한 서양의 퇴색된 개념을 세속적이지만 역사적으로 확장할 것을 요구하고 있었다.

미국의 역사가 도널드 휴즈J. Donald Hughes는 왜 아메리칸 인디언과 유럽인이 땅에 대해 다른 개념을 가지게 되었는지를 알기 위해 그들의 문화적 차이를 연구했다. 그는 그들이 신성한 지역에 대해 서로 다른 문화적 정의를 내리고 있음을 다음과 같이 간결하게 정리한다.

신성한 공간은 인간들이 신성한 힘의 표시를 발견하는 장소이며, 우주와 인간이 서로 연결되어 있음을 깨닫는 장소이다. 그들은 거기서 특별한 방식으로 신성한 정신을 본다.[2]

우리는 서양 과학에서 신성한 지역을 비춰주는 희미하게 남아 있는 한 점의 불빛이나마 발견할 수 있을까? 그럴 가능성은 거의 없을 것 같아 보인다. 과학은 계량화하고 입증할 수 있는 진실에 도달하기 위해 알고 있는 사실을 엄격하게 분석하는 방식이므로 우주를 "비신성화"하고 지구에서 "신성한 즙"을 철저하게 빨아낼 수밖에 없다.

그러나 많은 생물학자들 가운데 누구도, 그들이 세밀하게 자연을 연구하면서 자기 삶의 어느 지점에서 적어도 한 번 이상은 자연의 주변 환경이 경건한 빛에 둘러싸인 광경을 잠시 동안이나마 바라볼 수밖에 없었다는 것을 부인하는 사람은 없을 것이다. 비록 그것이 어떤 "종교적인" 경험이 아니었을지라도 일종의 통찰이었다고는 말할 수 있다. 과학자들은 이런 경험을 통해 한편으로는 황홀하고 직관적이면서 또 한편으로는 영민한 통찰력을 가지고 자연이 진화와 생태를 기반으로 한 통일체라고 이해했다. 이러한 통찰은 과학자들이 경이로운 우주의 작용을 각자 미시적, 거시적인 안목으로 자세하게 연구한 결과물들이 많았기 때문에 가능했다고 볼 수 있다.

땅은 때때로 과학의 철저한 연구 아래서도 (비록 은유적 표현일지라도) "신성한 것"으로 묘사될 수밖에 없는 성질을 드러낸다. 과학과 땅을 바라보는 특별한 이미지들은 자연의 모습을 강대하고 아름다운 시간과 공간의 융합으로 묘사할 수 있게 한다. 과학은 생태계의 진화 과정을 규명하고 우리의 눈과 정신을 훈련시킴으로써 자연을 둘러싼 모든 것들이 우리에게 큰 의미로 다가올 수 있게 할 수 있다. 또한 자연과 그 속에 얽혀 있는 수많은 생명체들에 대한 인간의 이해를 높여서 어떤 의미로 보면 자연을 신성화하는 것이라고 말할 수 있다.

예를 들어, 갈라파고스Galápagos 섬과 같은 지역은 진화론에서 매우 중요한 자리를 차지하고 있고, 이전 세기의 생물의 창조와 변화, 소멸에 대한 희귀한 정보의 보고로 우뚝 서 있다. 과학은 높이 솟은 산꼭대기를 (과거에 내륙과 가까운 바다였다가 지금은 해수면보다 높아지면서 바다에서 멀리 떨어졌지만) 아직도 원시 해양 생명체의 잔해가 화석으로 나오는 신비한 곳으로 본다. 과학은 지하에 묻혔던 유인원들의 유골들이 발견되는 아프리카 원시 단층 계곡을 신성화한다. 그리고 콜로라도Colorado 강이 흐르는 그랜드캐니언Grand Canyon처럼 지난날 지구의 표면에 아로새겨진 상처들을 연상시키며 연한 빛깔의 퇴적암층에 그려진 감동적인 생명체의 지난 이야기들을 우리에게 들려준다.

오늘날 과학이 말하는 "신성한 공간"은 어떤 의미에서 이처럼 인간의 미의식을 자극하고 생태 또는 진화의 측면에서 중요한 장소라 할 수 있다. 이 장소는 특별히 규칙적인 자연 현상들과 서로 조화를 이루는 곳으로 우리에게 시간을 초월해 지형과 모든 생명체의 관계를 생각하게 한다.

과학의 명확하고 "객관적인" 시각은 자연을 점점 명쾌한 개념으로 재정립하게 했다. 또한 과학은 생물권을 정교하게 서로 연결하는 에너지와 물질의 흐름이라는 하나의 생태계로 묶기 위해 수많은 일들을 해왔다. 과학은 이 지구가 바로 모든 생명체들이 태어난 곳이며, 우리에게 하나밖에 없는 진정한 고향이라는 사실을 밝혔다.

그러나 과학적 지식은 이런 통합된 통찰에도 불구하고 그 자체의 본질적 특성 때문에 땅을 자연 그대로 유지해야 하는 인간의 책임을 보장할 수 없다. 과학은 자연을 "냉동 건조한" 추상적 개념으로 파악하기 때문에 인간이 자연에서 하는 행동에 대해 의미를 부여하지 않고 실마리도 제공하지 않는다. 따라서 자연에 대한 윤리적 책임에 대해서는 침묵을 지킨다. 그러나 우리는 위기의 시기에 어쩔 수 없이 자연의 신성한 존재를 찾을 수밖에 없는 자신을 발견한다. 우리는 현대 과학의 소중한 통찰을 보완하는 방식으로 땅을 공경하고 보호하며, 신성한 자연을 이 세상에서 가장 소중한 장소와 작용으로 분명하게 인정하는 다른 전통들을 동경한다.

신성한 소우주, 나바호 호간[3]
미국 남서부 지역 나바호족

> 오늘날 지구에서 가장 많은 것을 먹어치우는 현대인은 어떤 공간도, 어떤 식물도, 어떤 동물도 신성한 것으로 우러러보지 않는다. 기계들이 그의 혈관을 따라 행진한다.
> _로렌 에슬리Loren Eiseley, 인류학자[4]

'나바호 호간Navajo Hogan'[5]은 통나무와 진흙으로 지은 둥근 지붕 모양의 넓은 집이다. 이 집은 미국 남서부 사막 지대의 계절에 따른 기후 변화와 황량한 사암이 그리는 등고선과 우아하게 조화를 이룬다. 이 집은 오랫동안 나바호족의 삶에서 음식을 만들고, 바구니를 짜고, 잠을 자며, 아기를 낳는 안식처 역할도 했고, 서로 이야기를 나누고, 노래도 부르며, 함께 기도하는 다양한 활동의 무대 역할도 했다. 나바호족에게 호간은 그냥 먹고 자는 공간이 아니며, 단순히 무미건조한 세상의 일부도 아니다. 호간은 신성한 세계의 중심이다.

이러한 호간의 신성함은 나바호족의 창조 신화에서 그 뿌리를 찾을 수 있다. 위대한 창조 행위는 최초의 남녀가 저 멀리 지하의 어두운 세계에서 땅 위로 올라온 뒤에 이루어졌다. 그들이 이룬 공적 가운데 하나는 이 땅 위에 의식을 거행하는 최초의 집을 짓고 경배를 드린 것이었다. 이 세상 최초의 남녀는 하늘처럼 둥근 지붕이 감싸고 있고 눈으로 보이는 곳까지 맑은 물로 둘러싸인 그 집에서, 아무것도 없는 땅 위에서 살아갈 첫 번째 연약한 생명체를 만들었다. 그때나 지금이나 호간은 세상의 중심이고 탄생의 장소인 소우주이기 때문에 우주의 완전성을 상징하게 되었다.

호간의 신성함은 설계의 모든 요소마다 스며들어 있다. 호간의 건축양식은 나바호족의 신화에서 본 것처럼 우주의 거대한 건축양식을 그대로 축소한 것이다. 호간의 둥근 지붕은 나바호족의 마음 속에 있는 둥글고 푸른 천장의 하늘을 집 위에 얹어 놓은 것이며, 평평한 흙바닥은 지표면 그 자체를 상징한다. 지붕을 떠받치는 네 개의 나무 기둥은 동서남북 네 방향에 서 있다. 호간에 들어가는 입구는 동쪽을 향하는데 세상으로 들어가는 유일한 문이 동쪽에 있기 때문이다. 나바호족의 정신은 동, 남, 서, 북의 "태양의 이동 경로"를 따라 흘러가고 이에 따라 인간도 경건하게 움직일 수 있다.

나바호 호간의 기하학적 모습은 이것을 신성하게 보이게 한다. 옛날부터 호간의 가장 바깥쪽 경계는 언제나 원형이었는데, 최근의 설계를 보면 벽 안쪽도 원형으로 만든다. 이 원은 우주론에서 말하면 우주의 중요성을 상징하는 것이다. 땅 끝과 하늘 끝이 만나는 가장 큰 경계인 지평선도 원이다. 날마다 태양이 창공을 가로질러 지나가는 궤도도 원이다. 노란 빛을 내는 태양과 해마다 자라고 낳는 자연의 순환과 계절마다 기후가 반복되는 것도 원이다. 나바호족이 땅을 자연이 활기찬 균형과 아름다운 환경을 유지하는 '호즈호hózhó'라고 부르는 자연 상태로 복원하기 위해 노래 부르고 기도하면서 호간 안을 시계방향으로 걷는 것도 원이다.

호간 안에 본디부터 내재된 신성함은 수많은 나바호족의 이야기와 기도, 노래 속에서 확인할 수 있다. 이 안식의 공간 속에 나바호족의 삶이 녹아 있으며, 그곳에 아득한 지구의 시작과 우주 바깥의 오래된 역사를 확인할 수 있다. 우리는 호간이 나바호족에게 끼치는 영향을 나바호족 문화의 모든 면에서 느낄 수 있다. 이것은 나바호족 성가 가수로 유명한 프랑크 미첼Frank Mitchell이 부르는 '최고의 호간'이라는 노래에 나오는 후렴 한 구절에서 확인할 수 있다.

호워워 아이에에 아이에!
내가 온 곳은 신성한 집이네,
내가 온 곳은 신성한 집이네, 홀라헤이.
나는 지금 동쪽의 집에 왔네

호간의 영향력은 겉모습은 초라하지만 신성한 우주를 품은 호간 안의 여러 가지 요소들과 메시지들의 조화를 설명하는 어느 나바호족의 말에서 뚜렷하게 나타난다.

호간은 하얀 조가비와 전복, 터키옥, 흑요석으로 만든다. 이것은 집과 신성한 산을 하나로 합쳐 놓은 것이다. 호간은 여명과 푸른 하늘, 황혼과 밤으로 꾸며져 있고, 태양은 불처럼 중심에 있다.

오늘날 어느 예민한 생태학자가 자연의 아름다움과 안녕을 열망하며 우주에 대한 우아한 과학적 조망을 이렇게 효과적으로 날마다 마음속에 떠올릴 수 있도록 자기가 사는 집을 꾸미고 설계할 수 있을까?

인간과 신령한 힘, 땅은 어떻게 살아 있는 하나로 합치는가[6]
캐나다 브리티시컬럼비아 중부 지역 긱산족

> 창조 그 자체, 말하자면 인간의 두뇌와 정신을 포함해서 진화하는 모든 자연은 논리적으로 가장 신성한 것들이 다른 존재의 형태로 분리되어 있다고 하는 이원론적 사고방식에서 나타나지 않는 상대적 신성함을 보여준다.
> _로저 스페리Roger Sperry, 노벨상 수상 신경생물학자[7]

전통적인 긱산족Gitk-San族 사회에서는 새 생명을 탄생시키는 두 곳의 신성한 장소에서 아기들이 태어난다. 아이는 어머니의 혈통을 바탕으로 특정한 씨족과 가계의 일원이 된다.

대대로 이어져온 긱산족의 씨족은 기스카스트Giskaast(잡초족), 락스기부Lax Gibuu(늑대족), 락스시스키크Lax Xskiik(독수리족), 락스셀/락스가네드Laxseel/Lax Ganed(개구리족) 이렇게 네 집안이 있다. 각 씨족은 '가계house'라고 하는 여러 개의 친밀한 혈연 집단들로 구성되는데, 각 가계의 구성원들은 지금도 모두 한 집에 모여 함께 살기 때문에 이런 이름이 붙었다.

각각의 긱산족 가계는 고유한 이름과 정체성, 역사를 공유한다. 이들이 전통적으로 머리에 장식하는 볏인 '아유크ayuk'는 이러한 가계의 특징들을 표현한다. 긱산족은 축제가 열릴 때마다 자기 가계의 역사—신화 속에 나타난 씨족 탄생의 고통, 지난날 전쟁에서의 승리와 패배, 대대로 내려오는 초자연적인 존재와의 대화, 자연의 힘과 맞서는 모험, 최초의 생명 형태, 지역 환경의 특징—를 보여주는 상징물로 아유크를 사용한다. 아유크는 긱산족이 5,000년이 넘는 세월 동안 브리티시컬럼비아의 내륙 지역에서 눈 덮인 산들과 연어들이 넘쳐나고 우레와 같은 소리를 내며 흐르는 강에 둘러싸여 번성했듯이 자연과 끊임없이 직접 교감하며 살아온 결과이다.

긱산족 가계는 하나하나가 모두 '아다옥스ada'ox'의 자랑스러운 계승자이고 주인이다. 아다옥스는 한 가계의 신성한 역사를 기록하고 1,000년 동안 간직해 온, 살아 있는 중요한 과거의 사건들을 기억하는 구전 노래와 이야기들을 말한다. 입으로 전해 내려온 이 귀중한 지식의 보고는 말 그대로 조상의 숨결로 만들어졌다고 믿는 신성한 노래들로 구성되어 있다. 이 노래들은 단순히 역사를 음악으로 표현한 것이 아니라 시대를 뛰어넘어 교감할 수 있는 도구이다. 각 씨족의 구성원들은 이 노래 안에 담긴 음률과 감성을 바탕으로, 광대한 시간과 공간을 가로질러 어렴풋하게 흔들리는 긱산족 창조 신화 속으로 이동한다.

긱산족의 신화, 아유크, 아다옥스는 모두 각각의 가계와 씨족을 구성하는 단단한 기반이 된다. 살아 있는 긱산족의 원로들의 말에 의하면 각 가계가 보유하고 있는 노래와 신화는 대대로 그들의 땅에 대한 권리와 합법성을 인정하는 근거이다.

실제로 각 가계와 그들이 낚시와 사냥, 채취를 위해 할당받은 땅 사이의 관계는 각 가계를 보살피는 신령한 힘인 '닥스기에트daxgyet'가 바로 그들이 사는 땅이라고 할 정도로 매우 긴밀하다. 긱산족과 그들이 대대로 살아온 땅 사이의 정신적 연관성은 토템 기둥(totem pole, 토템상을 그리거나 새겨서 집 앞에 세워두는 기둥 – 옮긴이)에서 잘 나타나는데, 반인반수의 모습으로 하늘을 향해 뾰족하게 솟은 기둥은 각 가계의 역사를 자세히 말해준다. 델감 우크Delgam Uukw라는 긱산족 원주민과 대대로 웨추웨튼족(Wetśuwetén, 캐나다 브리티시컬럼비아 북서쪽에 있는 버클리 강, 번스 호수, 프랭코스 호수 주변에 살고 있는 원주민 – 옮긴이)의 추장이었던 기스데이와 Gisday Wa가 했던 유명한 말에 따르면, (1987년 캐나다 정부를 상대로 끊임없이 제기한 영토 소유권 소송을 지지하는 말 가운데) 긱산족은 각자 자기 가계를 상징하는 토템 기둥을 하늘을 향해 세움으로써, 그들에게 힘을 주는 신령한 힘과의 관계를 재창조한다. 각 가계의 기억과 꿈들을 새긴 얼굴로 애정을 담아 만든 기둥이 신성한 긱산족의 땅 위에 굳건히 서 있을 때, 그 뿌리는 땅 속으로 뻗어 내려가고 인간과 신령한 힘과 땅을 서로 연결하여 살아 있는 하나의 통합체로 만든다.

델감 우크는 땅을 소유한다는 것은 추장과 땅이 결혼하는 것이라고 말한다. 각 가계를 대표하는 추장의 조상들은 이미 예전에 땅의 생명을 만나 그것을 인정했다. 이런 만남에서 힘이 생긴다. 땅과 동물, 사람은 모두 영혼이 있다. 그들은 모두 존경을 받아야 한다. 그것이 우리 법의 기초이다.

붉은캥거루족의 꿈의 시대[8]
오스트레일리아 중부 지역 아란다족

> 땅의 윤리가 살아 있다는 사실은 생태적 양심이 존재한다는 것을 나타낸다. 그리고 이것은 우리 인간들에게 건강한 땅을 유지해야 할 책임이 있다는 것을 반영한다. 땅이 스스로 살아나기 위해서는 건강해야 한다. 환경 보존은 이러한 건강한 땅을 이해하고 보호하기 위한 우리의 노력이다.
>
> _알도 레오폴드, 생태학자[9]

메마른 강바닥과 초원이 오스트레일리아 중부의 바위투성이 맥도널Macdonnell 산맥의 북쪽에서부터 사방으로 펼쳐진다. 여기에는 학명이 마크로푸스 루푸스Macropus rufus인 붉은캥거루가 사는데, 이 캥거루는 보통 캥거루와 달리 옛날부터 크란트지 캥거루족Krantji Kangaroo族의 토템Totem으로 존귀한 대접을 받으며 이들과 정신적으로 밀접한 관계를 맺고 있다.

북부 아란다족Aranda族은 오스트레일리아 토착 원주민들로 대대로 이 메마른 지역에서 살아왔다. 그들은 강인하고 발이 빠른 붉은캥거루가 자신들의 자애로운 조상이고 자연의 모습을 만든 존재이며, 만물이 창조되고 지구가 모양을 갖춰가던 꿈의 시대 또는 창조의 시대이자, 널리 알려진 영원의 세기부터 존재했던 불멸의 존재라고 생각한다.

한 아란다족 신화에 따르면 꿈의 시대에 거대한 붉은캥거루 무리는 때때로 산들로 둘러싸인 아름다운 초원에 모였다고 한다. 이 캥거루들은 벌, 캥거루쥐, 새, 동족인 여러 동·식물들과 함께 둘러앉아 그들의 고모이자 신망 깊은 동맹자인 뮬가 앵무새Mulga Parrot들에게 만일 자신들이 낮잠을 자고 있을 때 사냥꾼이 나타나면 소리를 질러서 깨워달라고 이야기했다.

밤이 되면 모든 동물들은 지하 깊은 곳으로 되돌아가 인간의 모습으로 변한 뒤 새벽이 올 때까지 그곳에서 함께 지낸다. 여자로 모습을 바꾼 친절한 뮬가 앵무새들은 인간의 모습을 한 붉은캥거루의 새끼 주머니에 찬물을 채운다. 이 앵무새들은 일찍부터 멀리서 날아왔다. 꿈의 시대의 모든 생명체들은 새벽이 되면 땅 위로 올라와 다시 동물의 모습으로 돌아와 행동한다.

오늘날 붉은캥거루족에게 작은 관목들이 우거진 뮬가mulga 잡목 숲과 사막으로 둘러싸인 광활한 바위투성이 지대에 있는 '크란트지Krantji'라는 작은 천연 샘보다 더 신성한 장소는 없다. 이 샘은 붉은캥거루족의 지도자이자 "추장"이며 최초의 조상인 '크란트지린자Krantjirinja'가 사는 영원한 집, 프마라쿠타타pmara kutata이다. 원주민들은 이 깊고 차가운 샘에서 끊이지 않고 흘러나오는 물이 진정한 캥거루였던 '크란트지린자의 생명수'라고 말한다.

크란트지린자는 땅 속 자궁에서 강인한 몸통과 뒷다리를 가진 완전한 모습의 붉은캥거루로 태어났는데 일반 캥거루와는 분명히 달랐다. 그는 낮에는 동물의 모습으로 신성한 샘 근처에서 자라는 싱싱한 풀을 한가로이 뜯어 먹었다. 그러다 타는 듯한 해가 지면 인간의 모습으로 변해 솜털 같은 날개로 기하학적 모양의 새하얀 술을 만들어 몸을 치장한 뒤 동이 틀 때까지 무아지경에 빠져 춤추고 노래했다.

아란다족에게 크란트지 샘은 신성한 곳이다. 붉은캥거루족의 추장이 지하에서 영원한 잠에 취해 있던 아란다족의 조상들을 깨운 뒤 가장 처음으로 지상에 모습을 드러낸 곳이기 때문이다. 또한 크란트지린자의 출현은 이 샘을 끊임없이 살아 움직이게 하고 고동치게 함으로써 인간의 상상력이 자연계에 충만하도록 자극했기 때문이다. 그의 창조력과 끊임없이 원기를 회복시키는 힘은 크란트지 샘을 자신의 생기로 듬뿍 스며들게 하려는 것처럼 보인다.

아란다족은 옛날에 방패 하나가 태양이 비치는 물 속에 가라앉은 채 몇백 년 동안 그대로 남아 있었다고 말한다. 이 방패 밑에는 '추룬가tjurunga'라고 하는 신성한 돌조각이 여러 개 있는데, 이 돌들은 오랫동안 지속된 아란다족과 붉은캥거루의 관계를 상징할 뿐만 아니라, 그들의 공동 조상인 크란트지린자의 살아 있는 몸의 흔적이다. 따라서 붉은캥거루족은 대대로 이 돌들을 경배하고 보살피는 일을 자신들의 의무라고 생각했다. 이런 의미에서 크란트지 샘의 추룬가는 위대한 조상들의 생명력을 눈으로 확인할 수 있는 화신이다. 이 돌들을 생물학적으로 보자면, 처음에는 캥거루의 모습으로 태어났다가 나중에는 사람의 모습으로 변한 모든 캥거루 조상들을 낳은 생식 에너지의 저장소이다.

영원한 존재인 붉은캥거루족의 추장인 크란트지린자가 그렇게 쉽게 캥거루에서 사람의 모습으로 바뀔 수 있었던 까닭은 무엇일까? 아란다족에 따르면 크란트지린자는 꿈의 시대에는 두 종의 단일한 통합체였다고 한다. 그러나 캥거루와 사람의 조상이 똑같이 크란트지린자라는 사실을 어떻게 보통 말—아란다족 말로든 영어로든—로 설명할 수 있을까?

북부 아란다족은 자연의 순환과정에서 크란트지린자가 어떤 역할을 하는지 우리에게 분명하게 설명하지 않는다. 아란다족 말을 할 줄 아는 저명한 오스트레일리아 인류학자 스트렐로T. G. H. Strehlow는 아란다족 원로들과 함께 그들이 사는 지역 구석구석을 여행했다. 스트렐로는 1947년에 발표한 〈아란다족 전통Aranda Traditions〉이라는 글에서 아란다족 최초의 조상을 상징하는 이미지들이 다층적 의미들을 내포하고 있음을 암시했다. 그는 아란다족이 이 중심 주제들을 어떻게 생각하는지 연구하면서 세포생물학이나 원자물리학 같은 현대 과학에서 말하는 이미지나 은유들을 강하게 연상하는 때가 많았다.

스트렐로의 글에 따르면 아란다족 최초의 조상을 구성하는 모든 세포는 살아 있는 인간이다. 아란다족이 위체티 그럽witchetty grub(위체티 나무 애벌레), 캥거루쥐(몸에 주머니가 있는 포유류), 붉은캥거루의 원형 또는 꿈의 시대에 인간과 동물의 원형과 관련된 토템에 대해 말할 때, 이들 원형의 몸을 구성하는 모든 세포는 각각 살아 있는 위체티 그럽이나 캥거루쥐, 붉은캥거루를 말하는 것일 수도 있고, 각각의 동물을 토템으로 생각하는 살아 있는 인간을 말할 수도 있다. 원주민들은 각자의 토템을 자기 씨족의 최초의 조상이며, 그 토템이 상징하는 동물의 최초의 조상이라고 생각한다. 각 씨족은 그 안에서 인간과 동물이 서로 같은 혈통과 관심사, 운명체로 아래 묶여 있다.

최초의 조상들은 세상을 창조하기 위해 땅 위와 아래, 하늘을 여행하는 동안 이 땅에 영원히 살아 있는 신성한 흔적을 남겼다. 꿈의 시대에 최초의 조상들이 지나간 자리를 표시하는 바위 모양, 나무, 샘 그리고 다른 여러 가지 지형들은 당시에 일어났던 일들을 생생하게 기록하고 있고, 그 흔적이 지닌 기본 특성들을 마치 잠시 잠든 것처럼 그 속에 묻어 두고 있다. 동시에 이 신성한 장소들은 자연이 끊임없이 새롭게 다시 태어나는 중요한 곳이다. 꿈의 시대에 최초의 조상들이 했던 여행은 (스트렐로가 오늘날 발생학에서 이야기하는 방식으로 표현한 것에 따르면) 눈에 보이는 물질의 형태로 나타날 기회만을 기다리고 있는 잠재적 생명 세포들의 흔적을 이 땅 위에 영원히 새겨 놓았다.

이런 의미에서 크란트지 샘에 살고 있는 붉은캥거루족 최초의 조상이 지닌 생명력은 정신적이며 생태적이다. 그의 이야기는 꿈의 시대에 아란다족 원주민의 기원과 종교적 의무, 영원한 원시의 생명이 순환하는 자연의 변화 과정을 반영한다. 크란트지린자의 여러 가지 특징들 가운데 하나는 모든 생명체들을 움직이게 하는 자연의 생명력과 번식, 복잡하게 얽혀 있는 태초의 생명과 관련된 본질이 무엇인지 잘 보여준다는 것이다. 그는 뮬가 앵무새의 울음소리가 약동하고, 연한 노란색의 블러드우드 나무의 꽃을 활짝 피우며, 엄마 캥거루의 주머니 안에서 보호받으며 자라고 있는 붉은캥거루 태아의 세포 분열을 촉진시키는 신비한 생명력을 가지고 있다.

아란다족의 영토가 그들의 동물 조상이 여행하면서 남긴 신성한 지도라는 생각은 붉은캥거루족이 지역 생태계에 직접 영향을 끼칠 수 있다는 특별한 생각으로 발전한다. 예를 들어, 만일 아란다족 사냥꾼이 지역에서 큰 사냥감들을 잡기가 어려워진다면 종교 의식과 기도를 통해서 그를 위태롭게 하는 자연력과 직접 소통할 수 있다. 꿈의 시대에 크란트지 샘에서 탄생한 씨족을 상징하는 동물 조상들이 남긴 자취는 지워지지 않고 여러 가지 자연 지형으로 남았는데, 인간은 그곳에서 비로소 인간과 동물의 번식을 모두 관장하는 살아 있는 존재와 소통할 수 있다.

이외에도 아란다족 사냥꾼은 창조 시대부터 이어져 온 땅의 모양과 자연의 신비한 재생 능력 사이의 관계를 알기 때문에 언제나 적절한 번식을 유지하려고 애쓴다. 스트렐로의 (현대 물리학과 현대 생물학의 이미지를 섞은 듯한) 연구에 따르면 사냥꾼은 그가 필요로 하는 동물들을 매우 쉽게 창조할 수 있는데 그 동물의 조상에 변화된 몸을 상징하는 바위의 일부분을 그냥 돌로 문지르면 된다는 것이다. 그 바위를 구성하는 모든 원자는 장차 그것이 상징하는 동물이 될 세포이기 때문이다.

북부 아란다족이 생각하는 꿈의 시대 붉은캥거루족 이야기에는 숨막힐 듯한 아름다움이 있다. 공동의 토템 조상이 꿈의 시대에 남긴 자취들은 온 땅을 가로질러 인간과 붉은캥거루 그리고 다른 수많은 생물들의 삶과 정교하게 교차한다. 또한 그것을 통해 생명체들의 삶과 그 과정을 보여 주고 살아 움직이게 한다.

실제로 이 최초의 조상들은 위대한 자연의 창조 시대에 땅 위에 자신들의 이야기를 영원히 새기는 물리적 흔적을 남겼을 뿐만 아니라 말과 노래로도 흔적을 남겼다. 여러 세대가 지난 뒤에도 이 신성한 노래가 경건하게 불려짐으로써 씨족 사람들은 며칠 동안 이 위대한 꿈의 시대의 자취들을 따라가며 여행할 수 있었다. 이 과정을 통해 땅은 원기를 회복하고 원주민들은 토템 조상들을 다시 기억하며 그 옛날 꿈의 시대의 흔적인 돌과 이야기, 노래들과 함께 아득히 먼 옛날의 동족들과 다시 만난다.

그러나 이 태고의 믿음이 단순히 토착 원주민 세계 안에 있는 영성과 우주 질서가 무엇인지 알려주는 것을 넘어서 자연에 대한 진정한 생태적 통찰을 전달할 수 있을까?

1980년 12월, 야생 생물학자이며 붉은캥거루의 자연사와 생태의 권위자인 뉴섬A. E. Newsome은 아란다족의 붉은캥거루 이야기가 회의주의자들이 상상했던 것보다 훨씬 더 큰 과학적 의미를 담고 있다고 주장하는 짧지만 뛰어난 논문을 발표했다. 뉴섬은 《인류Mankind》라는 잡지에 발표한 〈오스트레일리아 중부 지역의 붉은캥거루에 대한 생태 신화The Eco-Mythology of the Red Kangaroo in Central Australia〉라는 논문에서 조심스럽게 신화와 현실을 일치시키는 모습에 대해 보고했다. 그는 실제로 붉은캥거루의 꿈의 시대와 크란트지의 신성한 샘에 대한 북부 아란다족 이야기들이 중요한 생태 원리를 근거로 하고 있다고 썼다.

뉴섬은 살아 있는 토착 원주민 원로들의 증언과 스트렐로가 쓴 아란다족 관련 글을 참조해서 붉은캥거루 이야기에서 나오는 구불구불한 꿈의 시대의 자취들을 여러 조각으로 세심하게 나눴다. 그는 신화에 나오는 조상들이 여행했다고 하는 신성한 아란다족 장소와 실제 현실의 장소를 비교했다.

크란트지가 비록 아란다족이 붉은캥거루의 숫자를 더 늘리기 위해 의식을 올리는 유일한 성소聖所는 아니었지만, 가장 중요한 의식들 가운데 일부는 여기서 거행되었다. 아란다족은 언제나 공경하는 마음으로 익숙한 바위 지형을 손으로 느끼면서 눈을 가린 채 조용히 크란트지에 왔다. 또한 그들의 경외와 평화 의지를 조상들에게 알리기 위해 모든 무기는 집에 두고 왔다. 사냥꾼들의 비무장은 자신들의 조상뿐만 아니라 캥거루에게도 우애의 신호를 보내는 것이었다. 의식을 올리는 장소의 근처에서는 모든 사냥이 금지되었고, 캥거루는 그곳에서 신성한 존재로 보호를 받았다.

붉은캥거루 씨족 사람들은 어렴풋이 흰 빛이 감도는 석회암으로 덮인 거대한 바위 근처의 갈라진 틈에 있는 크란트지 샘에 도착하면 가장 중요한 일을 했다. 이들은 근처에 있는 신성한 돌과 나무들을 내리쳤고, 크란트지를 찬양하는 노래를 부르면서 이렇게 부순 돌과 나무 조각들 하나하나는 다음에 비가 내리면 모두 캥거루로 태어난다고 생각했다.

조상의 품 안에서 번성해라,
인간들의 풍족한 먹이를 위해!

초식동물인 붉은캥거루는 녹색식물이 가장 많이 나는 계절에 맞춰 새끼를 낳는 유목 동물로 잘 알려져 있다. 붉은캥거루는 오스트레일리아 중부 지역에서 강 하구의 축축하고 후미진 배수로를 따라 자라는 녹색식물에 대한 의존도가 매우 높다. 붉은캥거루가 한 해 동안 가장 많이 먹는 식물은 에라그로스티스 스티폴리아Eragrostis stifolia로, 이곳에서는 "무진장Never-Fail"이라고 알려져 있는데 되풀이되는 가뭄에도 잘 견뎌내기 때문에 붙은 이름이다.

붉은캥거루들은 이런 식성 때문에 주로 물이 빠지면서 매우 축축한 토양을 만드는 맥도널 산맥의 북쪽 낮은 비탈이나 인접한 평원 지대에 많이 산다. 이들은 건기 때 강바닥이나 평원으로 몰려드는데 그곳에는 아직도 풀들이 자라기 때문이다. 그리고 계절 폭우가 끝나면 더 건조한 사바나 지역이나 물가나무 삼림지대로 뻗어나가는 신선한 풀들을 먹기 위해 사방으로 흩어진다.

뉴섬은 창조의 시대에 크란트지린자와 다른 캥거루 조상들이 여행했던 것에 대한 토착 원주민의 이야기들이 붉은캥거루의 생태를 아주 상세하게 설명하고 있다는 사실을 발견했다. 뉴섬은 조상들이 곳곳에 생기의 숨결을 불어넣고 형태를 만들면서 여행했던 크란트지 근처의 내륙 지역이 붉은캥거루가 좋아하는 서식지와 정확하게 일치한다는 사실을 과학적 연구를 통해 밝혀냈다. 또한 이들 조상이 땅 밑으로 여행했던 지역은 대부분 붉은캥거루가 싫어하는 사막 지대와 일치했는데 이곳을 여행하는 동안 붉은캥거루는 힘을 못 썼다.

뉴섬은 원주민들 사이에 구전되던 창조 시대의 이야기와 붉은캥거루의 생태 자료가 이렇게 놀랍게 일치하는 것이 절대 우연이 아니라는 결론을 내렸다. 그는 이렇게 말했다.

옛날에 이 전설을 창조했던 토착 원주민들은 붉은캥거루의 생태를 매우 잘 알고 있었음이 분명하며, 그 지식을 우화에 담아 신화 형식으로 만들어 전달한 것 같다.

크란트지라는 신성한 장소에 대한 전통 아란다족의 믿음은 생태와 종교에 대한 인식의 놀랄 만한 융합을 상징하는 것임에 틀림없다. 붉은캥거루 집단의 역동성과 식성에 대한 생태적 진실을 암호화한 것이다. 동시에 순수한 과학적 발견들과 달리 인간들이 소중한 동물 집단을 끊임없이 존중하고 보살펴야 할 의무가 있음을 보여 주는 윤리적 내용도 담고 있다.

크란트지와 같은 신성한 토템 지역 주변에서 붉은캥거루의 사냥을 금지하는 하는 것은 실제로 자연과 동물을 보호하는 강력한 보호 수단 역할을 한다. 뉴섬은 논문에서 아란다족은 옛날부터 붉은캥거루의 기원과 영원한 번식력에 대해 관찰하면서 붉은캥거루들을 보호하기 위해서는 그들이 가장 좋아하는 서식지를 보호해야 한다는 강력한 환경 윤리 의식을 가지고 있었다고 썼다.

아란다족 사냥꾼들은 붉은캥거루의 최초 조상에게 지속적인 경의를 나타냄으로써 실제로 이들의 정신적, 생태적 "보존"을 꾀했다. 스트렐로가 설명한 것처럼, 마치 크란트지 같은 신성한 장소에 있는 돌과 나뭇조각 하나하나가 다음에 비가 내리면 모두 캥거루가 되었듯이 신성한 장소에서 캥거루들이 끊임없이 번성하는 것을 찬양하는 신성한 노래와 춤, 기도가 널리 행해졌다. 아란다족 사냥꾼들의 지속된 존중은 세대를 거듭하면서 그 보답을 받았다.

뉴섬은 토착 원주민들이 사실은 (캥거루) 사냥에서 성공할 가능성을 높이기 위해 이런 믿음을 만들었다고 결론지었다. 이러한 정신과 생태의 결합은 거대한 시간의 경계를 넘어 실제로 자연이 어떻게 움직이는지 끊임없이 깊게 통찰하지 않고는 알 수 없다. 아란다족의 생각과 기억은 수천 년 동안 한결같이 인간 정신에 대한 통찰과 자연의 구체적 구성이나 과정에 대해 축적된 지식을 함께 조합함으로써, 자연을 하나의 전체로 인식하는 "땅의 윤리"라는 단어를 만들었다. 크란트지에 있는 붉은캥거루의 꿈의 시대를 둘러싼 전통들은 우리가 아는 정도 내에서 인간과 동물이 감성적으로나 생태적으로 서로 깊은 관계를 맺고 있다는 것을 일깨워주며, 그 결과 알도 레오폴드가 적절하게 표현한 것처럼 우리에게 "생태적 양심"—땅이 자생 능력을 잃지 않도록 영원히 보존해야 할 책임—을 깨닫게 한다.

어머니 땅의 중심[10]
북아메리카 남서 지역(애리조나 주 북동부) 호피족

지구는 우리 인간들이 태어난 곳이다. 그리고 우리가 아는 한 우리의 유일한 고향이다. …… 우리는 오늘날 때때로 우리의 언어로 반창조적 범죄라고 부르는 것을 저지르려고 한다. 많은 사람들이 그것을 이미 저지르고 있다고 주장한다.
_"지구의 보존과 보호 : 과학과 종교의 공동 책임을 호소하며",
천문학자 칼 세이건Carl Sagan 외 여러 유명 과학자들이 공동 서명한 공식 성명서

여러 민족마다 생태계를 바라보는 인식과 땅에 대한 윤리의식은 그들 고유의 의식이나 창조론 속에 미묘하게 가려져 있고, 그들의 독특한 언어, 상징, 경험들 때문에 이방인들이 그것을 이해하기는 쉽지 않다. 그러나 서양인들은 원주민 공동체가 땅을 지키기 위해 성명서를 발표할 때 그 안에 담긴 자연에 대한 그들의 지혜를 무시할 수 없다. 원주민들은 매우 절박한 상황이 닥칠 때마다 전 세계 사람들에게 오늘날 세계를 지배하고 있는 국가들의 언어로 작성한 성명서를 발표했다. 서양인들은 원주민들의 주장을 서양인들의 세계 파괴를 경고하기 위해 다른 문화가 주는 고마운 선물이라고 생각해야 한다. 다른 한편으로 서양인들은 원주민의 생각과 정체성을 재확인하고 재구성해야 한다.

원주민들이 전통적으로 땅에 대해 가지는 태도를 명쾌하게 보여 주는 선언의 일부를 여기에 소개한다. 이 선언은 로마야크테와Lomayaktewam, 스탈리Starlie, 미나 란사Mina Lansa, 네드 나야테와Ned Nayatewa, 클라우데 케완야마Claude Kewanyama, 자크 폰가예스비아Jack Pongayesvia, 토머스 반야크야Thomas Banyacya, Sr., 데이비드 모노계David Monogye, 카를로타 샤투크Carlotta Shattuck가 〈호피족 종교 지도자들의 성명서Statement of Hopi Religious Leaders〉라는 이름으로 처음 발표했다. 존경받는 호피족 대변인 토머스 반야크야는 우리가 1990년 3월, 애리조나 주의 키코트소모비에Kykotsomovie라는 호피족 마을에 있는 그의 집에서 그

를 인터뷰하는 동안 우리에게 날짜가 적히지 않은 5쪽짜리 등사판 성명서를 인용할 수 있도록 허락해 주었다. 이 성명서에 담긴 가슴을 울리는 말들과 가치관은 더 이상의 해석을 필요로 하지 않는다.

호피족의 땅은 위대한 신, 마사우우Massau'u를 따르는 고유의 숭고한 방식을 간직하고 있다. 호피족의 신성한 옛터는 블랙메사Black Mesa를 포함한 포코너스Four Corners 지역에 있다. 이 땅은 교회의 신성한 내실과 같다. 우리에게는 예루살렘과 같은 곳이다.

우리가 투쿠나비Tukunavi(블랙메사를 포함)라고 부르는 지역은 우리들의 어머니 땅의 중심이다. 호피족은 이 중심 안에 많은 종교 유물, 표시와 그림, 무덤들을 남겨 그 땅이 호피족의 땅이라는 사실을 다른 사람들에게 알리는 경계표와 성지로써 증표를 삼았다. 이 옛터는 호피족의 역사적 상징이다. 여기서 그가 호피족인지 아닌지 확인할 수 있는 것이 무엇인지는 호피족만이 안다. 다른 사람들은 그것을 알 수 없다.

인간이 설명할 수 없는 위대한 힘이 호피족에게 이 땅을 주었다. 이 땅에 대한 권한은 온전히 호피족의 삶을 만드는 데 쓰인다. 모든 것이 이 땅에 달려 있다. 땅은 신성하다. 만일 땅을 마구 써버리면 신성한 호피족의 삶은 사라질 것이고, 다른 모든 생명체들도 마찬가지 신세가 될 것이다.

위대한 신은 호피족 추장들에게 인간이 자기들끼리 또는 자연과 서로 조화롭게 사는 법을 알 때까지 블랙메사의 땅 밑에 있는 엄청난 부와 자원을 건드리거나 가져가지 말라고 말했다. 호피족은 모두가 함께 누리는 조화를 깨뜨리지 않도록 우리의 신성한 땅을 잘 보살피라는 특별한 지시를 받았다. 호피족이 아닌 다른 사람들에게 이 신성한 땅을 지배하는 권한을 넘겨주는 것은 생각할 수 없는 일이다. 우리는 신성한 땅을 돈과 바꾸는 것을 어떻게 표현하는지 알지 못한다. 호피족은 어느 누구에게도 그리고 어떤 값으로도 우리의 땅과 유산, 종교를 처분할 권한을 주지 않았다. 우리는 이 땅을 위대한 신에게 받았다. 우리는 그가 돌아올 때까지 집사처럼 대리인으로서 이 땅을 지켜야 한다.

몸이 만들어진 나라[11]
오스트레일리아 북부 지역 무른긴족

> 환경보존은 인간과 땅이 조화를 이룬 상태를 말한다. 여기서 땅은 지표면, 지상, 지하에 있는 모든 것들을 의미한다. 땅과 조화를 이루는 것은 친구 같은 관계를 맺는 것이다. 당신은 친구의 오른손을 쓰다듬으면서 왼손을 잘라낼 수 없다. 이 말은 당신이 사냥감은 좋아하지만 그것을 잡아먹는 포식 동물은 싫어한다고 말하는 것과 같다. 바다를 보호한다는 사람이 그 유역을 더럽힐 수는 없는 일이다. 숲을 조성한다고 하는 사람이 그곳에 농장을 만들 수는 없는 일이다. 땅은 하나의 유기체다.
> _알도 레오폴드, 생태학자[12]

오스트레일리아 북쪽 끝에 뭉뚝하게 튀어나온 반도의 동쪽 고지, 아넘랜드Arnhem Land라고 부르는 곳에 무른긴족Murngin族이라는 토착 원주민들이 산다. 이곳 아넘랜드는 울퉁불퉁한 바위투성이 지형으로 비가 많이 내린다. 나무 한 그루 없이 뼈처럼 드러난 퇴적암 절벽은 비바람에 씻겨 나가 창백해 보이고, 우레처럼 큰 소리를 내며 흘러내리는 폭포와 태양에 달궈진 열대우림 덤불이 주위를 둘러싸고 있다. 악취가 진동하는 거대한 늪지대는 썩어가는 식물들과 함께 숨이 막히게 하고, 미끄러지듯이 움직이는 굶주린 악어들은 이마를 찌푸리게 한다. 무른긴족은 자신들이 대대로 살아온 이 땅이 그들의 정신, 진화, 생태의 근원이라고 생각한다.

땅과 자신들이 같은 혈통이며 태초부터 하나였다는 기본 생각은 무른긴족의 마음과 정신 속에서 사회 제도로 언제나 살아 있다. 무른긴족 사회도 다른 오스트레일리아 토착 원주민들처럼 사회 구성원들을 특정 대상이나 동물, 식물과 밀접한 유대관계로 묶어 씨족이라는 전통 집단으로 나눈다.

무른긴족은 강력한 씨족관계가 창조 시대의 조상들로부터 부계를 따라 전해진다고 믿는다. 이 유대관계는 특정 동물 조상을 넘어서 신성한 거미와 박쥐, 큰 돌과 웅덩이 물과 같이 땅 그 자체로 확대된다. 이것은 온 몸에 퍼져 있는 가는 모세혈관처럼 아넘랜드의 구불구불한 지형을 따라 뻗어나가면서 땅에 생기를 불어넣고, 반대로 땅은 씨족의 유대관계에 생기를 불어넣는다.

각 토템 씨족은 크고 작은 의식을 올리는 장소를 포함해서 신성하게 분배된 자기 땅을 가지고 있다. 이 땅들은 창조 시대 때부터 그 씨족에게 할당된 것이다. 각 씨족은 이 신성한 땅을 영원히 함께 돌봐야 할 책임이 있으며, 그 땅의 소유권을 승인하는 신성한 노래와 의식, 재산 목록들을 부여받았다.

각 씨족들의 신성한 땅은 매우 강력한 정령이 지배하고 있어서 스스로 생명을 잉태케하는 수정授精 능력이 있다고 생각되었다. 그 경계 안에서 잉태한 모든 인간의 태아는 비록 내륙에서 바닷가로 여행하는 길에 아기를 가졌더라도 그 신성한 땅이 생명을 준 것이라고 생각하게 되었다. 따라서 태아가 자라 마침내 세상에 태어나면 그 아기는 자신을 잉태했던 땅과 영원히 하나로 묶인다. 또한 자신이 태어난 곳과는 상관없이 자신을 잉태한 땅의 주인인 씨족에게 자기 본분을 다 해야 한다. 이렇게 한 사람의 태아 토템은 부계 사회에서 다른 사람의 씨족 토템이 될 수 있다. 이와 같은 토착 원주민과 땅 사이의 오래된 유대관계는 꿈의 시대부터 이어져 내려 온 정신과 장소에 대한 개인의 책임감을 더욱 깊게 한다.

무른긴족의 토템 집단 가운데 하나인 랄리구라크 구룸바 구룸바 Rrarigurak Gurumba Gurumba 씨족은 무른긴족이 땅과 특별히 밀접한 관계를 맺고 있다는 사실을 생생하게 보여 주는 이야기를 전한다. 오스트레일리아 인류학자 니콜라스 피터슨Nicolas Peterson의 연구에 따르면, 이 씨족의 뿌리는 꿈의 시대에 살았던 인간과 개의 모습을 한 신성한 존재, 쿠르코 아코와르Kurko Akowar까지 거슬러 올라간다. 그는 이 씨족의 신성한 땅과 관련된 특징을 밝혔다.

랄리구라크 구룸바 구룸바 씨족이 소유하는 신성한 땅은 언제나 물이 고여 있는 넓은 아라푸라 늪Arafura Swamp 지대 가까이에 있다. 이 땅의 지형은 매우 다양하다. 저지대는 열대우림 지역이고 산등성이는 가파른 절벽을 마주 보고 있다. 또한 여러 갈래의 강물이 이곳을 가로지르고 있으며, 추위에 강한 녹색 유칼리나무들이 건조한 고원 지대에서 자라고 있다.

쿠르코 아코와르는 꿈의 시대에 인간의 모습을 하고 있었다. 그는 동굴같이 어두운 지하세계에서 자신의 거대한 남근으로 지표면을 뚫고 올라왔다. 그가 엄청난 힘을 가지고 지상으로 올라온 장소는 강물이 시작되는 수원지 근처로 오늘날 강바닥에 거대한 돌로 표시되어 있다. 그는 땅 위로 올라오자마자 강을 만들어서 강물이 숲 비탈을 따라 활기 없는 아라푸라 늪으로 정액처럼 콸콸 흘러가게 했다.

그 뒤 쿠르코 아코와르는 200피트나 되는 가파른 절벽을 기어 내려와 그 거대한 늪으로 들어갈 입구를 만들었다. 그는 후세들에게 그의 지나온 경로를 생각나게 해주기 위해 기억에 남을 만한 자취를 남겼고, 여행하면서 어떤 일이 벌어질 때마다 땅의 지형을 바꾸었다. 그가 땅 위에 만든 표시들은 인간들이 남기고 간 발자국 모양, 검게 탄 모닥불 자리, 여러 구멍들, 인간이 쓰레기 더미에 쌓아 둔 부서진 조가비나 뼈, 여러 가지 부스러기들 같은 것이었다. 이것들은 크기만 다르다. 쿠르코 아코와르가 휴식을 위해 잠시 멈출 때마다 그의 육중한 몸은 땅 위에 분화구 같은 웅덩이를 만들어 강물이 흘러들어오게 했다. 그가 멈춰서 똥을 누면 그 똥은 땅 속에 묻혀 흰 찰흙이 되었는데, 그것은 지금도 무른긴족의 의식에 귀중하게 쓰이고 있다.

쿠르코 아코와르는 마침내 그가 맨 처음 땅 위로 올라왔던 바위로 돌아와서 강물이 시작되는 자궁같이 생긴 땅 속으로 다시 들어갔는데, 그곳은 무른긴족 여성의 신성한 생식능력을 상징한다. 랄리구라크 구룸바 구룸바 씨족의 말에 따르면, 그는 지금도 지하에서 모닥불을 피우고 산다.

랄리구라크 구룸바 구룸바 씨족은 쿠르코 아코와르가 멋지게 땅의 모양을 만들며 여행한 것을 자신들이 만든 예술작품과 의식, 노래 속에서 다시 떠올린다. 그러나 그들은 쿠르코 아코와르와 다른 영웅적 조상들이 꿈의 시대에 한 여행과 괴상한 사건들을 기억하기 위해 그 이야기와 노래 속에 담긴 신비한 상징들을 자세히 살펴보거나 생각하지 않아도 된다. 그 지역의 식물, 동물, 땅의 모습 특히 쿠르코 아코와르와 같은 꿈의 시대 조상들이 처음 나타난 곳에서 나오는 신비한 상징들은 우리가 눈으로 보고 이해하려고 하면 영원히 풀 수 없다. 모든 생명체들을 살아 움직이게 하는 보이지 않는 지하의 기운이 드문드문 용솟음치는 이 신성한 장소들은 인간과 땅의 관계에서 가장 중요한 씨족 사람들의 집단 정서를 불러내는 근원지이다.

땅 위의 모든 지역은 무른긴족의 전통 계보, 혈연관계, 정체성으로 통합될 뿐만 아니라 무른긴족의 정신과도 통합된다. 따라서 땅과 그것이 지닌 독특한 색깔, 냄새, 윤곽들은 마치 인간 두뇌가 활동하는 것처럼 기능한다. 여기서 땅은 화학적으로 기억을 암호화하고 저장하는 인간 두뇌와 달리 그 자체가 살아 있는 과거의 저장소이다. 땅은 꿈의 시대로부터 암호화된 메시지와 단서, 윤리들을 다시 기억나게 해준다.

무른긴족을 비롯한 오스트레일리아의 여러 토착 원주민들은 전통적으로 금방 잊혀지거나 왔다 갔다 하는 인간의 기억을 보강하기 위해 지난 일들을 문자로 기록하거나 오래된 유물을 남기지 않았기 때문에 모든 기억을 신성한 땅의 모습에 의존했다. 토착 원주민들에게 땅은 그들을 오랫동안 지탱해 온 창조 시대의 질서를 기억하게 하는 살아 있는 저장소이다. 그들의 세계관으로 볼 때 신성한 장소는 바로 개인과 집단의 역사, 또는 그 속에서 일어난 중요한 사건들을 다시 떠올리게 하는 상징이다.

장소가 지닌 이 중요한 의미는 무른긴족의 감수성에 매우 깊이 스며들어 있어 일상에서 되풀이되는 인사에도 그런 내용이 들어가 있다.

무른긴족 두 사람이 처음 만나면 서로 상대방의 지리적 기원이 무엇인지 묻는다. 무른긴족 사람들의 정체성은 씨족 토템과 태아 토템 두 가지로 구성되어 있으므로 이 두 가지 토템이 서로 같은지 다른지를 물을 것이다.

무른긴족 사람은 이방인을 만나면 맨 처음에 "당신은 어느 물에서 나온 거요?" 하며 그가 어떤 신성한 장소에서 잉태되었는지 묻는다. 그리고 나서 그의 씨족 토템이 속하는 신성한 지역이 어디인지 묻는다. 질문은 간단하고 솔직하다. 그것은 해부학적 은유를 써서 대대로 땅이 무른긴족 사람의 성장에 얼마나 큰 영향을 미쳤는지 분명하게 표현한다.

그는 다른 사람의 정체성이 무엇인지 자세히 살피면서 묻는다. "당신의 몸이 만들어진 곳은 어딥니까?"

8

돌고 도는 시간
자연의 흐름에 맞추기

> 시간이 흐름에 따라 무질서나 엔트로피가 증가하는 것은 우리가 화살과 같은 시간이라고 부르는 것, 흐르는 방향을 정하고 과거와 미래를 구분하는 것이 지닌 특징들 가운데 하나이다.
>
> _스티븐 호킹Stephen Hawking, 천체물리학자[1]

    우리 사회가 알고 있는 시간의 개념은 우주에 질서와 의미를 부여하는 세계관과 공유된 생각, 이미지들을 떠받치고 있는 여러 개의 기둥들 가운데 하나이다. 시간은 거대한 혼돈 상태에 빠질 수 있는 우주의 구성 요소들과 사건들을 하나로 묶어 주는 개념이다. 시간은 우연히 일어나는 사건들이 서로 어떤 관계를 맺고 어떻게 교류하는지 밝히고 그것이 상대적으로 영구적인지 일시적인지 설명한다. 또한 사물의 미래 형태와 운명을 추정해 밝힐 수도 있다. 어떤 의미에서 시간은 우주라고 하는 거대한 융단의 날실과 씨실이라고 할 수 있다. 따라서 문화적 한계를 지닌 인간의 상상력은 날실과 씨실을 이용해 융단을 짜는 직조공이라고 할 수 있다.

    덧없이 사라질 개인과 땅의 수많은 이야기들은 각각의 주어진 사회

안에서 끝없이 반복되는 시간의 흐름을 따라 펼쳐진다. 우리는 시간이라는 렌즈를 통해 모든 자연 현상을 보고 기록한다. 따라서 어떤 종족이 시간의 흐름을 보는 방식은 그들이 시간에 부여하는 특별한 "기하학적 구조"이며, 그들이 자연과 관계를 맺을 때 매우 중요한 역할을 한다.

"화살과 같은 시간"이라는 문구는 전통적으로나 심리적으로 서양인들이 시간을 연대기적으로 생각하고 있다는 핵심을 잘 묘사하고 있다. 이 말 안에 새겨진 깊은 뜻은 팽팽한 활시위를 떠나 보이지 않는 목표물을 향해 맹렬하게 날아가고 있는 화살이 다시 그 궤도를 거슬러 돌아갈 수 없는 것처럼, 시간도 일직선으로 순서에 따라 한 방향을 향해 간다는 것이다. 과거와 미래는 둘 다 무한하다고 볼 수 있다.

시간을 화살과 같다고 보는 것은 서양 문명과 사고의 기반이 된다. 시간을 직선으로 생각하는 것은 우리가 가장 소중하게 여기는 "진보"라는 개념을 만들어냈으며, 이것은 인간 사회와 기술, 사상이 끊임없이 점점 더 발전한다고 하는 집단적 믿음이 되었다. 시간이 직선이라는 생각은 서양 역사의 핵심 개념으로 의미가 뒤죽박죽 혼재되거나 퇴색되었을 과거 인류의 경험들을 "공식적으로" 하나씩 "중요도"에 따라 질서정연하게 연대순에 따라 깔끔하게 정리한다.

서양 세계관의 한 부분을 구성하는 서양 과학도 시간이 직선이라는 개념의 영향력 아래 있다. 앨버트 아인슈타인을 비롯해서 많은 21세기 물리학자들이 시간 개념을 탄성이론과 같은 미묘한 추상적 논리로 돌려 얘기했지만, 시간이 화살과 같다는 생각은 오늘날에도 과학적 사고의 원동력으로 작용하고 있다.

오늘날 천체물리학자들은 굴절되는 빛의 색깔을 바탕으로 멀리 떨어진 별의 생성 연대를 계산하고, 지리학자들은 방사성 물질인 우라늄-238의 분해방식을 이용해서 바위의 생성 연대를 알아낸다. 또한 진화생물학자들은 생성 연대를 알 수 있는 지층에서 발견한 화석의 흔적들을 모으거나, DNA와 다른 유전자의 화학적 결합 형태에서 나타나는 미립자 "시계"(진화 과정에서 단백질의 아미노산 배열에 생기는 변화-옮긴이)를 검사함으로써 다양한 생명 형태들의 연대기를 기록한다.

여전히 과학은 비록 부차적이기는 하지만 시간을 매우 다른 차원에서 인식하는데, "기하학"적으로 볼 때 순환하고 반복하는 것이라고 생각한다. 시간이 순환한다는 생각은 처음에는 역설적이고 심지어 이단적이라고도 할 수 있지만, 그것은 이미 우리 일상생활에 퍼져 있다. 계절이 순환하고, 포식자와 먹잇감의 수가 증감하며, DNA 복제가 일어나는 것처럼 우리에게 익숙한 자연계의 많은 흐름들은 더 커다란 직선적 시간 개념 안에서 시간이 순환하는 모습을 잘 표현해 주는 것이라고 볼 수 있다.

자연계에 "시간의 순환"이 널리 퍼진 것은 우연이 아니다. 반복해서 일어나는 생물학적 변화 가운데 많은 것이 해와 달의 순환 때문에 일어나는데, 이것은 땅 위에 있는 모든 생명체의 진화 과정에서 처음부터 끝까지 천체 활동의 "핵심" 구실을 했다. 지구가 태양 둘레를 따라 일년 내내 비스듬히 돎으로써 한 해는 여러 계절로 나누어진다. 지구의 자전은 해가 뜨고 지게 만들어 날마다 낮과 밤이 번갈아 오게 한다. 달은 한 달에 한 번씩 지구 둘레를 돌면서 지구의 중력을 밀고 당김으로써 바다에서 썰물과 밀물 작용이 일어나게 한다.

이러한 자연의 기본적인 순환 운동은 자연 전체로 퍼져나가며 모든 생물체들에게 큰 영향을 미치는 빛과 온도, 습도의 변화를 일으킨다. 이에 따라 생물의 진화에 영향을 미치는 요소들은 생물의 감각 능력을 발전시켜 이러한 변화를 이용할 수 있게 하고, 때로는 그것들을 생물의 내부에 매우 정밀한 생체 "시계"로 내장시키기도 한다.

북아메리카 중북부 지역에 있는 낙엽수림의 계절 변화는 시간이 돌고 돈다는 것을 보여 준다. 그 숲에서 자라는 단풍나무와 너도밤나무 같은 여러 종의 나무들은 계절마다 잎의 색깔이 바뀌고 낙엽이 지며 다시 새 잎이 달리는 것을 해마다 되풀이한다. 해안가에 사는 작은 농게의 껍질은 주기적으로 색깔이 바뀌는데, 날마다 달의 밝기에 따라 생체의 변화가 오기 때문이다. 또 담배, 콩을 비롯한 수많은 식물들은 하루 가운데 햇빛이 씨앗을 맺고 싹이 트기 가장 좋을 때에만 꽃을 피우기 시작한다.

찌르레기, 콩새와 같은 많은 새들의 짝짓기는 24시간 햇빛의 주기에 맞춰 비슷하다. 날다람쥐, 햄스터, 뿔 달린 엘크와 사슴, 심지어 인간을 포함해서 많은 포유동물들은 자연의 반복되는 현상을 반영하는 성장, 물질대사 활동, 습성을 보여 준다.

생물학자들은 어떤 의미에서 자연은 그 배후에 화살과 같은 시간이 일직선 방향으로 끊임없이 흐르고, 우주의 무질서를 뜻하는 엔트로피가 계속해서 늘어나더라도 돌고 도는 시간 속에 깊이 뿌리박고 있다는 것을 잘 안다. 이것을 좀 더 자세히 과학 이전의 생각으로 본다면, 시간의 순환 속에서 반복되는 자연의 운동은 생명을 확인하는 아주 중요한 순환 운동으로 그 정당성을 인정받을 수 있다. 많은 원주민들은 이 순환 운동이 언제나 모든 인간들의 숭배를 받을 만한 가치가 있는 신성한 것이며, 그 안에 모든 인간들에게 보내는 중요한 신호들이 가득 담겨 있다고 생각했다. 그들은 자연을 숭배하는 전통 의식들을 통해서 태초부터 계속된 자연의 순환—그리고 돌고 도는 시간 그 자체—이 "영원한 현재"—시간의 초월—로 상징적으로 재생되어 나타난다고 생각한다. 그들은 살아 있는 생태계와 정신세계 속에 나타나는 시간의 순환을 머릿속으로 추상화하기보다는 개인적으로나 집단적으로 직접 경험한다.

시간을 일직선으로 보는 개념과 순환하는 것으로 보는 개념은 원주민의 세계관과 서양의 세계관에 모두 있다. 그러나 서양 사회와 서양 과학은 주로 전자를 크게 강조하고, 후자는 우리의 일상생활이나 가치관, 경험들 같은 신변잡기를 설명하는 개념으로 무시했다. 이와 반대로 원주민 사회는 우주의 시간이 순환한다고 주장하며 그것을 여러 가지 종교 의식과 경외심으로 정당화했다. 서양인들은 시간을 수많은 사건들이 일렬로 늘어선 세속적인 것으로 보며, 자연이 보여 주는 감동적인 정신과 생태의 무한성을 한갓 지나가는 일시적 느낌으로 매도한다. 원주민의 눈으로 볼 때 이 똑같은 우주는 영혼과의 만남 또는 노래와 의식, 꿈과 창조 신화를 통해 인간의 감각이 경험한 것들을 하나로 연결하는 거대한 연속체로써 무한한 우주와 신화의 시간이라는 신성한 소용돌이로 합쳐진다.

신성한 자연의 순환과 그것을 유지해야 하는 인간의 의무와 같이 옛날 원주민들이 자연에 대해 가지고 있었던 이미지들은 서양인들이 소중히 여기는 시간의 개념을 전혀 위협하지 않는다. 오히려 그 이미지들은 서양인과 원주민에게 공통으로 유용한 사고의 기반을 제공할 수 있다. 또한 그것들은 시간의 순환에 대해 서양인들이 과학적으로 건강한 생각을 할 수 있도록 안내할 수도 있다. 시간의 직선적 특성과 순환적 특성을 따로 구분하지 않고 서로 혼합해서 하나의 통합된 시간 개념을 만들 수 있다. 우리가 "나선형" 시간이라고 부르는 것이 서양인의 시간 개념을 바꿈으로써 서양 사회를 바꾸게 할 수 있다.

"나선형 시간"의 관점에서 볼 때 세상의 창조와 멸망, 신화에 나오는 영웅의 행위와 어리석은 짓에 대한 원주민들의 전통적인 이야기들은 새로운 시각에서 더 신중하게 다뤄져야 할 것이다. 우리는 이것들이 우리 생태계의 앞날을 예견할 수 있는 일종의 신비한 "마법의 수정 구슬" 역할을 할 수 있다고 주장하고 있는 것은 아니다. 그러나 이 현명하고 "시간을 초월한" 이야기들 가운데 많은 것은 모든 인류에게 적용될 수 있으며, 오늘날 괘종시계의 똑딱거리는 소리에 맞춰 흘러가는 시간을 자연의 계절이 순환하는 것과 맞물려 돌아가게 할 수 있다. 서로 다른 문화의 이야기들은 반복되는 인간의 위기와 절망을 자세하게 예견할 수는 없다. 하지만 과거에 반복되었던 행태들—성장과 쇠퇴, 탄생과 죽음, 생태의 파괴와 재생의 거대한 순환—이 다시 나타날 수 있고, 아마도 다시 나타날 것이라는 사실을 일깨워주는 인간의 본성과 자연에 대한 계시적 통찰을 담고 있다.

1년을 순록의 활동 주기에 따라 나누다[2]
북아메리카 북극권 툰드라 지대의 이누이트족

> 생명은 오래 전에 시작됐다. 생명이 언제 시작되었는지 정확하는 모르지만 그것은 적어도 우리 인간이 태어나기 3,600만 년 전이었다. 이렇게 먼 세월은 우리의 상상력을 무감각하게 마비시킨다.
>
> _제임스 러브록, 화학자[3]

이누이트족은 태양력의 계절 순환에 따라 시간의 경과를 표시하고, 그에 맞춰 자신들의 생활 주기도 지역 환경에 알맞게 적응한다.

이누이트족은 이렇게 자연이 순환하는 모습을 동지나 하지 또는 보름달과 같은 천체 현상으로 표시하지 않고, '5월이면 사랑스러운 산림순록 떼가 그들의 땅으로 돌아온다'고 하는 식으로 생활 속에서 확인한다. 이누이트족의 전통 사회에서 산림순록은 가장 중요한 동물이다. 산림순록들이 계절에 따라 이동하는 것은 이누이트족에게 거친 자연 환경 속에서 그들의 생존에 없어서는 안 될 중요한 고기와 짐승가죽, 뿔을 구할 수 있다는 것을 알려 주는 신호이다. 이누이트족의 우주에서 시간은 해마다 이동하는 산림순록의 생활사와 이누이트족의 삶이 서로 교차하는 때로 표시되며 조용히 변하는 달의 모습이 이것을 뒷받침한다.

금세기 초 크누드 라스무센Knud Rasmussen과 인터뷰한 이기우가리우크Igyugaryuk라는 이누이트족 남성에 의하면, 툰트라 지대에서 이누이트족의 한 해는 16개의 절기로 나누어진다고 한다. 각 절기는 지역의 자연 환경에서 반복되는 달의 변화나 생물학적 사건과 밀접한 관련이 있다. 이런 변화와 사건이 모여 한 주기를 구성하는데 이 시간의 순서에 따른 생태적 통합의 과정은 해마다 되풀이되는 즐거운 놀이의 장이며, 자연 그 자체만큼이나 유연하고 성장과 재생을 주기적으로 반복한다.

아테르위크Ate'rwik는 이누이트족의 한 해가 시작되는 달이다. 이누이트 말로 된 이 달의 이름을 번역하면, 산림순록이 남쪽 숲에서 베이커 호수Baker Lake로 내려가는 달이다(5월 초 무렵).

두 번째 달은 아비타크Avitaq, 갈라진 달이라는 뜻으로 산림순록이 이동하는 때이다. 이 시기에는 눈 덮인 땅도 있고 그렇지 않은 땅도 있으며, 강물이 녹은 곳도 있고 아직 얼어붙은 곳도 있다(6월 무렵).

칸라라크Kanralak는 산림순록이 털갈이를 하는 시기다(7월 초 무렵).

아타인Atayn은 입을 벌리고 있는 것이라는 뜻으로, 새 둥지에서 어린 새가 먹이를 달라고 입을 벌리고 있는 모습을 보기 시작하는 때이다(7월 말 무렵).

투크투니그피크Tuktunigfik는 산림순록이 오는 달로 근처의 호수와 평원 지역에서 새로운 산림순록 떼가 오는 것으로 시작된다(8월 무렵).

아쿠글레로르피크Akuglerorfik는 산림순록의 털이 중간 정도 자라는 달이다. 이누이트족 사냥꾼들은 산림순록의 털이 아주 짧지도 않고 가늘지도 않은 때를 예리하게 알아낸다(8월 말 또는 9월 초 무렵).

아메라이야르위크Ameraiyarwik는 산림순록의 뿔이 자라기 시작하는 달로 산림순록의 일생에 큰 변화가 일어나는 때이다(9월 말 무렵).

니클리하으위크Nikliha'rwik는 추워지기 시작하는 달로 물이 고여 있는 작은 웅덩이에 살얼음이 어는 때이다(10월 초 무렵).

히코하르위크Hikoha'rwik는 큰 호수도 살짝 얼기 시작하는 달로 최초로 얼음이 언 것을 기념한다(10월 말 무렵).

누리아르위크nuliarwik는 산림순록이 짝짓기를 하는 달이다(11월 무렵).

카타가리브위크katagarivwik는 수컷 산림순록의 뿔이 떨어지는 달이다(12월 무렵).

이트리비크itlivik는 중요한 것을 저장하는 달로 암컷 산림순록이 새끼를 배기 시작하는 때이다(1월 말에서 2월 초 무렵).

아우그니위크auwgniwik는 유산하는 달이라는 뜻으로 날씨가 몹시 춥고, 극심한 추위와 폭설로 먹을거리를 구하기 힘들기 때문에 암컷 산림순록들이 유산을 많이 한다(2월 말에서 3월 초 무렵).

타르쿠에나크tarquenaq는 이름 없는 달이라는 뜻으로 특별히 조심해야 하는 때이다. 사람들은 심각한 굶주림으로 고생할 수 있고 따라서 특별히 신성한 영의 가르침에 복종하고 금기사항들을 잘 지켜야 한다(3월 무렵).

투키리아르위크tukiliarwik는 산림순록이 떠나기 시작하는 달로 남쪽의 산림순록 떼들이 분주하게 북쪽으로 이동하기 시작하는 때이다(4월 무렵).

이누이트족의 한 해를 마감하는 이민그나르키브위크imingnarqivwik는 지붕이 무너져 내리는 달이다. 이때쯤이면 태양의 온기가 더 강해져서 얼음과 눈으로 지은 이누이트족의 집이 녹기 시작한다(5월 초 무렵).

다시 산림순록이 내려가는 달인 아테르위크가 돌아오면서 이누이트족의 한 해가 시작되고, 태양의 움직임에 따라 이동하는 고귀한 산림순록의 생활사도 새로 시작된다.

이런 방식으로 이누이트족은 우주 안에서 기본적으로 작용하는 천체의 순환 활동뿐만 아니라, 땅에서 눈으로 볼 수 있는 생활, 경험, 기억들의 형태로 반복해서 일어나는 더욱 미묘하고 막연한 생태의 순환 활동에도 경의를 표한다.

백조의 시간[4]
캐나다 북동부 브리티시컬럼비아 주 둔네자족(비버족)

> 이 왜가리들은 현재라는 제한된 시간이 아니라 더 넓은 진화의 시간 속에서 존재하며 살고 있다. 해마다 이들이 다시 돌아오는 것은 땅의 시계가 똑딱거리는 소리를 내며 …… '그리고' 우리가 어느 늪지대에선가 느낄 수 있는 슬픔은 아마도 그 늪이 한때 왜가리들의 서식처가 되었던 적이 있기 때문일 것이다. 이제 그 늪은 역사 속에 떠돌며 초라하게 남아 있다.
> _알도 레오폴드, 생태학자[5]

캐나다 북극 지방 아래 숲에서 대대로 사냥을 하고 사는 둔네자족은 언제나 순환하는 자연의 흐름을 따라 이동하며 살았다. 실제로 둔네자족의 자연관과 정신세계에서 이런 순환은 무척 핵심적인 부분인데, 이들이 사는 우주는 살아 있는 순환 고리들로 가득 차 있고, 각 고리들은 서로에게 영향을 미치며 모든 것을 품고 있는 거대한 시간의 순환 속에서 서로가 동조한다.

1964년부터 둔네자족을 연구하고 글을 써 온 캐나다 인류학자 로빈 라이딩턴Robin Ridington은 둔네자족이 시간의 순환에 대해 가지고 있는 이미지들을 설득력 있게 보여 주는 몇 가지 사례들을 제공한다.

현명한 둔네자족 원로는 아직 어린 둔네자족 젊은이에게 신성한 지식을 전달하는 동안 주위를 맴돌면서 서로의 몸을 만지게 한다. 둔네자족 사냥꾼은 그가 뒤를 밟아 사냥해서 먹고 감사해야 할 동물에 대한 꿈의 계시를 받는 동안 꿈 속에서 주위를 맴돌며 그의 사냥감을 만진다.

같은 방식으로 작렬하는 태양은 날마다 지구 주위를 맴돌면서 지평선 위의 서로 다른 곳을 비춘다. 그리고 북쪽에서 남쪽으로 뜨고 지는 것을 반복한다. 또 만물이 번식하는 봄이 오면 한 쌍의 뇌조는 화려하게 날개를 펄럭이고 서로 원을 그리며 짝짓기 춤을 추면서 내면의 깊숙한 욕망을 밖으로 표출한다.

철따라 이동하고 있는 백조 무리들도 마찬가지인데, 이들은 겨울이 북쪽 숲에 매서운 추위를 몰고 오면 물이 흐르는 남쪽으로 날아가기 전에 거대한 날개를 천천히 펄럭이며 하늘 위를 맴돈다.

계절이 여름에서 겨울로 바뀌는 동안 태양이 새벽부터 저녁까지 하늘을 가로지르며 천천히 남쪽으로 이동하는 것처럼, 둔네자족 가운데 현명한 지혜를 가진 꿈꾸는 사람의 정신도 그가 또 다른 날이 돌아오기를 바라며 머리를 동쪽으로 향하고 땅바닥에 누워 있는 동안 선회한다.

꿈꾸는 사람들은 노래를 부르며 무아지경에 빠진 채 둔네자족 사람들 모두를 위해 앞서 꿈을 꿀 수 있는 능력을 타고난 사람들이다. 이들은 자신들의 정신이 그리는 궤도와 백조의 날갯짓이 그리는 궤도가 일치한다는 것을 잘 안다. 꿈꾸는 사람의 정신은 하늘 높이 떠올라 위험을 무릅쓰고, 알지 못하는 조상들의 세계로 원을 그리며 날아갔다가 더 지혜롭게 다시 태어나서 되돌아온다. 백조도 가을이 되면 미지의 남쪽 지방으로 장관을 이루며 날아가는데, 다음해 봄이 오면 다시 원기를 회복하고 되돌아온다. 오늘날 둔네자족의 꿈꾸는 사람인 찰리 야헤이Charlie Yahey의 노래 가운데 이런 구절이 나온다.

> 백조들은 가을에 불운에 빠져 굶주릴 때도 하늘을 날아
> 죽지 않고 하늘나라에 똑바로 갈 수 있네
>
> 백조들은 신이 만든 큰 동물들 가운데
> 죽지 않고 하늘나라에 갈 수 있는 유일한 동물이네

작렬하는 태양과 무아지경에 빠진 꿈꾸는 사람의 의식은 서로에게 빛을 비춰 서로를 더 밝게 한다. 이때 꿈꾸는 사람은 야가툰네Yagatunne, 하늘나라로 가는 길이라는 뜻의 노래를 부르며 몸은 땅에 놔두고 정신은 백조처럼 하늘을 날아 조상들의 세계로 간다.

우주적 시간의 진동[6]
미국 남서부 지역 나바호족

> 우주의 화살 같은 시간은 …… 우주가 축소되는 것이 아니라 확대되는 방향으로 간다.
> _스티븐 호킹, 천체물리학자[7]

전통 나바호족 원주민들은 온 세상 사람들처럼 태어나서 죽을 때까지 세월의 흐름과 조상 대대로 끊임없이 이어지는 세대의 행렬처럼 그들의 일상생활 속에서 일직선으로 흘러가는 시간을 경험한다.

한 나바호족 원주민의 삶이라는 소우주 안에서 시간은 직선(가끔 돌

아가기도 하지만) 또는 모나거나 뱀처럼 구불구불한 선으로 상징된다. 나바호족 원주민들은 영원永遠을 말할 때 "내가 늙어서 죽을 때까지 또는 내게 주어진 시간이 완전히 끝날 때까지"라고 표현한다.

그러나 우주의 차원에서 볼 때 나바호족의 시간 개념은 유한한 인간 중심의 허상을 버리고 순수한 원이라는 것을 분명하게 보여 준다. 나바호족은 자연에서 활발하게 일어나는 사건들과 현상들을 보면서 광대한 우주 안에서 시간이 순환한다는 것을 확실하게 이해한다.

시간의 순환은 나바호족의 이야기에서 우주가 오랫동안 엄청난 크기로 늘었다 줄었다를 반복하는 모습으로 나타난다. 이런 반복 과정은 신화와 원시 시대 때부터 시작했다. 새로 만들어진 땅과 하늘은 강제로 최초의 중심에서 바깥으로 잡아당겨졌다 놓아졌다 하는 반복되는 현상으로 일어났는데, 창조 기간 내내 이 진동은 완벽하게 대칭을 이루고 되풀이되었다. 그러다 어느 순간 극대화되면서 마침내 우주의 중심에서 세상이 다시 솟아오르며 창조되었다.

시간의 순환은 옛날 성스러운 사람들의 위대한 모험을 둘러싼 창조 신화에서도 등장한다. 최초의 남녀와 최초의 다른 원시적 존재들은 지구를 보살피는 중심에 있는 어두운 근원에서 지표면을 향해 길을 냈다. 이들은 지표면의 신성한 구멍을 통해 올라온 후 사방으로 흩어져 새로운 세상에 나바호족을 널리 퍼뜨렸다. 한편, 죽은 나바호족의 영혼은 위대한 신화의 순환 속에서 끊임없이 신성한 구멍으로 다시 돌아간다. 이런 방식으로 삶과 죽음, 신화의 시간과 현세의 시간이 함께 결합하고 동시에 자연계에 질서를 부여한다.

최초의 남자, 최초의 여자, 최초의 잔소리꾼, 최초의 검은 신, 그리고 최초의 다른 존재들은 신성한 최초의 호간 안에서 서로 힘을 모아 다양한 새 생명체들을 만들고, 하늘 위에 천체들의 자리를 정하면서 태초의 지구를 창조했다. 최초의 남자는 호간의 지붕에 이 세상의 축소판을 새겨 넣은 뒤 태양이 움직이는 모습을 그렸는데, 먼저 한 해를 여름과 겨울 둘로 나누고 여름과 겨울을 따로따로 열두 달씩 나누었다.

그러나 어느 창조 신화에 보면 최초의 잔소리꾼이 한 해를 너무 많은 달로 나누었다고 불평하는 내용이 나온다. 그는 "시간이 너무 길다. 여기도 열두 달이고 저기도 열두 달이다. 그건 절대로 안 된다."고 큰 소리쳤다. 그리고 "그러지 말고 여섯 달씩 나누자."라고 말한다. 또 다른 신화를 보면 성스러운 사람들은 달마다 특징이 되는 것을 연상시키는 이름을 붙여 한 해 한 해 거듭되게 했다. 예를 들면, 11월은 연약한 바람의 달, 4월은 우아한 잎사귀의 달, 8월은 열매를 크게 만드는 달이라고 했다. 이들은 각각의 달을 축복하고, 그것들로 하여금 땅 위의 모든 생명체들이 성장하고 다시 태어나는 거대한 순환 고리에서 한 시기를 담당하게 했다. 각 달은 산양이 짝짓기를 하는 때, 사슴이 뿔을 갈 때, 영양이 새끼를 낳는 때, 과일이 무르익는 때를 하나씩 맡도록 했다.

나바호족의 우주론은 현실을 구성하는 전체 우주의 시간이 순환한다고 주장하지만, 우리에게 익숙한 자연의 순환 운동들이 영원히 우주의 북소리 구실을 할 것이라고 말하는 것은 아니다. 이와 반대로 많은 나바호족 사람들은 인간이 현재의 반복되는 우주의 흐름 속에서 자신들을 언제나 지켜주었던 이 자연계를 무차별적으로 약탈하는 것을 볼 때 매우 불확실한 삶을 살고 있다고 믿는다. 그리고 앞으로 몇 세대가 흐르면 마침내 지구와 모든 생명체들은 또 다른 천지개벽을 겪을 것이라고 믿는다.

　세상의 멸망이 얼마 안 남았다고 경고하는 나바호족의 예언은 어떤 지역에서는 몹시 불편한 소식일 것이다. 그러나 나바호족이 생각할 때 그것은 아주 기묘하게도 위안이 되는 소식이다. 왜냐하면 그것은 위대한 우주의 평형을 맞추는 또 하나의 표현이며, 다시 한 번 지구가 아름답고 멋진 웅장한 모습으로 돌아갈 것이기 때문이다.

시간의 순환과 인과 관계[8]
캐나다 브리티시컬럼비아 중부 지역 긱산족, 웨추웨튼족

> 각 시대는 거기에 맞는 자연의 모형을 찾는다. 고전적인 과학에서 그것은 시계였다. 산업혁명이 한창이던 19세기 과학에서 시계는 멈춰서 있는 기계장치였다. 이것은 우리에게 무엇을 상징하는가? …… '아마도' 정지와 운동, 붙잡힌 시간과 흘러가는 시간이 서로 만나는 지점은 아니었을까.
> ＿일리야 프리고진Ilya Prigogine, 물리학자, 이사벨 스텐저스Isabelle Stengers, 화학자[9]

　오늘날 긱산족Gitksan族과 웨추웨튼족Wet'suwet'en族은 브리티시컬럼비아 내륙 산악 지대에 있는 2만 2,000평방마일 크기의 영토에 대한 법적 소유권을 얻기 위한 위대하고 길고 긴 투쟁을 함께하고 있다. 이들에게 시간은 직선이 아니라 원이다. 긱산족과 웨추웨튼족은 1987년 5월 11일 브리티시컬럼비아 대법원에서 발표한 감동적인 공개 성명서에서 시간의 순환에 대한 자신들의 문화 개념이 서양 문명에서 말하는 것과 어떻게 전혀 다른 인과 관계를 낳았는지 밝히기 위해 노력했다.

　대대로 이 부족들의 추장들은 오늘날 지배적인 서양의 세계관에서 시간은 직선이라고 증언했다. 한 사건은 시간이 오직 한 방향을 향해서 일직선으로 나아갈 때만 또 다른 사건을 낳는다. 그러나 긱산족과 웨추웨튼족의 전통 세계관에서의 시간은 현세의 사건들과 자연현상들뿐만 아니라, 비현실적인 꿈, 주술적 여행, 직선적 시간을 부정하는 여러 가지 황홀한 경험들도 중간 매체로써의 역할을 해야 한다. 여기서 시간은 돌고 도는 원이 된다. 결국 긱산족과 웨추웨튼족이 볼 때 인과 관계는 곡선을 그리며 원을 따라 돈다고 믿는다.

시간이 순환한다는 긱산족과 웨추웨튼족의 생각은 일상 속에서 자신들의 정체성과 역사를 함께 느끼게 한다. 이 생각은 원주민들의 윤리관을 만드는 바탕이 되고, 자연에 대한 자신들의 의무를 반복해서 되새기게 하며, 이 세상에서 겪는 경험들을 설명해준다. 이들이 생각하는 순환적 세계관은 역사를 사건과 결과의 인과 관계로 밝히는 서양의 세계관과 전혀 다르다. 우리가 인과 관계를 순환한다고 생각할 때 계절마다 바뀌는 자연, 오래전에 죽은 조상들의 삶, 신화 시대의 창조와 변형은 오늘날에도 끊임없이 현실에 강한 영향을 준다. "과거"의 사건들은 단순한 역사가 아니라 현재와 미래에 직접적으로 영향을 주는 중요한 것이다. 이것은 마치 불교나 힌두교에서 어떤 한 사람의 행동이 한 생명 또는 한 세대를 뛰어넘어 더 멀리까지 영향을 미친다고 생각하는 것처럼, 긱산족과 웨추웨튼족에게 "올바르게 행동"해야 한다는 무거운 윤리적 책임감을 느끼게 한다.

긱산족과 웨추웨튼족의 우주 전체는 시간과 인과율이라는 순환 축을 중심으로 돈다. 이들 부족의 추장들은 대대로 이 생각이 바로 인간과 지구 위의 모든 생명체들을 함께 묶어 주는 원시의 연결 고리라고 생각하며 매우 소중하게 믿었다. 긱산족과 웨추웨튼족이 지닌 정신의 눈으로 볼 때, 인간은 다른 생명체들과 다르지도 않고 그들보다 우월하지도 않다. 인간은 소용돌이치는 거대한 다층의 우주적 생명 순환의 일부분일 뿐이다. 자연 세계는 인간, 동물, 정신 세계가 서로 끊임없이 이어진 연속체로 떠오른다.

인간 개개인의 업적과 운명을 자연 세계와 연결하는 삶과 죽음의 거대한 순환은 인간과 먹이 사이의 관계를 규정한다. 서양 사회는 동물들을 그저 "천연자원"으로 바라보지만, 긱산족과 웨추웨튼족은 그들을 같은 동족으로 본다. 이들은 동물들의 영혼이 정당하게 존중받는다면 인간처럼 다시 환생할 수 있다고 믿는다.

긱산족과 웨추웨튼족은 인간과 동물은 죽은 뒤에도 가장 중요한 영혼이 그대로 남아 있을 수 있다고 믿는다. 그러나 이것은 그 영혼이 적절한 존중을 받을 때에만 일어난다. 어떤 사냥꾼이 잘못해서 이 전통적 행동 규범을 어김으로써 그가 사냥한 동물의 고기를 함부로 훼손한다면, 피로 얼룩진 그 동물의 시체에 남아 있던 영혼의 불꽃이 다시 태어날 수 없게 된다. 그러면 동물의 영혼은 다시 인간을 위해 그 자신을 희생하지 않을 것이며, 앞으로 그 동물의 수도 점점 줄어들 것이다.

원주민들은 동물과 물고기가 지성과 능력을 지닌 사회의 일원이라고 생각하며 인간과 서로 작용하여 어떤 일이 진행되는 과정에 영향을 미칠 수 있다고 믿는다. 이 생명체들은 환생 과정을 통해 미래와 현재를 창조하는 구실을 한다. 사냥꾼의 행동과 존재의 영원한 순환 고리들과 상호작용한다. 따라서 그가 선택한 행동의 결과는 그의 가족과 공동체가 앞으로 살아남는 데 영향을 미치면서 그에게 "다시 돌아온다". 인간은 특별히 아주 절박한 경우가 아니면 땅과 그 위에 사는 생명체들을 안전하게 보호해야 하는 의무를 저버릴 수 없다. 시간은 과거, 현재, 미래를 인과 관계로 연결하며, 인간들로 하여금 조상들의 지혜로운 관습과 시대를 초월하는 부족의 행동 규범을 지키고 따르도록 이어준다. 긱산족과 웨추웨튼족은 시간과 인과율의 모양을 원이라고 생각함으로써 인간의 업적과 악행이 결국 우주의 곡선을 따라 달리다 시간의 가장 안쪽과 바깥쪽에서 서로 만날 것이라고 믿는다.

우리가 먹어 치운 숲으로 측정한 시간[10]
베트남 므농 가르족

> 만일 해, 계절, 물, 인간의 삶이 순환하는 것이 진실이라면 "모든 것에는 때가 있다"는 말은 그 순환의 단계마다 이루어지는 것이 다르다는 것을 함축한다. …… 우리는 이 세상에 새 것은 아무것도 없다는 사실을 깨달을 때에만 모든 것이 새로워진다는 생각으로 열심히 살 수 있다.
>
> _노스롭 프라이 Northrop Frye, 문예비평가[11]

베트남 중남부 안쪽, 산세가 험한 고지대에서 오랫동안 살아온 므농 가르족Mnong Gar族 원주민들은 열대우림 한쪽을 개간한 밭에서 기른 작물들을 수확하고, 그것들이 다시 자라는 것을 보면서 시간이 흐르는 것을 안다.

이웃 부족들에게는 "숲의 사람들"이라는 뜻의 피브레Phii Brêe라고 알려진 므농 가르족은 반半유목생활을 하며 화전에서 농사를 짓는데, 이 지역에 사는 인도차이나인들 가운데 가장 오래된 문화를 유지하고 있다. 이들은 대부분 중앙 크롤크노Krong Knô 강둑을 따라 모여 산다. 이곳의 사나운 강물은 울창한 숲, 언덕과 계곡, 고원 지대로 둘러싸인 산채에서 폭포로 떨어져서 메콩Mekong 강으로 흘러간다. 이 강물은 다시 인구가 밀집한 베트남 남쪽의 해안 저지대에 있는 논을 지나 바다로 굽이치며 흘러나간다.

므농 가르족은 밀림 속의 땅을 힘들여 일궈 만든 '미르miir'라고 하는 개간지 옆에 기다란 초가집들을 지어서 작은 마을을 세운다. 이들은 비옥한 열대 토양에 일시적으로 벼를 비롯한 여러 가지 채소 작물들을 심어서 닭고기나 물소고기와 함께 주요 식량으로 삼는다. 므농 가르족은 이 논밭의 비옥도가 떨어지면 필요한 물품만 챙겨서 자신들의 구역 안에 있는 새로운 땅으로 이동하는데, 그곳에 도착하자마자 곧바로 새 집을 짓고 새로 재배할 작물의 씨앗을 뿌린다.

이들은 이렇게 이곳저곳을 옮겨 다니다 마침내 맨 처음 살았던 곳으로 되돌아오는데, 그곳은 이미 초목이 무성하게 자라 있다. 므농 가르족은 보통 10~20년 동안 같은 장소로 되돌아오지 않는다. 그러나 이들은 한때 자신들을 먹여 살렸던 숲 속의 작은 땅을 잊지 않는다. 므농 가르족과 함께 살면서 그들을 연구했던 프랑스 인류학자 조르주 콩도미나Georges Condominas에 따르면, 실제로 1950년대까지만 해도 이들은 자신들이 개간한 밀림 속 땅들의 위치와 겉모습을 자세하게 기억해 두었다가 그것으로 시간이 흐르는 것을 확인했다고 한다. 콩도미나가 관찰한 바로는 이들이 시간의 경과를 확인하는 유일한 방법은 자신들이 해마다 작물을 재배하기 위해 끊임없이 개간하거나 화전을 일군 땅이 어떻게 바뀌었는지 조사하는 것이다.

므농 가르족에게 시간은 추상적인 것이 아니다. 개인이나 부족이 시간을 직접 몸으로 느낀다. 시간은 직선적이거나 우주적이지 않으며 어떤 표준 공식도 없다. 시간은 순환하며, 자신들이 사는 지역과 관련이 있고, 성장과 소멸이 자연스럽게 되풀이되는 자연 현상의 일부일 따름이다. 따라서 므농 가르족은 같은 태양력이라도 마을마다 서로 다른 이름으로 부르는데, 이것은 그들이 생각하는 시간의 길이, 자기 생활과 밀접한 관계가 있는 숲과 토양에 대한 고유한 생각들을 반영한 것이다. 각 마을은 자신들이 정한 그 기간 동안 자기 땅 가운데 한 부분을 "먹는" 것이다.

예를 들어, 콩도미나가 1940년대 말에 146명의 므농 가르족 원주민과 함께 살았던 사르루크Sar Luk 마을은 "1949년"(이들 원주민은 1948년 11월 말에서 1949년 12월 초까지 농사를 지었으므로)을 '돌의 영혼 구Gôo의 숲을 먹다'의 해라고 명쾌하게 불렀다. 므농 가르족은 모든 해의 이름을 이와 비슷하게 지었다. 므농 가르족이 지은 해의 이름 중 "~의 숲을 먹다"(므농 가르족 말로 히사브리Hii saa brii)는 자신들의 삶을 지탱해주고 특히 그들이 조금씩 "먹어 치우는" 숲을 표현한 것이다. 그리고 "돌의 영혼 구"는 므농 가르족이 그해에 농사를 지은 특정한 땅의 위치를 말하는데 보통 한 곳에서 두 번 정도 농사를 짓는다. 따라서 똑같은 이름의 해가 10년 또는 20년을 사이에 두고 두 번 나누어 나온다.

므농 가르족 원주민들은 자신들을 "먹여 살리는" 숲의 운명을 시간을 헤아리는 전통 계산 방식에 짜 맞춤으로써 실제로 땅에 대한 그들의 경외와 존경을 현실에 적용했다. 이들은 가족에게 먹일 곡식의 씨앗을 뿌리고, 끊임없이 조상들과 신성한 관계를 유지해야 하기 때문에 밀림을 베고 태워서 개간한다. 그러나 이들은 그 과정에서 자신들의 신성한 땅에 영원히 헌신할 것을 약속한다. 또한 살아 숨쉬며 순환하는 시간 속에서 숲의 덧없는 처지를 기념함으로써 자신들의 삶 속에서 일어나는 사건들과 자연 그 자체의 모습을 지도로 그린다.

므농 가르족의 숲을 향한 깊은 존중과 과도한 "탐식"의 금지는 아무도 손대지 않은 오래된 숲이 원시 그대로 보존되는 현실에서 잘 나타난다. 원주민들은 모두 이렇게 완벽한 모습으로 잘 자란 숲을 신성한 공간으로 생각한다. 잘 자란 숲은 영혼들이 사는 곳이다. 따라서 절대로 인간의 손을 타면 안 되는 곳이다.

므농 가르족의 땅 사랑은 숲에만 한정되지 않고 모든 것을 품에 안는다. 1949년 9월, 콩도미나는 사르롱Sar Long이라는 이웃마을에서 있었던 자연의 재생을 기원하는 전통 행사를 목격했다. 이 행사는 '위대한 흙 잔치'라는 뜻의 니이트동Nyiit Döng이라고 부르는데 땅의 영혼, 흙의 영혼과 같은 많은 자연 요소들을 기리는 정성스러운 기도에 이어서 계속되는 음악과 납작한 징 연주, 가축 공양, 행사에 쓰이는 거대한 대나무 막대기들이 잔치의 흥을 돋운다. 위대한 흙 잔치에서 생명을 부활시키는 중요한 의식들 중에는 신성한 남자 한 명이 세상의 근원을 찾아 회고하는 "징 말하기"라는 노래를 부르는 시간이 있다. 이 노래는 므농 가르족이 신성한 영혼의 뿌리와 덧없는 개체, 조화로운 자연 세계의 생태적 통합에 대해 어떻게 생각하는지 알 수 있게 해준다.

태초에 땅에는 진흙만 있었네,
그것은 느두Nduu와 느도Ndoh의 땅이라네

태초에 땅에는 땅벌레들만 있었네,
일곱 마리가 외로이 그 위를 기어 다녔네
태초에 땅에는 대나무 싹들만 있었네,
숲 하나만 한가로이 그 위에서 자랐네
태초에 땅에는 야생 식물들만 있었네,
그것들은 작은 땅 한 떼기만 덮었네

끝으로 위대한 흙 잔치에 참여한 원주민들은 일렬로 서서 쌀로 만든 술과 쌀 한 줌, 버펄로 고기 한 점을 대나무 통에 채워 자기 밭이 있는 숲 속 개간지를 지난다. 이들은 마을로 조용히 되돌아오기 전에 자신들이 앞 세대들과 함께 "먹어 치운" 숲의 땅에게 진심으로 감사의 기도를 드린다.

나는 당신에게 (이 음식을) 드립니다. 땅의 영혼이여,
숲의 영혼이여, 푸른 나무들의 영혼이여,
숲의 영혼이여,
마을 터의 영혼이여.
당신은 벼가 자라라고,
불을 삼키라고 명합니다.
내 어린 아우들을 이끌고
내 형들을 이끌고
내일 그리고 모레
나는 다시 똑같은 방식으로 행동할 겁니다.

9

새로운 세상

자연의 조화 이루기

> 자연은 일찍이 생명체의 역사에서 다른 생명체들이 살았던 서식지에 새로운 생명체들이 잘 적응할 수 있도록 만들었다. 태곳적부터 홀로 진화한 생물은 하나도 없다. 모든 사회는 마치 하나의 생물체인 것처럼 진화했다. 따라서 모든 진화는 공진화이며 이제 생물권은 서로가 서로에게 의존하는 관계이다.
>
> _빅토르 쉐퍼Victor B. Scheffer, 해양 포유동물학자, 저술가[1]

> 인구가 급증함에 따라 자연과 인간 사회의 구조에 대한 과학적 개념을 둘 다 바꿔야 할 때가 왔다. 따라서 인간과 자연, 인간과 인간 사이에 새로운 관계를 맺을 필요가 있다. 우리는 더 이상 과학적 가치관과 윤리적 가치관을 구별하는 옛 편견을 받아들일 수 없다.
>
> _일리야 프리고진, 물리학자, 이사벨 스텐저스, 화학자[2]

생명과학은 인간이 자연의 안녕과 영원을 보장해야 한다는 것을 가르칠 수 있을까?

현대 생태학자들은 수십 년 동안 자연을 연구하면서 시스템생태학과 인구생태학이라는 커다란 붓놀림으로 자연을 그린다. 시간이 흐르면서 생태학자들은 이젤 위에 거대한 캔버스를 올려놓고 끊임없이 살아 움직이는 생태계를 여러 가지 색깔의 과학을 섞어 그린다. 수많은 바다 미생물이 떠다니고 커다란 녹조류들이 물결에 일렁이며 무척추생물들이 바위에 꼭 달라붙어 있는 바닷가 생태계를 그리고, 멀리 지평선이 걸쳐 있고 이끼들이 바닥을 덮고 차가운 서리로 나무들의 성장이 힘든 북극 툰드라 지대의 생태계를 그린다. 또한 이상하게 생긴 냉

혈 물고기들이 조용히 헤엄치고 햇빛이 비치는 환한 곳의 잔해들 밑에서는 작은 갑각류들이 입을 벌린 채 느긋하게 휴식을 취하는 어두운 심해의 바닥도 그린다.

그러나 평범한 사람들은 도대체 이 솜씨 좋은 과학적 모형들 어디에서 이렇게 조각조각 쪼개진 생물권과 그것의 생태적 평형을 보호해야 하는 윤리적 의무를 배울 수 있을까? 생태학자들의 훌륭한 연구와 설명 어디에도 인간이 자연 환경을 보호해야 하는 필연성을 찾아볼 수 없다. 과학의 연구와 견해가 "가치중립"적이어야 한다는 주장은 우리 인간이 개인 또는 공동으로 보이지 않는 자연의 복잡한 "작동원리"와 어떻게 관계를 맺어야 하는지에 대한 윤리적 지침을 제공하지 않는다. 하버드 대학의 곤충학자 윌슨은 자연철학(과학)이 인간 존재에서 생기는 역설을 뚜렷하게 부각시킨다고 주장한다. 끊임없이 개인의 자유를 확장하려는 충동은 인간 정신의 기본적 욕구이다. 그러나 우리는 그것을 지속하기 위해 우리가 상상할 수 있는 가장 정교한 학문적 책임감을 가지고 있어야 한다.[3]

과학적 지식의 한계가 있기는 하지만 생태계의 원리와 과정을 제대로 이해한다면, 우리가 날마다 내리는 결정들이 전 세계 생태계의 운명에 큰 영향을 미친다는 사실을 잘 알 수 있을 것이다. 생태학은 인간을 포함한 건강한 생태계 안에 있는 수많은 생명체들이 어떻게 자연과 (철학적이 아니라) 생물학적으로 조화를 이루는지 보여 주는 여러 가지 흥미 있는 (윤리적 요소는 배제한) 요소들로 가득 차 있다.

현대 생태학은 은유적으로 생태적 "감사"라고 말하는 자연 과정의 종합적 역할에 대해 많이 이야기하고 있다. 이것은 이미 생태계 안에 있는 회로이며 작동 원리이다. 이 생태적 "감사"를 통해 실제로 생태계를 구성하는 생명체들은 자연에 "중요한 것을 돌려주거나", 전체 생태계와 조화를 이루기 위해 자기가 맡은 역할을 다하고 있다. 시스템 생태학자들은 이 순환 경로를 긍정과 부정의 "순환 고리"라고 말한다. 이것은 다른 생태 과정들을 가속하거나 감속함으로써 전체 생태계가 항상성을 유지하거나, "자동 수정" 기능을 수행할 수 있도록 하는 에너지 또는 물질의 순환적 흐름이다.

인간을 비롯해서 산소로 호흡하는 생물들이 대기에 방출하는 보이지 않는 이산화탄소의 구름은 생물권에 있는 모든 식물들이 생태계에서 살아가기 위해 꼭 필요한 "선물"—긍정의 순환 고리로써—이다. 이산화탄소는 식물 잎에 있는 엽록소를 자극해 광합성 작용을 함으로써 초식동물들에게 새로운 먹거리를 제공한다. 이와 마찬가지로 농부들이 밭에 씨를 뿌리기 전에 퇴비와 유기질 비료를 주는 것은, 농경 생태계에 영양분이나 단백질과 같은 생태적 "선물"을 주는 것이다.

생태학은 간접적으로나마 자연의 "희생"에 대해 많은 생각을 한다. 열대우림 생태계의 다 자란 나무는 에너지와 단백질이 함유된 잎들을 땅에 떨어뜨림으로써 자신뿐만 아니라 다른 식물들도 계속해서 생명을 유지할 수 있도록 돕는다. 이 잎들은 숲의 토양을 비옥하게 만들어 새로운 묘목이 잘 자랄 수 있게 한다. 같은 숲에 있는 어떤 나무는 큰부리새를 위해 자신의 열매를 "희생"한다. 거북이는 약탈자인 설치동물들을 위해 알을 내놓고, 맥은 아마존의 사냥꾼들에게 신선한 고기를 내놓는다. 사냥꾼 또한 그의 동족들과 마찬가지로 죽어서 다양한 분해 미생물들의 먹이가 됨으로써 생태계가 요구하는 희생 정신을 피할 수 없다.

끝으로 생태학은 생태 "보호 구역"의 본질적 가치를 점점 더 중요하게 생각한다. 특정 지역, 생물체, 현상들이 없어질 위험에 처했다는 사실은 말하지 않아도 이미 오늘날 생태학자들이 뚝딱하고 만들어내는 개념적, 수학적 자연 모형에 내재되어 있다.

예를 들어, 계절에 따라 새우, 게, 물고기들이 장관을 이루며 몰려오는 대서양 해안가 강어귀는 새로 태어날 세대들을 위한 식량 공급처로써 매우 중요하다. 따라서 그곳을 물고기 산란 "보호 구역"으로 지정하는 것은 전체 해안 생태계의 보호를 위해 절대적으로 필요하다. 또한 멕시코 중앙 고지의 산에서 자라는 많은 나무숲들은 제주왕나비가 대륙을 이동하면서 지나가는 곳으로, 이들의 생존을 위해 없어서는 안 될 중요한 장소이다.

그러나 지금까지의 과학이 전 지구의 환경 윤리를 구성하는 중요한 요소로 감사, 희생, 보호 구역의 개념을 찾아낼 수 있었다 하더라도 인간들의 마음 속에 환경적 양심을 심어줄 수는 없었다. 과학은 이기심과 냄비 근성을 지닌 인간으로 하여금 감춰진 생태적 가치들에 대해 끊임없이 경의를 표하게 할 수 있을까? 우리는 과학 기술의 관점에서 자연을 난폭하게 이용만 하려는 산업 사회에서 자연의 순환 과정을 존중하고 그것이 다시 생기를 찾을 수 있게 하는 가치관들을 현실에 적용할 수 있을까? 오늘날 우리는 옛날 원주민들이 인간의 공적인 감성과 생태적 통찰을 자연의 생명 재생과 조화라는 "신성한 의무"로 통합하기 위해 거행했던 "새 세상 만들기"와 같은 의식을 어디서 찾을 수 있을까? 그리고 오늘날 어떤 사회 제도가 옛날부터 모든 생명체가 인간의 DNA 염기서열과 매우 긴밀하게 작용하여 만든 불문율을 다시 찬양하고 확인하도록 자극할 수 있겠는가?

현대 산업 사회에 무소불위의 힘을 부여한 우리 시대 과학의 성공은 이 사회가 우리의 자연 환경과 정신적으로 분리된 채 방황하게 만들었다. 과학은 비록 인간의 생물권에 대한 윤리적 책임에 대해 말하지 않지만, 우리가 일상에서 선택해야 할 윤리적 문제에 대한 통찰력을 갖게 해준다. 과학은 과학자이든 아니든 모든 개인들에게 우주의 복잡성과 통일성에 대해 경고할 수 있다. 이렇게 함으로써 과학은 인간이 본능적으로 자연과 하나라는 생각을 가질 수 있게 한다. 그리고 우리는 원주민들의 자연관에서 인간 중심의 세속적 "가치중립"을 강조하는 과학적 생태학에서는 볼 수 없었던 윤리적 책임의식이 담긴 "신성한 생태학"을 발견할 수 있을 것이다.

땅 보살피기[4]
북 캘리포니아 중북부 지역 윈투족

> 우리가 잘못 받은 생태 교육들 가운데 하나가 말만 앞세우고 실천을 하지 않는 것이다. 일반 사람들에게는 우리가 땅에 입힌 큰 상처들이 잘 보이지 않는다. 생태학자는 자신의 껍질을 뒤집어쓰고 과학의 결과로 발생하는 일은 자기와 아무 상관없는 척하고 있는 것이 분명하다. 그는 스스로 잘 살고 있다는 말 이외의 소리는 듣고 싶어 하지 않는 사회에서 죽음의 흔적이 드리워진 것을 보는 의사와 다를 바 없다.
>
> _알도 레오폴드, 생태학자[5]

사람들이 본디 자연은 순수하고 완전한 것이며 조상 대대로 동족들이 함께 사랑을 나누며 관계를 맺고 살아 온 곳이라고 생각한다면, 그들은 자연이 약탈당하거나 마구 파헤쳐질 때 지구가 겪는 고통에 대해 깊은 동정심을 느끼지 않을 수 없다.

외지인들은 지난 두 세기 동안 캘리포니아 북쪽에 있는 전통 원투족의 땅을 심하게 약탈했다. 그곳은 금과 동이 엄청나게 많이 매장되어 있어 광산이 몰려 있었고, 거대한 상록수림이 있어 대규모의 목재가 베어졌다. 또한 철도와 도로가 여기저기 뚫렸고, 거대한 수력 댐과 인공 호수가 만들어졌다.

산과 강, 삼림의 무자비한 파괴는 미국이 발전하고 있다는 것을 보여 주는 징표로 알려졌다. 그러나 원투족 인디언들에게 땅이 고통받는 것은 견딜 수 없는 일이었다. 예민한 감성을 지닌 원투족 생존자들은 이러한 파괴가 감각을 느낄 줄 아는 땅을 아프게 하는 것이라고 생각했다.

케이트 럭키Kate Luckie라고 하는 발드힐스Bald Hills 출신의 늙은 원투족 주술사는 20세기 초에 세상의 멸망이 임박했음을 사람들에게 알리려고 애썼다. 그녀가 한 말은 1935년 민속학자 코라두보이스Cora Du Bois가 『원투족의 민속 Wintu Ethnography』에 기록했는데, 우리는 여기서 다른 사람들의 이익을 위해 자기 가족이 잔인하게, 반복해서 짓밟히는 것을 바라보는 것과 같은 분노와 고통을 느낄 수 있다.

인디언들이 모두 죽으면 신은 많은 물이 북쪽에서 흘러 내려오게 할 것이고 모든 사람들은 물에 빠져 죽을 것이다. 그것은 백인들이 땅과 사슴과 곰을 전혀 보살피지 않았기 때문이다.

우리 인디언들은 동물을 사냥하면 하나도 남김없이 다 먹는다. 우리는 땅을 파서 뿌리를 캐면 그 구멍을 모두 메운다. 우리는 집을 지을 때도 땅에 구멍을 내지 않는다. 우리는 메뚜기를 잡기 위해 풀밭을 태울 때 다른 것들을 망가뜨리지 않는다. 우리는 도토리와 잣을 딸 때 나무를 흔들기만 할 뿐 나무를 찍어 넘어뜨리지 않는다. 그리고 우리는 오직 죽은 나무만을 쓴다. 그러나 백인들은 땅을 파고 나무를 뽑고 모든 것을 죽인다.

나무는 "그러지 말아요. 아파요. 나를 해치지 말아요."라고 말하지만, 백인들은 그것을 자르고 베어 버린다.

땅의 영혼은 그들을 미워한다.

백인들은 나무들을 마구 강타하고 깊은 곳까지 뒤흔들며, 나무를 톱으로 자른다. 그것은 나무들을 해치는 짓이다.

인디언들은 절대로 어느 것도 파괴하지 않는다. 그러나 백인들은 모든 것을 파괴한다. 백인들은 땅바닥에 돌을 세게 내리쳐 산산조각을 낸다.

돌은 "그러지 말아요! 당신은 나를 해치고 있어요."라고 말하지만 백인들은 전혀 관심이 없다.

인디언들은 요리를 위해 돌을 쓸 때 둥글고 작은 것들을 가져온다. 하지만 백인들은 깊고 긴 굴을 파고 도로를 낸다. 그들은 원하는 만큼 땅을 깊게 판다. 그들은 땅이 얼마나 크게 울부짖는지 모른다.

땅의 영혼이 어떻게 백인을 좋아할 수 있겠는가? 이것이 바로 신이 세상을 멸망시키는 이유이다. 모든 것이 아프기 때문이다. 백인의 손이 닿는 곳은 모두 아프다.

인간과 다른 피조물들은 예로부터 기원이 같으며, 서로 애정을 나누고 소통하는 관계라고 생각하는 윈투족의 문화에서 볼 때 이렇게 분노가 우러나오는 것은 당연한 일이다. 따라서 환경을 파괴하는 행위들은 단순히 어떤 지역을 파괴하는 것 이상의 위험을 초래한다. 이것은 사랑하는 "사람"을 잔인하게 공격하는 것이다. 윈투족과 땅은 같은 혈족이다. 건강한 인간관계에서 볼 수 있는 것처럼 기본적 사회관계 속에서의 슬픔과 아픔의 순간은 시간이 지나면서 황홀과 기쁨의 순간과 조화를 이룬다.

땅의 내적 존재를 향한 기도[6]
미국 남서부 지역 나바호족

> 자연의 본질을 인식하는 능력은 예술처럼 아름다움에서 시작한다. 그 능력은 처음의 아름다움이 지속되다 점점 말로 표현할 수 없는 가치들로 확장된다. 내 생각에 왜가리의 본질은 아직 말로 도달할 수 없는 높은 음계 자리에 놓여 있다.
> _알도 레오폴드, 생태학자[7]

나바호족의 조상들은 태초에 혼돈이 지배하는 어두침침한 다층의 지하 세계에서 동물과 식물, 사람들이 사는 지상의 세계로 올라왔다. 이 세상은 나바호족이 '호즈호 hózhó'라고 부르는 완전한 평형 상태의 자연으로 경이롭게 창조되었다. 지상 세계에서 새로운 모습으로 변한 동식물들은 생기로 가득하고 비옥하며 끊임없이 자기 증식을 하는 하나의 통합된 생명 체계로써, 색깔과 모양이 다채롭고 타고난 생태적 조화와 복원력을 지닌 숨 막힐 듯 아름다운 세상을 만들었다.

호즈호는 나바호족의 말로, 우리말로는 번역하기 어려운데 이들의 자연관과 적절한 인간관계의 중심이 되는 물질적·생물학적·정신적 특성들이 방사형으로 배치되어 있는 모습을 나타낸다. 호즈호는 생태와 미학, 종교, 윤리적 의미에서 신성한 말이다. 이것은 축복과 아름다움, 조화와 질서, 선과 행복 같은 서양의 개념들이 지닌 특징들을 (아무 제한 없이) 모두 포괄한다. 그리고 그 반대편에는 (완전히 독립적이거나 영향을 받지 않는 것은 아니지만) 추악함, 혼돈, 무질서, 악, 절망과 같은 개념들이 서 있다.

나바호족의 의식에서 무엇보다 중요한 것은 호즈호를 유지하고 복원하는 것이다. 수없이 다양한 주제들의 중심은 환경을 다시 새롭게 만드는 것이다. 온통 돌로 덮인 남서부 지역에 사는 유한한 생명의 거주자에서부터 우주 저 바깥의 천체에 이르기까지 모든 자연을 복원하고 원기를 회복시키는 것이다. 이 때문에 나바호족 문화는 매우 풍성한 종교적 상징과 의식들을 지니고 있다.

나바호족이 지니고 있는 거대한 종교 지식은 자연 그 자체의 복잡한 상호연관 구조와 기능들을 그대로 반영한다. 이들의 기도, 노래, 신화, 의식 준비와 절차(전통적으로 모든 사람이 이것들을 기억해야만 한다)는 내적 응집력을 가지고 있으며 깊은 관련이 있다. 여기서 어떤 하나의 의식만으로 모든 것을 다 포괄할 수는 없다. 그렇지만 '축복의 길'이라는 뜻의 '호즈호오지hózhóójí'라는 의식은 나바호족 원로인 긴 콧수염의 표현대로 모든 노래의 중심이 되는 기둥이다. 미국의 비교종교학자 샘 질Sam Gill에 따르면, 축복의 길이라는 나바호족 말을 정확하게 번역하면 아름다운 자연 환경을 완전하게 보존하는 방법이라고 한다.

축복의 길이라는 의식은 나바호족의 창조 신화에 깊이 뿌리박고 있다. 축복의 길 의식 때 노래를 부르는 프랑크 미첼Frank Mitchell은 이 의식을 처음 거행하게 된 것은 땅과 하늘이 서로 마주보는 자리에 있도록 하기 위해서였다고 말한다. 이 의식은 자연 만물이 창세기때부터 모두 자기 자리가 있었다는 것을 알리기 위해 조상들이 나바호족에게 준 선물로, 인간 행위가 어떠해야 하는지를 전달하는 수단이며 자연에 대한 인간의 책임을 표현하는 행위이다.

축복의 길 의식에서 나비호족은 많은 노래와 암송을 따라한다. 이것들은 대개 모든 물체와 과정들 안에 살고 있는 신성한 인간의 모습을 한 정령들에게 존경을 나타낸다. 모든 만물 안에 살아 움직이는 정령들은 신성한 존재다. 태초에 나바호족이 이 세상에 나타나기 전부터 이 땅 위에 존재했던 영적으로 강력하고 신성한 사람이 그 안에 자리잡고 있다. 따라서 이 내부의 존재들은 신성한 사람들의 화신이라고 생각할 수 있다.

이른바 "땅의 내적 존재를 향한 나바호족의 기도"는 간단하게 "땅의 기도"라고도 하는데, 이는 자연을 구성하는 모든 요소의 핵심이 되는 정령에게 세상을 다시 생명으로 가득하게 해달라고 드리는 기도이다. 이 신성한 기도문을 암송하면 자연 환경 전체가 최초의 호즈호 상태로 되돌아간다. 이 기도를 반복함으로써 최초의 창조 행위들이 되풀이되고 세상은 다시 창조된다.

축복의 길이라는 의식은 종을 초월한 이타주의와 자연 환경의 재생을 위한 인간의 행위를 의미한다고 볼 수 있다. 왜냐하면 축복(호즈호)은 올바른 질서와 같은 뜻이기 때문이다. 만물을 위한 "길"이 있고, 그

"길"은 신이 명령한 것이기 때문에 축복이다. 따라서 많은 전통 나바호족의 마음 속에서 "땅의 기도"는 공간과 시간을 넘어 멀리 울려 퍼지고, 창세기 태초의 땅에 존재했던 신성한 아름다움과 본질적인 조화를 불러낸다.

이렇게 기도가 중요한 만큼 그 내용은 길고 복잡하다. 축복의 길 의식을 진행하는 가운데 땅의 기도는 두 개의 원칙이 되는 목표를 유지한다.

첫 번째 목표는 기도하는 사람의 몸 위에 있는 신성한 지점들과 살아 있는 모든 만물의 내면에 인간 형상을 한 정령인 신성한 사람들의 신성한 지점들을 서로 연결하는 기도문으로 표현된다. 이 기도에서 땅의 내적 존재는 아홉 쌍인데 땅과 하늘, 산과 물 여인, 어둠과 새벽, 저녁 황혼과 태양, 말하는 신과 명령하는 신, 흰 도토리와 노란 도토리, 꽃가루와 옥수수 딱정벌레, 변하는 여성과 흰 조가비 여성, 장수와 행복이 그것이다.

기도문에는 비, 구름, 무지개, 햇빛, 옥수수, 신성한 꽃가루까지 다양한 자연 요소들을 우아하게 연결한 구절들이 많이 있는데, 한 사람이 한 절을 읽으면 다른 사람들이 그것을 따라 읽고, 그 뒷사람이 다음 절을 읽는 식으로 기도가 이어진다. 여기에 기도문에 나오는 두 절을 소개한다. 이것은 땅과 하늘을 향한 기도인데 기도하는 사람의 신성한 발바닥과 인간의 형상을 닮은 이 존재들을 서로 연결하는 내용이다.

검은 구름, 남자 비, 검은 물, 무지개가 꽃가루로 막고 있는 땅의 발바닥,

똑같은 검은 구름, 남자 비, 검은 물, 무지개가 꽃가루로 내 발바닥을 막고 있네. 내가 이렇게 말한 대로.

어두운 안개, 여자 비, 파란 물, 햇빛이 꽃가루로 막고 있는 하늘의 발바닥, 똑같이 어두운 안개, 여자 비, 파란 물, 햇빛이 꽃가루로 내 발바닥을 막고 있네. 내가 이렇게 말한 대로.

기도의 두 번째 목적은 축복의 선포이다. 이것은 기도의 두 번째 부분을 이룬다. 이 부분은 호즈호를 우주 전체로 가져오려고 한다. 기도하는 사람은 정성을 다해 기도함으로써 호즈호를 나바호족 세계의 먼 구석까지 재빠르게 보낸다. 서양의 문학적 전통에서 볼 때 모래 한 알의 소우주가 우주 전체의 의미로 울려 퍼질 수 있다. 마찬가지로 나바호족 기도에서도 우주의 아주 작은 부분으로 우주 전체를 축복하기에 부족함이 없다. 이러한 상징의 확장은 다음에 나오는 기도문에서 뚜렷하게 드러나는데, 지저귀는 새의 이미지(파란 색은 행복, 비옥, 새벽을 드러낸다.)는 땅의 내적 존재를 향한 사제의 기도에 따라 축복을 전한다.

땅 앞에서 작은 파랑새들과 함께 축복이 있을지어다,
내 앞의 작은 파랑새들과 함께 축복이 있을지어다. 내가 이렇게 말한 대로.

땅 앞에서 작은 파랑새들과 함께 축복이 있을지어다,
내 뒤의 작은 파랑새들과 함께 축복이 있을지어다. 내가 이렇게 말한 대로.

땅 앞에서 작은 파랑새들과 함께 축복이 있을지어다,

내 밑의 작은 파랑새들과 함께 축복이 있을지어다. 내가 이렇게 말한 대로.

땅 앞에서 작은 파랑새들과 함께 축복이 있을지어다,

내 둘레의 작은 파랑새들과 함께 축복이 있을지어다. 내가 이렇게 말한 대로.

땅을 향한 나바호족의 기도는 자연과 그것의 다양한 형태들에 대한 깊은 동정을 표현하며, 심지어 무아지경 속에서 느끼는 일체감과 그것들에 대한 종교적 숭배까지 드러낸다. 우리는 서양 사회가 앞으로 몇 십 년 안에 절박하게 창조해야 할지도 모를 "새로운 세상"을 만들기 위해 과학과 함께 이러한 의식의 본질을 참조해야 할 것이다.

새 세상을 만들기 위해 춤추기[8]
브라질 아마조니아(아마존 강 유역) 카야포족

> 인간이 자연보다 더 커지면 그를 낳은 자연은 거기에 응답할 것이다.
> _로렌 에슬리Loren Eiseley, 인류학자[9]

> 급격한 인구 증가, 가난의 확산, 생태 원리의 무시에 따른 열대우림의 파괴는 앞으로 우리 손자 세대들이 전 세계의 다양한 생물들에 대해 알 기회를 갖기 전에 그 가운데 1/4 정도를 없애버릴 것이다.
> _피터 레이븐Peter Raven, 식물학자[10]

카야포족이 신성한 의식 중에 원을 그리며 춤을 추는 것은 자연계 전체의 구성과 완전함을 보존하고 유지하기 위해서다.

카야포족은 대개 저녁 때 춤을 추기 시작하는데 그것은 또 다른 신성한 원인 활활 타오르는 열대의 태양이 나무가 구멍을 낸 서쪽 하늘로 둥글게 넘어가며 하루를 완성하기 때문이다. 카야포족은 태양이 다시 거대한 지평선 뒤로 원을 그리며 떠올라 새벽 하늘에 연한 호박빛을 뿌릴 때까지 끊임없이 북과 노랫소리에 맞춰 발을 구르며 춤을 춘다.

잠도 자지 않고 노래와 춤을 혼합해 거행하는 이 격렬한 의식은 카야포족의 의식 상태를 완전히 바꾼다. 의식에 참가한 사람들은 모든 시간과 공간이 합쳐지는 역동적인 비선형의 영역을 알게 된다. 이렇게 드문드문 터져 나오는 강렬하고 본능적인 무아지경은 힘의 원천으로 이동해 의식에 에너지를 공급하는 것처럼 보인다. 이러한 경험은 카야포족의 우주에 질서를 가져다주는, 차원을 초월한 광대한 우주의 시간으로 연결시켜 준다. 원주민 각자가 모두 무아지경을 경험함으로써 부족집단이 새 세상을 만들어야 하는 부담을 덜어준다. 동시에 무아지경에 빠져 춤추는 사람을 통해 고조된 에너지는 다른 사람들에게도 신성한 근원이 실재한다는 것을 확인시켜 준다.

카야포족이 집단으로 추는 춤 의식의 근본 목적은 시간이 개인이나 집단에게 순환 운동을 하며 그들이 그것을 지킬 의무가 있다는 것을 알게 하기 위한 것이다. 민속학자 다릴 포시에 따르면, 이 의식은 카야포족이 존재하는 이유 그 자체이다. 왜냐하면 이들은 이 의식이 없다면 곡식도 자라지 않고 어린이도 태어나지 않으며 해와 달도 하늘을 왕래하지 않으므로 세상은 곧 멸망할 거라고 믿기 때문이다.

너무 많은 인간[11]
콜롬비아 동부 열대림(아마존 북서부) 데사나족

> 생태계의 안정을 위해 가장 먼저 필요한 것은 출산율과 사망률이 균형을 이루는 것이다. …… 살아 있는 어떤 체계에서도(예를 들면, 생태계) 모든 불균등한 증가는 언제나 그 자체를 제한하는 요소들을 만들어내는 부작용을 발생시킨다. …… 그러나 이 불균등은 우리가 자연을 새롭게 뜯어 고치지 않으면 안 될 정도로 너무 많이 진행되었다.
> _그레고리 베이트슨Gregory Bateson, 인류학자[12]

데사나족에 따르면 생물권에 살고 있는 다른 생명체들의 운명은 인간의 운명과 하나로 묶일 수밖에 없다. 이 땅 위에 사는 대부분의 생명체는 하나의 단일한 생식 에너지의 저장소를 공동으로 이용하기 때문에 그 수용능력도 한정되어 있어, 인간이 이 에너지의 일부를 모두 써 버리면 다른 생명체들은 그것을 이용할 수 없다.

따라서 급격한 인구 증가가 다른 생명체들의 감소에 영향을 주지 않는다는 주장은 더없이 어리석은 것이다. 자연은 다양한 생명체들에게 한정된 양의 생식 에너지를 배분함으로써 이 땅의 생명체들이 지속적으로 살아갈 수 있게 한다. 또한 인간들의 행동이 다른 생명체들의 미래에 어떤 영향을 주는지에 상관없이 한정된 유용한 에너지를 전 지구에 필요한 만큼 배분하여 균형을 맞춘다.

어떤 생명체도 홀로 떨어져 있지 않다는 데사나족의 생각은 인간 사회에 커다란 윤리적 과제를 부과한다. 자연이 보유하고 있는 소중한 생식 에너지 저장소를 과도하게 소비하거나 약탈하는 것은 전체가 서로 연결되어 있는 자연의 에너지 체계를 심각하게 손상시킬 것이다. 따라서 인간들은 에너지 사용을 의식적으로 제한해야 하며, 다른 생명체들도 자연이 준 정당한 몫의 에너지를 쓸 수 있도록 보장해야 한다.

인간의 무절제한 욕망의 표현에서 나오는 무분별한 성행위는 급격한 인구 증가를 가져오는 무책임한 행동이다. 인간의 무분별한 성행위와 생식의 제한은 데사나족 사냥꾼에게 특히 중요하다. 동물들과 그는 한때 아주 친밀한 사이였고, 앞으로도 영원히 균형을 유지해야 하기 때문이다. 이것은 전 세계의 인간 사회에 확대 적용할 수 있다. 인간들의 존재는 하루하루 다른 생명체들의 운명에 달려 있는데, 오늘날 이 생명체들의 생존은 생물학적으로나 정신적 의미에서나 모두 위태로운 상태이다.

데사나족의 세계관은 놀라울 정도로 분명하게 시대를 초월한 생태적 진리를 담고 있다. 그들은 인간의 탄생을 비롯해서 인간의 고통과 쾌락에 관련된 모든 것들이 홀로 일어나는 것이 아니라고 생각한다. 어떤 의미에서 인간의 탄생은 각각 (다른 생명체들이 새 생명을 낳을 때 하는 것처럼) 자연계 전체가 함께 쓰는 한정된 거대한 생식 에너지 저장소에서 소량의 에너지를 빨아내는 것과 같다.

현대 인구생태학자는 이 중요한 진리를 계량적으로 표시하는 것을 좋아한다. 이들은 인구가 늘어난 것이 출산율이 증가하고 사망률이 떨어졌기 때문이고, 인간을 포함한 동식물의 수가 줄어든 것은 서식지가 오염되고 한정된 식량자원을 두고 생명체들 사이에 경쟁이 심해졌기 때문이라고 말한다. 그러나 데사나족 주술사는 이것은 생물학적 에너지를 저장하고 있는 웅덩이와 그 속에 연결된 에너지의 흐름 체계가 끊겼기 때문이라고 설명한다. 과학자와 주술사가 전하고자 하는 중심 내용은 서로 보완적이다. 왜냐하면 두 사람 모두 같은 토양을 날마다 관찰하고, 살아 있는 건강한 생태계의 과정이 무엇인지 잘 알기 때문이다.

과학은 이 생태적 진리를 인간의 윤리적 의무와는 별개로 본다. 반대로 데나사족은 인간의 생식 행위와 열대우림 속 모든 생명체의 운명이 생물학적, 정신적으로 연결되어 있음을 존중하느냐 마느냐에 따라 자연이 인간에게 주는 대가가 달라진다고 본다. 헤라르도 레이첼-돌마토프에 따르면, 지혜로운 주술사뿐만 아니라 모든 데사나족 사람들은 그들이 성性 에너지를 쓰지 않고 억제하는 것이 그저 인간의 출산율을 의식적으로 조절하려는 것만이 아니라 사냥감 동물들이 써야 할 성 에너지를 보존해야 하는 중요한 목표가 있기 때문이라는 사실을 모두 이해하고 있는 것 같다고 한다. 그리고 데사나족은 실제로 그렇게 실천하며 살고 있다.

자연에 대한 인간의 책임[13]
미국 중북부 지역 다코타족(수족)

아이들이 성장하기 위해서는 어른들의 존중과 보호가 있어야 한다. 그리고 어른들은 아이들을 진지하게 돌보고 사랑하며, 세상의 중심이 되도록 진실하게 도와주어야 한다.
_엘리스 밀러Alice Miller, 신경정신학자[14]

거대한 야생 버팔로 무리가 다코타Dakota 북쪽의 블랙힐스Black Hills 지역에서 사라지기 오래전부터 다코타 족Dakota族들은 자연계의 모든 만물에 대한 인간의 책임이 무엇을 의미하는지 이해했다.

다코타족의 전통 사회에서 자연에 대한 인간의 책임은 자신들이 자연의 모든 만물과 같은 기원을 가지고 있으며, 심지어 서로 혈연으로 맺어진 사이라는 뿌리 깊은 생각에서 흘러나왔다. 다코타족 사람들의 이런 책임감은 태어날 때부터 타고난 것이다. 모든 인간 행동은 가까운 가족을 통해서 널리 퍼지기도 하지만 자연계의 거대한 관계망을 통해서도 퍼져나갔다. 우리는 부모와 형제자매, 자식, 다른 일가친척들에게 지켜야 할 의무가 있는 것처럼 자연에 대해서 지켜야 할 의무도 있었다.

루터 스탠딩 베어Luther Standing Bear는 1928년 발간한 『나의 수족My People the Sioux』에서 다코타족이 아이들에게 자연에 있는 것들 가운데 완전히 독립된 것은 없다는 사실을 매우 오랫동안 가르친다고 썼다. 또한 이들은 아이들이 어디를 가든지 그곳의 생명체들과 땅의 모양, 자연의 힘들이 집에 돌아온 식구를 반겨 맞이하는 것처럼, 그들을 따뜻하게 보살펴주고 신뢰하며 친근하게 소통하려고 한다는 사실을 알려주었다. 스탠딩 베어는 다코타족 아이들이 이런 과정을 통해서 인간은 흙으로 이루어지고 흙은 인간으로 이루어진다는 사실을 일찍부터 깨우치게 된다고 썼다. 그리고 인간은 그 흙 위에서 함께 자라는 새와 동물들을 사랑하며 모든 만물은 똑같은 물과 공기를 마시기 때문에 그들 사이에는 하나의 연대가 존재한다는 사실을 배운다.

'우리는 자연 안에서 모두 하나'라는 스탠딩 베어의 격언은 단순한 은유적 표현만이 아니었다. 다코타족의 전통 사회에서 아이들은 모두 현실에 뛰어들어 모험을 하면서 이 말이 진실이라는 것을 충분히 깨닫고 경험한다. 아이들은 정해진 의식을 통과하고 힘든 고난을 이겨냄으로써 우주가 하나라는 신비를 더욱 깊이 통찰해야 할 의무가 있었다. 다코타족 젊은이들은 이 교육과정을 통해 평생토록 와칸탄카(Wakan-Tanka, 우주 전체에 흐르는 생명 창조의 힘)와 모든 것을 품에 안는 끝없는 자연의 경계 속에서 자신을 완전히 버리고 진심으로 겸허한 자세로 살도록 훈련받았다.

다코타족 원주민들은 누구나 정화의식을 치렀는데 이들은 향기로운 풀을 태워서 연기를 피우고, 조용한 기도처럼 그 향기가 하늘나라까지 올라가 그들의 영혼을 맑게 하며, 친척들에게 하는 것처럼 네발 달린 짐승과 날개 달린 새, 하늘나라의 별사람과 만물에게 감사를 드렸다.

다코타족 소년들이 환경 의식을 갖고 성인이 되기 위해서는 반드시 이러한 영적 체험을 거쳐야 했다. 소년은 며칠 동안 혼자 산으로 들어가서 발가벗은 채 무방비로 단식을 하며 자연의 정신적, 생태적 통일성을 가르치고 깨우쳐줄 동물의 정령들이 나타날 때까지 기다린다. 그런 지식은 혼자서만 깨우칠 수 있기 때문이다.

전통적으로 소년이 산으로 떠날 준비 의식을 하는 동안 다코타족 원로는 신성한 담뱃대에 담배를 채워 우주의 기본 방위인 동서남북으로 흔든 뒤 소년이 여행에서 성공하고 자연에 대한 다코타족의 의무를 새롭게 통찰할 수 있도록 기도를 올렸다.

"오! 와칸탄카여, 이 젊은이가 동물들과 동족관계를 맺을 수 있도록 허락하소서. 그가 네 개의 바람과 세계를 다스리는 네 개의 힘, 새벽의 빛과 하나가 되도록 허락하소서. 그와 하늘의 날개 달린 사람들이 맺은 관계가 무엇인지 깨닫게 하소서. …… 우리의 할머니와 어머니(땅)시여. …… 이 젊은이가 만물과 하나 되기를 바랍니다. …… 당신의 모든 사람들에게 자비를 베푸소서. 그를 도와주소서!"

나무들의 수난[15]
말레이시아 취옹족

> 우리는 실제로 현실의 뒤에 신의 계획이 있다고 생각하지만, 과학은 우리에게 그런 계획을 짠 신의 본질에 대해서나 신과 인간이 맺은 관계에 대해서나 아무것도 말해 줄 수 없다.
> _폴 데이비스Paul Davies, 수학자이며 물리학자[16]

취옹족은 태초에 열대우림의 나무들이 말을 할 수 있었다고 믿는다. 가장 아름답고 웅장한 나무만 말을 할 수 있는 것은 아니었다. 말을 하는 것은 골gol이나 탄고이tangöi 나무에게만 있는 고유한 능력이 아니었다. 또 울창한 숲 한가운데 우뚝 서서 땅바닥에서는 거미줄처럼 얽힌 살아 있는 나무들이 뽀얗고 부드러운 껍질을 가진 줄기를 받쳐 주고 우산처럼 넓게 펼쳐진 잎사귀들을 지탱하는 가는 줄기들이 유령처럼 그림자를 드리우고 있는 거대한 나무들만 말을 할 수 있었던 것은 아니었다.

오히려 숲에 있는 모든 나무들이 말을 할 수 있었다. 모든 덩굴식물, 가시나무 덤불, 꽃들도 말을 할 수 있었다. 태초에 어스세븐(보통의 지구)에 사는 모든 생명체들은 루와이(또는 의식의 상태)를 소중하게 간직하고 태어났다. 모든 만물은 이 루와이를 지닌 덕분에 말을 할 수 있었고 서로 대화를 함으로써 생각을 교환할 수 있었다.

그때는 인간이 나무를 베어 넘어뜨린다는 것은 생각할 수도 없는 일이었다. 만일 어떤 사람이 그렇게 하려고 했다면 다른 나무들은 그 사람에게 그렇게 하지 말라고 말하고 그 나무를 지켰을 것이다. 나무들은 자기 동료를 몽둥이로 치고 팔다리를 잘라내려는 사람에게 격렬하게 대항했을 것이다. 더욱이 다친 나무들은 그들이 베어질 때마다 고통에 겨워 소리를 질렀을 것이다. 따라서 사람들은 그런 짓을 할 수 없었다.

오늘날 몇몇 취옹족 사람들은 그들의 조상이 나무를 벨 때 나무가 내는 끔찍한 비명 때문에 더 이상 나무 베는 일을 할 수 없었다고 말한다. 태초의 취옹족은 루와이를 지닌 나무들이 즐거움과 고통을 느낄 줄 알고 뛰어나게 말을 잘 하는 것을 보고 그 능력에 깊은 감명을 받았다. 이들은 이제 나무의 고통을 함께 느끼게 되었다. 취옹족 사회는 오랜 세월 동안 나무와 함께 느낀 깊은 공감을 고이 간직했다. 이와 같은 감수성에 비추어 볼 때, 오늘날 취옹족이 농사를 짓기 위해 나무를 베고 불태워 개간지를 만들어 농사를 짓기 이전에는 더 단순하고 덜 공격적인 사냥과 채취의 생활방식을 가졌을 것이라는 추측을 할 수 있다.

그러나 시간이 흐르고 취옹족의 감수성이 둔해지면서 열대우림에 있는 식물들의 감수성도 점점 사라졌다. 취옹족은 이제 더 이상 나무에게 무례하게 굴지 않고 상처를 입히거나 고통을 주는 일을 피해야 한다고 주장하지 않는다. 그리고 이 지역의 식물들은 그들이 지녔던 영적 영역을 잃었다. 오늘날 몇 안 되는 식물들만이 영적으로 살아 움직이는 루와이를 가지고 있을 뿐이며, 이들만이 인간의 행위를 완전히 인식할 수 있다. 루와이를 지닌 식물 중에는 위풍당당하게 높이 솟은 골과 탄고이 나무가 있다. 또한 취옹족에게 옷을 만드는 원료를 제공하고, 입으로 부는 화살촉에 묻히는 귀한 독을 공급하는 도그dòg 나무와 다양한 대나무, 여러 종의 중요한 약초와 의식용 식물들이 있다.

특정 계절에 싱싱한 나무 열매와 과일을 맺는 몇몇 나무들은 한 해의 특정 시기에만 루와이를 가지고 있다. 두리안durian 나무의 열매가 무르익는 6월이나 파용Payòng 나무의 열매가 무르익는 9월이 되면 취옹족은 이 나무들의 정령이 자신들을 지켜본다고 생각한다. 계절 과일들은 그 열매와 꽃의 루와이가 눈으로 볼 수 없는 추운 어스식스(이것의 아래가 어스세븐의 하늘이다.)에서 내려와 당분간 어스세븐에서 살려고 한다는 것을 알려주는 신호이다. 어스세븐을 방문한 루와이는 과일이 숲의 타는 듯한 열기와 숨 막힐 듯한 습기를 이겨내고 무르익어 사람들이 먹을 수 있을 때까지 상냥하게 기다린다.

취옹족은 자신들이 정령이 있는 식물들과 사랑을 주고받는 관계라고 말한다. 취옹족은 이 특정한 나무들의 정령을 존중해야 한다. 이 나무들은 지금도 여전히 신성한 생명의 불꽃을 지니고 있고, 쉽게 고통을 느낄 수 있으며, 모든 나무들이 소리치고 한숨짓고 눈물을 흘리던 태초의 세계로 취옹족을 직접 데려갈 수 있는 기억을 고스란히 지니고 있다.

반대로 이 나무들의 영혼인 루와이는 정기적으로 어스식스에 오가면서 야생 과일들이 계절에 맞게 열매를 맺도록 조절하고, 취옹족이

제때 그것을 먹을 수 있도록 도와준다. 나무들은 취옹족의 선조들이 자신들의 선조 나무들의 고통을 공감했기 때문에 그 후손들을 위해서 이런 일을 하는 것이다.

취옹족은 "그들은 우리를 돕고 싶어 한다."라고 말한다. 이 말에는 취옹족과 나무들이 생물학적으로나 정신적으로 동등하다는 생각에서 자연스럽게 흘러나오는, 서로 다른 생명체에 대한 감사와 종교적 경외심이 듬뿍 담겨 있다. "그들은 사람들이 배고파하는 것을 바라지 않는다. 그리고 그렇게 되지 않도록 행동한다."

생명의 싹 틔우기[17]
뉴멕시코 테와족(동푸에블로족)

> 말로 설명할 수 없는 자연–해와 바람과 비, 여름과 겨울–의 순수와 은혜, 이들은 우리에게 건강과 기쁨을 영원히 준다! …… 나는 과연 땅에 대해 아는 게 있는가? 나는 본디 잎이나 식물의 일부가 아니었을까?
>
> _헨리 데이빗 소로우 Henry David Thoreau[18]

2월 말, 뉴멕시코New Mexico 북쪽 밤하늘은 밝게 빛나는 별들로 가득 찬다. 리오그란데Rio Grande 강 옆에 있는 붉은색의 건조하고 야트막한 구릉지대는 아직도 눈으로 살짝 덮여 있다. 이때, 테와족의 주술사들은 테와Tewa 마을의 중앙에 있는 신성한 남쪽 광장에 모인다. 이제 이들이 다시 한번 테와족과 모든 인류를 위해, 그리고 모든 생명체와 피조물을 위해 어머니 땅의 중심에 다시 씨를 뿌리는 영혼 의식을 거행할 시간이다.

이 신성한 의식은 해마다 열리는 9개의 주요한 영혼 의식들 가운데 하나다. 해마다 되풀이해서 열리는 9개의 의식은 위엄 있고 복잡한 일련의 행사들로 생명의 지속을 기원하고, 세상을 새롭게 만들며, 공동체 의식을 확인하는 영적인 활동이다. 의식이 진행되는 주기는 봄이 오면 새싹과 잎, 꽃이 피고 가을에는 옥수수를 수확하며 동지에는 햇빛이 사라지는 이 지역의 계절 순환과 엇비슷하게 어우러져 테와족 사회의 심장박동과 같은 구실을 한다. 이렇게 해마다 영혼 의식의 수레바퀴가 도는 것을 보고 자연도 이와 함께 순환하도록 보장해야 할 책임은, 공식적으로 테와족의 영혼 공동체를 이끌어가는 '만들어진 사람들Made People'에게 있다. 만들어진 사람들은 모래밭 호수 아래의 지하세계에 사는 초자연적 존재인 '최초의 사람들First People' 가운데 지상으로 나온 사람들의 대표자들이다. 만들어진 사람들은 해마다 되풀이되는 행사를 자신들이 대대로 지켜온 신성불가침한 의무로 여기고 재연함으로써 인간과 동식물 그리고 서로 연결된 거대한 우주의 모든 요소들이 조화로운 관계를 맺게 한다.

이 의식은 겨울이 지나가는 시점인 춘분이 되기 한 달 전에 거행되는데 다가올 농사철을 준비하는 첫 번째 의식이다. 이때는 테와족의 주식인 옥수수, 콩, 호박과 여러 가지 채소들이 메마른 토양에서 잘 보살펴져야 하는 시점이다. 이 의식은 아직도 겨울잠에 취해 무기력한 자연의 영혼을 다시 깨우고 테와족으로 하여금 자신들의 삶과 자손의 번창을 위해 계절이 순환하도록 열심히 기원하게 하려는 노력이다.

테와족은 이 늦겨울의 영혼 의식을 '생명의 싹 틔우기'라고 부른다. 테와족 달력에 있는 8개의 나머지 의식들과 마찬가지로 생명의 싹 틔우기는 8개의 신성한 테와족이 각각 4일 간격으로 돌아가며 거행하는데 하루 종일 전통춤을 추며 한바탕 열렬한 기도와 노래, 의식을 치른다. 이 만들어진 사람들의 집단에는 서로 보완하는 여름 집단, 겨울 집단, 여성 집단, 사냥꾼 집단, 머리가죽 집단, 두 개의 어릿광대 집단, 곰 주술 집단이 있다.

생명의 싹 틔우기는 자연계의 영혼과 생물들의 안녕을 근본에서 받쳐주는 의식이다. 따라서 이 의식이 포함하고 있는 영적인 사건들에 대한 자세한 지식은 만들어진 사람들이 철저하게 비밀로 하고 있다. 외부 사람이 대대로 이어온 의식의 세부 내용을 기록하거나 분석하여 알리려고 한다면, 그것은 아무리 좋은 뜻이라고 하더라도 마치 나비를 잡아서 해부함으로써 나비의 본질을 알려고 하는 것처럼 테와족의 영성을 파괴하는 것이 될 것이다.[19]

2월 말의 밤, 별이 빛나는 광장에 모인 곰 주술 집단의 사람들은 돌을 드문드문 둥글게 쌓아놓은 곳으로 모인다. 이렇게 돌로 배치해 놓은 구조물은 테와족이 어머니 땅의 배꼽이라고 부르는 신성이 가득한 성소이다. 이곳은 테와족의 우주를 구성하는 정신적, 지리적 중심을 나타낸다. 그 아래 지하세계에는 자연의 다산과 풍요를 관장하는 근원지가 있다. 이곳은 연약한 인간 존재와 신비롭게 요동치며 솟아오르는 자연의 관대함이 서로 탯줄로 연결된 것 같은 모습을 상징한다.

주술사들 가운데 한 사람이 신성한 땅의 배꼽 구멍에 다가간다. 그는 주술사 집단에서 배운 개인의 힘과 용기를 끌어내기 위해 자기 내면 깊숙히 침잠한 귀중한 씨앗들을 그 성소에 있는 자궁 같은 방에 갖다 놓음으로써 상징적으로 어머니 땅이 수태하는 모습을 연출한다. 이

곳에서 그림자처럼 움직이는 주술사에게 작용하는 힘은 너무 강력해서 그는 세상을 새롭게 하려는 이 소박한 의식을 잠시 동안 놀랄 만한 마술로 바꾼다. 그가 무릎을 꿇고 식물의 씨앗을 자궁 같은 방 안에 넣을 때 그의 팔은 갑자기 길게 늘어난 것처럼 보인다. 그리고 그 구멍도 마치 주술사의 선물을 받아들이는 것처럼 크게 확장하는 듯이 보인다. 그는 씨앗을 든 팔을 얕게 파인 성스러운 구멍 속으로 깊이 찔러 넣어 씨앗을 땅 속 깊이 묻는다. 이러한 행위는 생명의 씨앗이 땅의 배꼽과 연결되어 세상을 관통하는 갱도나 굴을 통해 땅의 자궁 속으로 직접 도달하게 하려는 것이다.

테와족의 원로들은 이렇게 인간이 중간에 개입하는 수태 방식을 '호박 꽂기'라고 부른다. 이들은 자연을 끊임없이 조화롭게 순환하게 하려는 인간의 초자연적인 개입이 우주의 운행에서 무엇을 암시하는지 매우 잘 알고 있다. 앞으로 몇 주 동안 다른 7개의 만들어진 사람들 집단들은 어머니 땅에 호박 꽂기 의식을 계속하고 관련된 의식들을 통해 더욱 힘을 북돋을 것이다.

8개 집단이 모두 생명의 싹 틔우기 의식을 마친 뒤에는 또 다른 중요한 의식들이 절기에 맞춰 한 해 동안 계속 이어진다. 이러한 의식들 가운데에는 춘분에 시작하는 '잎에 생명을 주기'가 있고 얼마 후에는 '꽃에 생명을 주기'가 있다. 이 의식들은 모두 자연의 계절 순환이 좀 더 빨리 오도록 재촉한다. 9개의 의식들은 테와족 사람들이 자연과 그 속의 생명체들에 대해서 짊어져야 할 책임을 반영한다.

인간은 언제나 세상에 정신적, 물질적 풍요와 에너지를 정기적으로 공급해야 할 신성한 의무가 있다는 확신이 테와족의 전통 사회에 깊이

박혀 있다. 따라서 해마다 2월 말이 되면 만들어진 사람들은 세상의 모든 곳에서 자라는 생명체들이 다시 한 번 생명의 싹을 틔우기를 기원하면서, 마을 광장과 신성한 장소에 다시 모여 그들의 소중한 시간과 생각, 노래와 춤을 생명의 싹 틔우기 의식에 바친다.

우리들은 테와족의 피를 받고 태어나지 않았고, 도시에서 불평등한 번영을 누리며 살고 있으며, 해마다 땅이 새로 태어나는 산고의 소리를 듣지 못한다. 그러나 이제 이들이 우리를 위해 어떤 수고를 하는지 안 이상 잠시 멈춰서 새해를 위해 자연 만물을 깨우는 테와족의 만들어진 사람들과 자연을 향해 고마움을 전해야 할 것이다.

10

지구의 운명

원로들의 목소리

> 이것은 신성하고 말할 가치가 있는 모든 생명체들에 대한 이야기이며 네 개의 다리를 가진 동물들과 하늘의 날개 달린 새들 그리고 모든 녹색의 존재들과 그 이야기를 함께 공유하는 두 개의 다리를 가진 우리들의 이야기이다. 이들은 모두 한 어머니에게서 난 자식들이며 이들의 아버지도 하나의 영이다.
>
> _블랙 엘크Black Elk, 시욱스족 원로[1]

    원주민과 과학이 자연을 생각하는 방식은 대개 서로 보완적이다. 이들은 자연 현상을 바라보는 인식을 풍부하게 만들 뿐만 아니라, 앞으로 다가올 미래에 대한 처방을 내리는 데도 도움을 준다. 이러한 공명은 지구의 생태계가 파괴되고 있는 현실이 초래할 끔찍한 결과에 대한 경고와 이를 막기 위해 지구 생태계를 보호해야 한다는 처방에서 뚜렷하게 나타난다. 말하자면, 이 두 가지 방식 모두 지구의 운명을 걱정한다는 점에 공감한다.

    20세기 말이 가까워지자 우리는 기술이 세상을 지배하는 이상향을 만들 수 없을 거라는 사실을 뚜렷하게 알게 되었다. 오히려 지구는 현대 과학과 기술이 창조하고 악화시킨 많은 문제들—인구 과잉과 동식물의 대량 멸종, 전 지구적 기후 변화, 토양 유실과 오염, 대량 살상 무기의 확산―과 싸우고 있다.

물론 모든 과학자들이 이런 역설을 모른 척하고 있을 것은 아니다. 많은 과학자들은 한 목소리로 과학적 지식의 한계와 현대 사회에서 과학의 역할을 둘러싼 현재의 가정들에 대해 계속해서 공개적으로 의문을 제기해왔다. 이들 대다수는 나무랄 데 없는 학문적 권위와 뛰어난 연구 성과를 통해 자기 자리를 확고하게 만든 원로 과학자들이다. 이들은 대개 연륜이 깊어지면서 자연, 과학, 사회의 문제를 더욱 철학적인 문제로 인식하기 시작했다.

원로들의 역할

인간의 역사에서 원로들은 특별한 사회적 지위를 차지했다. 이들은 자신들의 경험, 지식, 지혜, 뛰어난 통찰과 능력, 관계들을 정성들여 축적했다. 그리고 현존하는 세대들이 이 지혜를 그들의 과거, 현재, 미래와 조화롭게 연결할 수 있도록 아무 대가없이 제공한다.

일부 과학자들은 인간의 유한함이나 자기 자식과 손자 세대의 불확실한 미래 때문에, 또는 더 넓은 세상을 향한 불타는 호기심 때문에 인간 사회가 나아갈 방향에 대해 심오한 질문을 던지기 시작했다. 이는 전체적으로 볼 때 동료 과학자들과 사회에 큰 기여를 하고 있는 것이다.

이로쿼이족Iroquois族 연합의 한 부족인 위스콘신Wisconsin 오나이더족Oneida族 출신이며, 캘거리 대학에서 학생들을 가르치는 팜 콜로라도

Pam Colorado에 따르면, 원주민 문화는 모든 나이든 사람들이 그들의 인생 경험을 바탕으로 후세들에게 제공할 지혜들을 가지고 있다는 사실을 완벽하게 인정한다. 그러나 그 가운데 특별한 우주의 지식을 가지고 있는 일부만이 원주민 사회와 세상 사람들에게 현명한 조언을 해줄 수 있다고 생각한다. 콜로라도는 이 뛰어난 과학자들[2]이 끊임없이 자신을 낮추며 생명과 자연에 대해 깊은 존경심을 가지고 있다고 말한다. 이들은 전통적으로 선생으로서보다는 중재자 또는 안내자로서의 역할을 했다. 콜로라도는 원주민의 지식과 과학적 지식을 새롭게 종합하려고 활발히 연구하고 있는데, 그녀는 아메리칸 인디언 과학의 원리 가운데 하나가 개인과 창조자의 영적 관계를 탐구하고 그 속에서 진리를 찾는 것이라고 말한다. 여기서 원로의 역할은 원주민들에게 그들이 거행해야 할 의식과 성장 과정을 잘 안내해서 그들이 자연과 그 속에서 자신들의 위치가 어디인지 더 잘 알 수 있도록 도와주는 것이다. 그녀는 서양의 유추와는 다른 방식으로 자연과 그 촉매제들에 대해 가르치는 원로들의 가르침은 원주민 문학으로 나타난다[3]고 말한다.

과학과 원주민 사회에서 진정한 지혜는 다른 것에 대한 동정과 관용을 느끼고 보일 수 있어야 하며, 인간뿐만 아니라 자연계의 모든 존재들과도 친밀하고 통찰력 있는 동정적인 관계를 발전시킬 수 있어야 한다.

우리는 어떤 "원로" 과학자들이 우리의 관심을 받을 만한 가치가 있는지 없는지 결정할 때 반드시 이런 중요한 특성들을 살펴보아야 하지만, 불행히도 우리의 문화적 편견은 이런 특성들을 평가절하한다. 이것은 아마도 스위스의 신경정신학자 엘리스 밀러Alice Miller가 주장한 것처럼 우리 사회에서는 어릴 때 받은 교육이 사람들의 정서에 깊이 자리 잡고 있어 나이가 많고 경험이 풍부한 사람들이 지혜로운 게 당연하다고 생각하기 때문일 것이다. 그러나 이들이 주변과 얼마나 깊고 의미 있는 관계를 맺고, 그것을 느끼고 공감하며 발전시킬 수 있는지는 이들의 지혜와 전혀 상관없는 일이다.

우리들 가운데 많은 사람들은 과학에서 나이, 성, 경험의 지속성이 언제나 믿을 만한 지혜의 지표라는 위험한 환상에 빠져 있다. 밀러는 나이든 장인이 자기 직업에 대해 더 많은 경험을 가지고 있고, 나이든 과학자의 머릿속에 더 많은 사실들이 들어 있다는 것은 당연한 일이지만, 이 두 경우 모두 그들이 알고 있는 지식은 지혜와 전혀 관계가 없다고 경고한다. 만일 사람들이 느끼거나 동정할 줄 모른다면 그 어떤 가르침과 윤리적 설교도 무슨 소용이 있겠는가?[4]

서양의 원로들이 자연을 바라보는 지혜

수년 동안 폴 에를리히 같은 생태학자들과 로저 스페리 같은 두뇌생물학자들에서부터 그레고리 베이트슨 같은 인류학자들, 조지 월드 같은 생물학자들, 프랑수와 자코브 같은 분자유전학자들에 이르기까지 저명한 생명과학자들은 정통 과학자 사회에서 "전통적인 지혜"라고 생각하는 것과 비교할 때 어떤 면에서 이단이라고 볼 수 있는 주장을 공식적으로 내세웠다. 그러나 이 책을 통해 짧막하게 인용한 이들의 주장이 보여 주는 것처럼 인간과 자연의 관계에 대한 이들의 철학적 견해는 대개 자연의 어떤 특성이 땅 위의 모든 생명체의 안녕을 위해 "신성한 것" 또는 깊은 존경을 받을 만한 가치가 있는 것으로 대우를 받아야 한다는 것을 암시한다. 일부 과학자들은 과학적 사고에는 한계가 있으며, 우주의 어떤 특성들은 과학자들도 모르는 신비로운 것으로 영원히 남아 있다고 솔직하게 시인한다. 이들 가운데 일부는 그들의 생애 동안 목격한 생태계 파괴에 대해 몹시 가슴 아파하며 그동안 서양 문명의 발전과 함께 진행된 환경 파괴를 멈추게 할 의지와 힘이 우리에게 있기나 한 건지 의문을 제기한다.

높은 지식과 학문적으로 존경받는 원로 과학자들의 이러한 견해는 원주민 원로들의 생각과 놀랄 정도로 비슷하다. 실제로 이 원로 과학자들 가운데 일부는 서양 사회가 원주민들이나 다른 고대 전통들이 자연을 바라보는 지혜에서 배워야 할 것이 많다고 주장한다. 예를 들면, 현대 생태학의 선구자인 하워드 오덤은 그가 평생토록 이해하고 애쓰며 수학적인 모형을 만들려고 했던 복잡한 생태계의 그물망들에 대해 원주민들이 생각하는 것과 과학자들이 생각하는 것이 놀랄 정도로 일치하는 부분이 많다고 주장한다. 그가 20년 전 생태계의 기본 질서에 대한 개인적 탐구인 『환경, 힘, 사회*Environment, Power, and Society*』에서 시의적절하게 쓴 것처럼 말이다.

인간이 안정되고 복잡한 숲의 작은 일부였던 때, 그의 믿음은 숲을 조절하는 체계 안에서 지성과 같은 존재였던 신과 함께 온 숲을 감싸고 있는 에너지 체계 속에 있었다. 원시의 '원문대로' 숲의 사람들은 숲이 지성을 가지고 움직이는 신들의 그물망이라며 종교적 신앙을 가지고 믿었다. 안정된 숲은 실제로 인간 개개인의 지성을 넘어서 지성의 형태를 구성하는 여러 종류의 그물망들, 흐름, 논리 회로들의 통합 체계이다.[5]

또 다른 원로 과학자들은 자신들이 모르는 것이 본디 자연의 신성한 또는 영적인 영역일 수 있다고 목소리를 높인다. 〈지구의 보존과 보호 : 과학과 종교의 공동 책임을 호소하며Preserving and Cherishing the Earth : An Appeal for Joint Commitment in Science and Religion〉라는 제목의 공식 성명서가 최근에 모스크바에서 열린 환경과 경제 발전에 관한 국제회의에서 83개 나라의 종교, 정치, 과학 지도자들이 참석한 가운데 발표되었다.[6] 중요한 것은 오늘날 가장 존경받고 있는 뛰어난 서양의 과학자들 가운데 많은 사람이 이 성명서에 서명을 했다는 사실이다. 이들 가운데는 천문학자 칼 세이건Carl Sagan과 프리먼 다이슨Freeman J. Dyson, 물리학자 한스 베스Hans Bath, 대기학자 스티븐 슈나이더Stephen H. Schneider, 생물학자 피터 레이븐Peter Raven, 로저 르벨Roger Revelle, 스티븐 제이 굴드Stephen Jay Gould가 있다. 여기에 성명서 내용 가운데 과학적으로 가장 대담한 문구를 소개한다.

우리들 가운데 많은 사람은 과학자로서 우주 앞에서 심오한 두려움과 경외를 경험했다. 우리는 사람들이 신성하다고 생각한 것이 앞으로 더 많은 보살핌과 존경을 받아야 한다고 생각한다. 우리들의 고향인 지구도 그래야만 한다. 자연환경을 지키고 보호하려는 노력은 신성의 통찰력으로 고취될 필요가 있다.

노벨상을 수상한 두뇌생물학자 로저 스페리는 그의 철학 에세이에서 우리 사회는 전기로 충전되는 현대 과학의 지식과 자연을 존중하고 보호하는 가치체계가 서로 화해하지 않으면 안 된다고 말한다. 또한 우리 시대 생태계의 거친 바다를 항해할 수 있게 해주는 새로운 지구 윤리의 탐색을 촉진하기 위해 흥미진진한 사상 실험을 해야 한다고 주장한다. 우리는 상상력을 한 단계 높여 만일 전 세계의 위대한 종교 전통의 가장 현명한 정신적 원로들이 지금도 살아 있고 과학 지식도 풍부하다면 과연 어떤 환경 가치들을 제안할지 생각해봐야 한다. 스페리는 이 일이 만일 코페르니쿠스Copernicus, 다윈Darwin, 아인슈타인Einstein과 같은 인물들이 자기들 시대보다 앞서 태어났다면 그리스도Christ, 무함마드Mohammed, 부처Buddha, 공자孔子와 같은 성인들의 가르침이 어떤 종교의 형식으로 나타났을지 유추하는 것과 같은 일일 것[7]이라고 생각한다.

우리는 또 다른 과학계의 이단자인 인류학자 그레고리 베이트슨이 현대 과학은 진리의 가치중립이라는 말에 너무 심하게 의존하는 위험에 빠져 있다고 주장한 것을 눈여겨 볼 수 있다. 베이트슨은 과학적 진실은 그 자체가 불완전하다고 주장한다. 그는 진리를 그렇게 냉정하게만 생각한다면 영혼의 분리에 무감각해지는 결과를 초래할 것이라고 말한다. 베이트슨은 사람들이 그것이 지성을 괴물과 같은 감정과 분리하려는 시도라고 말하지만, 사실은 외부의 지성과 내부의 정신을 분리하려는 것, 또는 정신을 몸과 분리하려는 것[8] 자체가 괴이한 짓이며 위험한 시도라고 경고한다. 이와 비슷하게 과학 역사가 모리스 버만Morris Berman은 그의 책 『세상에 다시 마법 걸기The Reenchantment of the World』에서 현재 진행 중인 자연의 탈영성화는 과학적 세계관의 본성이며, 과학을 더욱 전체적이고 완벽한 인식 체계로 만들려고 끊임없이 노력하는 20세기의 거대한 음모, 거대한 드라마와 다르지 않다고 설명한다.[9]

오늘날 이들을 비롯한 여러 과학자들과 과학평론가들은 은연중에 원주민의 정신 속에 담겨 있는 지식과 인간적 가치들의 통합을 간절히 바라고 있다. 우리는 지구의 운명에 불확실한 그림자를 길게 드리우고 있는 과잉 인구, 산업 오염, 생물 다양성의 파괴, 오존층 파괴를 비롯해서 아직 밝혀지지 않은 수많은 환경 위기들의 미로에서 길을 밝혀줄 지혜를 어디서 찾을 것인가?

유명한 인구생태학자 폴 에를리히는 그 지혜를 때때로 영적으로 무감각한 현대 과학의 진실과 우리의 집단 행위를 바꿀 수 있는 오늘날의 영성을 시의적절하게 혼합한 대중운동에서 발견할 수 있다고 주장한다. 에를리히의 주장은 오늘날 전 세계에서 떠오르고 있는 자연 중심의 '심층 생태학 Deep Ecology' 운동을 가리키는 것으로 과학적 합리성보다는 서로 다른 생명체 사이의 공감을 통해 생명을 더욱 중시하는 평등주의 세상이 되기를 바란다는 것이다. 이것은 원주민들의 자연에 대한 전통 지혜를 포함해서 심층 생태학 사상을 구성하는 다른 학문 분야들에도 똑같이 적용될 것이다.

에를리히는 우리 문명이 지속되기 위해서는 오늘날 인간 행동을 지배하고 있는 가치관을 바꿔야 한다고 생각하는 준準 종교적 운동이 반드시 필요하다고 확신한다. 심지어 과학이 생태학도 모든 문제들에 해답을 줄 수 없다는 사실에 동의한다고 해서, 또한 과학이 아닌 "다른 사고방식"이 있다는 것에 동의한다고 해서 훌륭한 과학이 해야 할 가장 중요한 역할이 감소하는 것은 아니다. 만일 너무 커져버린 우리의 문명이 살아남기를 바란다면 그것을 인정해야 한다. (저자 강조)[10]

20세기 들어 서양 사회가 절박하게 과거에는 없었던 과학과 영성이 혼합된 진실을 찾을 필요가 있다고 느낀다는 것은 시스템생태학자 하워드 오덤이 한 말에 잘 나타난다.

> 자연과 인간의 생존 형태를 좌우하는 중심 열쇠는 에너지 윤리의 법칙을 따르는 종교의 가르침이라는 하부 시스템이다. …… 우리는 학교에서 일반 과학 시간을 통해 에너지를 가르칠 수 있듯이 새롭게 변하고 있는 교회에서 (생태적) 시스템의 사랑을 가르칠 수 있고, 그 시스템이 우리에게 무엇을 요구하는지 가르칠 수 있다. (저자 강조)[11]

원주민 원로들이 자연을 바라보는 지혜

인간이 "생태적 시스템의 사랑"을 받을 수 있도록 과학과 양립할 수 있는 영성을 찾는 일은 언제나 어려움이 따른다. 비록 원주민의 생태적 인식과 과학자의 생태적 인식이 자연계의 진실을 서로 보완해서 밝히는 것처럼 보일 때가 있다고 해도, 인류학자 레비스트로스와 같은 사상가들이 정확하게 일깨워준 것처럼, 이 두 개의 인식은 언제나 근본적으로 지식의 범주들을 여러 개로 나누거나 아니면 서로 평행선을 달린다. 서양의 과학적 사고는 원주민의 정신을 요구하지 않는다. (아마도 성난 많은 과학자들이 우리를 일깨우려고만 할 것이다.) 또한 과학적 사고는 원주민들이 옛날부터 애써 축적한 자연에 대한 영적 지식도 필요로 하지 않는다. 심지어 인간과 자연 사이의 약속이나 조화로운 관계는 인정하지도 않는다. 따라서 프랑스 분자생물학자이며 노벨상 수상자인 프랑수와 자코브가 말한 것처럼 과학은 당연히 정신과 영혼, 기쁨과 슬픔, 기대와 희망이 없는 것으로 영원히 남을 수밖에 없다.

그러나 비록 서양 과학이 원주민의 정신을 필요로 하지 않는다고 해도 인간의 정신, 특히 서양의 정신과 사회는 원주민의 정신이 매우 필요하다. 우리는 언제나 원주민들의 정신 속에 살아 있는 자연의 강렬한 이미지들을 필요로 한다. 그 이미지들은 우리의 마음 속 깊은 곳에서 우러나는 인간 이해의 영역(과학이 "비합리적" 또는 "직관적"이라고 부르는 것)이다. 또한 우리는 원주민의 정신 속에 뚜렷하게 새겨진 확신이 필요하다. 원주민들은 인간의 감각이 우주에 대해 아무리 많이 이해한다고 해도 인간의 논리와 이성을 뛰어넘는 영역들은 여전히 무수히 존재하며, 우주의 힘은 영원히 신비하고 무질서하며 불확실하다고 생각한다. 그리고 우리는 무엇보다도 원주민들이 자연을 이해하는 지혜가 예시하는—때때로 잠시 주춤할 때도 있었지만 이미 앞서 오랫동안 자연과 생태적 평형을 이룸으로써 보여 주었던—앞날에 대한 한 가닥 희망을 요구한다.

원주민의 사고방식과 과학적 사고방식의 가장 유익한 대화는 서양 학자들의 학문적 분석이 아니라 개개인의 내면적 성찰에서 비롯된다. 이것은 개개인의 정신 안에서 서로 다른 문화의 생각들과 가치들이 충돌할 때 발생하는 개인의 정신과 감정의 변형 과정을 통해서 나타난다. 이것은 어떤 "증거"를 요구하지 않으며 한 전통의 지혜가 다른 전통의 지혜를 완전히 "정복"하거나 서로 배제하지 않는다.

환경사상가 베어드 캘리콧Baird Callicott은 최근에 쓴 책 『땅의 윤리를 변호하며In Defense of the Land Ethic』에서 이같이 바란다. 그는 아메리카 원주민의 자연에 대한 전통 지혜가 전 세계 사람들이 보고 따라야 할 살아있는 문화적 "역할 모델"이 될 수 있다고 주장한다. 또한 원주민들의 세계관이 참된 환경 지식으로 가득하다는 생각이 일종의 "신낭만주의 사고"가 아니며 죄의식에 시달리는 서양의 "거룩한 노예"라는 개념으로 돌아가는 것도 아니라고 주장한다. 오히려 이 생각은 원주민 사회가 자연과 맺은 관계를 정확하게 인식하고 있으며, 거기에서 매우 다양한 환경적 가치들과 책임감이 흘러나온다는 것을 보여 준다. 만일 일부 아메리칸 인디언들이 자신들과 자연의 관계를 사회적일 수밖에 없고 따라서 윤리적일 수밖에 없는 관계로 그렸다고 가정한다면, 이들이 남긴 풍부한 이야기들은 알도 레오폴드의 생물사회학적 환경 윤리와 같이 명확하게 밝힌 추상적 표현에는 없는 기성의 신화들과 비유들을 제공할 수 있을 것이다. (저자 강조)[12]

일부 서양인들이 이러한 낙관주의에 빠지기 시작했지만, 우리는 북아메리카와 전 세계에 있는 토착 원주민들이 대대로 이어온 지식이 그 자체로 본질적 가치가 있으며, 존재 의미가 있다는 것을 다시 한 번 강조한다. 이것은 서양 사회의 승인을 받을 필요도 없으며 아무리 좋은 의도라고 해도 서양의 과학자들이 그것의 진위와 타당성을 최종 "확인"할 이유도 없다. 또한 언젠가 원주민들의 전통 지식이 오만하고 탐욕스럽게 확장하고 있는 서양의 현대 산업 사회에 암이나 에이즈를 치료할 수 있는 방법이나 희망을 제공할 수 있다는 것으로 그것의 가치를 인정받을 필요도 없다.

서양은 자연에 대한 원주민의 전통 지식이 본디부터 지닌 지성과 일관성, 타당성을 솔직하게 인정함으로써 모든 최초의 사람들의 권위를 존중하며 원주민들의 세계관과 생존의 핵심인 신성한 땅을 합법적으로 소유하고 번창할 수 있도록 해야 한다.

우리는 끊임없이 변하고 있는 바깥 세계에서 토착 원주민들의 욕구에 맞게 계속해서 진화하고 있는 그들의 지식과 가치체계들을 멀리서 조용히 감탄하며 바라볼 수도 있다. 레비스트로스가 주장한 것처럼 서양 문명과 그것이 소중히 간직하고 있는 최근의 과학적 사고는 원주민의 세계관을 기꺼이 존중함으로써 야생의 '또는 원주민의' 사고 원리들을 합법화하고 그에 알맞은 자리를 재정립하는 데 기여했다.[13]

지난 5세기 동안 유럽의 눈부신 "발견"과 확장의 시기는 원주민의 기억 속에서는 엄청난 시련과 저항의 시기였지만, 우리는 앞날에 대해 낙관한다. 우리는 앞으로 과학과 양립하는 원주민의 생태 인식이 나타나서 원주민이 아닌 사람들이 원주민들과 비슷한 환경 가치를 채택할 것이라고 낙관한다. 그리고 그 과정 속에서 차분하고 이해심이 많으며 선견지명이 있는 사회 원로들—원주민과 과학자 모두—의 목소리가 시끄러운 세상의 잡음을 넘어 모든 사람들에게 더욱 맑게 들리기를 바란다.

자연의 신성함을 의연하게 품고 있는 "신성한 생태계" 속에서 모든 생명체들을 하나로 묶는 아득히 먼 시대에 뿌리를 둔 목소리들은 아직도 현대 과학의 가장 미묘하고 불가해한 진리에 영향을 미치고 있다.

이 목소리들은 그 안에 환경 윤리를 간직하고 있는 자연의 통찰력을 일반인에게 전달한다. 자연의 통찰력은 인간의 어리석음, 무지, 생물권의 운명에 대한 부정이 초래할 끔찍한 결과들을 인간들로 하여금 본능적으로 느끼게 한다.

알폰소 오르티즈는 생태계의 대재앙을 피하는 것은 아직 늦지 않았다고 주장한다. 만일 그것이 너무 늦었다고 한다면 절망밖에 없을 것이다. 그러나 그는 전 지구가 실제로 바뀌기 위해서는 각자 자기 문화의 유산들 가운데 가장 지혜롭고 적응력 있는 요소들을 전 세계가 집단으로 이용할 때만 가능하다고 주장한다. 그리고 이때에 의미 있는 변화를 가져오기 위해서는 자연에 대한 사고방식과 관계방식을 근본적으로 다르게 이해해야 한다. 오르티즈는 기술만 가지고는 이미 창조된 대량기술을 없애지 못한다고 말한다. 우리는 지금 말썽 많은 생명체인 인간과 지구 사이의 관계를 어떻게 새롭게 인식할지에 대해 이야기하고 있다. 그 인식방식은 이미 원주민들의 가르침에 나와 있다.[14]

우리는 지금부터 "자연의 상태"라고 부르는 것에 대해서 원주민의 기록들 가운데 몇 개를 뽑아 그들이 인간과 자연의 관계를 어떻게 인식하는지 알아볼 것이다. 이 기록들은 원주민 지도자들의 개인 고백도 있고, 원주민 집단의 공식 성명서도 있으며, 시대를 초월해 대대로 전해 내려온 자연에 대한 원주민의 예언들도 있다. 이 예언은 단순히 과거가 다시 되풀이될 것이라고 말하는 것이 아니라, 앞으로 지구에 닥칠 미지의 운명과 관련해서 어떤 인간 본성과 자연의 형태들이 되풀이되어 일어날 수 있을지 거듭 주장한다.

신성과 교감하기[15]
캐나다 브리티시컬럼비아 남서부 지역 릴와트족

> 우리가 세상을 정복했던 적이 없고 그것을 이해했던 적도 없다는 것은 사실이다. 우리 스스로 세상을 지배했다고 생각할 뿐이다. 우리는 왜 우리가 다른 생물체에 특정한 방식으로 반응하는지 알지 못한다. 또 우리가 그것들을 다양한 방식으로 왜 그렇게 절실하게 필요로 하는지도 모른다.
>
> _윌슨, 곤충학자이며 진화생물학자[16]

나는 당신들(비원주민들)이 문명화했다고 믿었던 세상의 법칙들을 더 잘 알게 하기 위해 우리 선조들이 신성한 의식과 노래들을 통해 자신들이 알고 있는 최고의 지혜를 당신들에게 전해 주었지만, 당신들이 우리 선조들을 그렇게 철저하게 무시한 것에 대해 고통과 분노를 느낀다. 이 지구는 당신들이 잠시 빌린 것일 뿐인데 당신들이 발전을 향해 질주하면서 생물권 또는 생태권이라고 부르는—우리는 더 간단하게 어머니라고 부르는—것을 그렇게 무시하고 해치는 것에 대해 고통과 분노를 느낀다. ······

전 세계의 원주민들은 개발이라는 이름으로 철저하게 파괴되었고 지금도 파괴되고 있다. 많은 언어들이 뿌리째 사라지고 있으며, 가족 관계는 갈기갈기 찢어지고 무너지고, 전통 가치들은 점점 경시되어 마침내 대량 학살까지 일어나고 있다. 오늘날 능률적이고 미세하게 조정되는 기계라고 하는 것은 적어도 산업 개발이라고 부르는 때가 시작되면서부터 원주민과 그들의 생각을 점점 이 세상에서 사라지게 했다.

왜 그런 일이 일어났는가?

원주민들의 인식과 철학—우리의 전통 규범과 법칙—은 우리가 대대로 살아온 이 땅에서 후세들과 생명 그 자체를 포함해서 모든 자원들을 이렇게 약탈당하도록 허용하지 않는다. 원주민들의 생각은 과격하고 모든 것을 황폐화시키는 파괴적인 개발 과정과 서로 반대된다. 그래서 원주민들은 그림에서 지워져 버렸다. 그렇게 우리는 무자비하게 전 지구에서 제거되었다. ……

지구의 환경 위기는 산업이 지구의 생존을 보장하지도 않으며 보장할 수도 없다는 것을 매우 잘 보여 주었다. 지금 필요한 것은 근본적인 의식의 전환이다. 이것은 원주민들의 생각—우리의 법칙과 규범, 자연과의 관계 설정—이 다시 그림 속으로 돌아와야 한다는 것을 뜻한다. 실제로 자연 법칙과 규범들은 인류의 중심 문제가 되어야 한다.

지구의 생존을 위해 원주민들이 해야 할 첫 번째 과제는 우리가 끊임없이 가장 중요하게 생각했던 일인 들을 수 있는 모든 사람들에게 원주민들의 인식을 소통시키는 것이었다. …… 우리의 원로들은 우리의 전통 땅에 남겨진 것들을 보호하는 것 이상의 일을 해야 한다고 말한다. 우리는 우리 정신 체계를 완전히 바꿔야 한다. …… 그래야 인류가 모든 문화와 국가들이 공유하고 있는 자연 환경을 보존하고 유지할 전략을 수립하기 시작할 수 있다. ……

우리 원주민들은 언제나 우리가 대대로 이어온 땅과 우리가 살고 있는 곳에 새로 들어오는 사람들에게 모든 생명체는 신성하다는 것을 깨우쳐 주려고 애썼다. 우리는 관용과 동정을 가지고 우리 땅에 들어온 새 식구들과 우리의 의식과 노래들을 함께 나누려고 했다. 왜냐하면 이 의식들은 우리를 둘러싼 땅, 바다와 올바른 관계를 맺게 해주며 우리와 함께 이 땅에서 살아야 할 사람들에게 필요한 지식을 전달해주기 때문이다. 그러나 개발의 힘은 전 세계의 원주민들이 수천 년 동안 지속가능한 자원 관리에 성공했다는 것을 인정하지 않았다.

우리 원주민들이 우리 땅에 대해 가지고 있는 권위와 책임감은 선조들이 우리에게 물려준 것이며 간단하게 무시될 수 있는 것이 아니다. 이제 분명히 하자. 오늘날 전 세계 원주민들의 땅은 이미 강탈당했거나 빼앗길 위험에 처해 있다. 이 땅들은 우리의 손을 벗어나면 되돌릴 수 없을 정도로 망가진다. ……

원주민들이 해야 할 두 번째 과제는 그들 전통의 땅과 자연에 남겨진 것들을 있는 힘을 다해 보호하는 것이다. 우리는 슈타인 계곡Stein Valley—슈타인 밸리 트라이벌 헤리티지 파크the Stein Valley Tribal Heritage Park, 살아 있는 자연문화사 박물관—을 공원으로 선포했다. 그리고 이 공원을 인정하지 않거나 존중하지 않는 정부나 기업은 위험을 각오해야 한다. ……

우리는 자연에 남겨진 것들을 보호하기 위해 필요한 조치들이 전 세계에서 일어나고 있다는 것을 안다. 나는 원주민들의 강인한 힘과 끈기에 존경의 마음을 전하고 싶다.

원주민–모든 생명체의 보호자[17]
미국 애리조나 호테빌라 지역 호피족

⟨생태학의 네 가지 법칙⟩
모든 것은 서로 연결되어 있다.
모든 것은 어느 곳으로든 가야 한다.

> 자연은 가장 잘 안다.
> 세상에 공짜는 없다.
>
> _배리 코머너 Barry Commoner, 생태학자[18]

　세상에 창조된 모든 만물은 우리에게 소중한 것들이다. 우리는 이 소중한 것들을 모두 현명하게 보호하고 사용해서 모든 사람들과 조화롭게 함께 나누어야 한다. 그러나 우리는 이런 것들을 잊고 있으며 평화롭게 살기가 점점 더 힘들어지고 있다. 우리는 인류가 너무 멀리 갔으며 평화를 찾기에는 너무 많은 것을 잊어버렸을까봐 걱정한다.

　옛날 호피족은 창조자의 신성한 법을 잊어버린 인간의 생각없는 행동이 초래한 끔찍한 대재앙 때문에 옛 세계 질서가 새 질서로 바뀌는 것과 같은 많은 일들을 보고 겪었다. 인간의 생각없는 행동은 지난날 세 차례에 걸쳐 세계 질서를 파괴했다. 인류가 우리의 과거 역사에서 아무것도 배우지 않는다는 것이 매우 슬프다. 인류는 또 다시 우리가 창조자에게 약속했던 신성한 법에 따라 살지 않고 있다. 그래서 이 땅과 자연은 점점 균형이 깨지고 있다. 기술은 우리의 옛 문화와 전통을 급격하게 갉아먹고 있다. 야생동물과 숲은 급격하게 사라지고 있으며, 소중한 물과 공기는 점점 오염되어 사람들이 마시고 숨쉬기 어려운 지경에 이르렀다. 또한 기후 변화는 인간의 앞날에 음울한 경고를 던지는 매우 심각한 문제로 상징된다.

　어떻게 이 잘못들을 고칠 수 있을까? 우리가 신성한 법으로 되돌아간다면 문제가 해결될까? 우리가 모든 것을 물질적 가치로 바라보는 한 문제는 해결되지 않을 것이다. 한때 우리가 따랐던 윤리적 가치관은 이제 장난감처럼 살아 있는 거짓이 되었다. 만일 우리가 우리의 방식을 고친다면 앞으로 일어날 과정을 막을 수 있을 것이다. 우리는 매우 영리한 사람이 나타나 자연의 비밀을 찾아내고 자연의 법칙에 맞설 때가 올 거라고 예언했다. 그가 발견한 많은 것들이 인간들에게 혜택을 주겠지만 그것은 위험한 요소들도 가지고 있다. 자연은 스스로를 신비 속에 보호하기 때문에 인간은 결국 불행을 수확할 것이다. 의학, 약, 무기와 같은 현대 과학과 기술이 만들어낸 산물들이 바로 우리가 예언한 것들이라는 것이 이제 명확해졌다.

이런 일이 계속되면서 최초의 맹세를 거스른 호피족은 계절을 조절하는 지구의 순환을 부자연스럽게 만든다. 호피족의 땅은 지구의 정신적 중심이기 때문에 여기서부터 변화가 일어나는데, 이는 지구 전체에 영향을 미칠 것이다. 호피족의 땅은 그 결과를 최초로 느끼는 곳이 될 것이다. 우리는 씨 뿌리는 달이 추위 때문에 늦춰지고 추수를 하기 전에 서리가 내리는 것을 보며 자연의 불균형이 진행되고 있다는 것을 안다. 이것은 바로 올해 발생했고 그래서 올해 우리의 수확량은 줄어들 것이다. 우리의 숙련된 눈에는 어떤 야생동물들이 이 세상에서 사라지고 있는지 보인다. 대부분의 여름 곤충들은 계절의 순환에 맞춰 다시 돌아오지 않았다. 아마도 자신들에게 맞는 자연 환경을 찾아 떠났을 것이다. 우리는 모든 사건들을 다가올 어떤 거대한 변화나 새로운 사건이 도래하는 신호로 본다. 언제 변화가 일어날지는 오직 위대한 영만이 안다. 아마도 이것은 호피족이 예언했던 현재의 세계 질서를 크게 정화하는 사건일 것이다. 이것이 어떤 형태로 나타날지는 아무도 모른다. 우리는 창조의 법칙에서 벗어날 수 없기 때문에 그것은 평화로운 방식으로 올 수도 있고 끔찍한 대재앙의 형태로 올 수도 있다. 우리 호피족은 그 결과를 기다리고 있을 뿐이다. 그 결과가 무엇으로 나타나든지 간에 그렇게 될 만한 가치가 있다. ……

한 나라가 다른 나라를 대하는 방식은 세상에 평화의 정신 기반을 강화시키거나 파괴한다. 미국이 우리가 호피족 방식이라고 부르는 정신적 생활방식을 계속해서 반대한다면, 전 세계에서 심각한 전쟁들이 끊이지 않고 일어날 수밖에 없다. 보통 사람들의 견해와는 반대로 한 나라의 군사력이 커지면 커질수록 그 나라는 점점 더 위험에 빠진다. 오직 모든 생명체의 보호자인 원주민들과 솔직하고 비폭력적인 관계를 맺을 때만 이 세상에 평화가 올 수 있다.

지금 우리의 어머니 지구는 늙어가고 있다[19]
북아메리카 북동부 지역 이로쿼이족 연합

> 과학은 유용한 통찰력들을 가지고 있고, 사실과 추론적 논증에 매우 집착한다. 이것은 특별한 강점이 있다. 그러나 또한 이것은 특별한 약점도 있는데 시작과 끝, 목적이라는 더 큰 문제들을 해명할 수 없기 때문이다.
> _로버트 재스트로 Robert Jastrow, 물리학자[20]

6개 이로쿼이족 연합인 하우데노사우네(Haudenosaunee, 긴 집을 짓고 사는 부족이라는 뜻 – 옮긴이)는 인류 역사상 가장 오랫동안 지속되어 온 정부이다. 우리 부족은 유럽 사람들이 북아메리카에 도착하기 오래 전부터 여러 나라들이 서로 평화롭게 공존하며 남에게 침해받지 않을 권리를 인정하는 원칙들을 제정하기 위해 회의했다. 유럽 사람들은 우리의 회의 방식에서 배운 정의와 민주주의의 원리들을 전 세계에 널리 퍼뜨리는 일을 했다. 이것은 현대 사회가 발전하는 데 큰 영향을 미쳤다. ……

　형제자매들이여, 유럽 사람들이 우리 땅을 처음 침입했을 때 그들은 풍요로운 창조의 선물들이 가득한 세상을 발견했다. …… 사냥할 동물들은 어디든 넘쳐났고 때로는 수많은 새들이 거대한 구름처럼 하늘을 뒤덮었다. 우리의 땅은 엘크와 사슴, 곰과 말코손바닥사슴으로 가득했다. 그때 우리는 번성하는 행복한 부족이었다.

　형제자매들이여, 우리 어머니 지구는 이제 늙어가고 있다. 그녀의 가슴은 한때 우리와 이곳에 함께 살았던 야생동물들에게 더 이상 젖을 주지 못하며, 우리의 고향인 거대한 숲은 대부분 사라져 버렸다. 숲은 산업혁명을 뒷받침하는 숯을 만들기 위해 백 년 전에 베어졌고, 사냥감 야생동물들은 사냥 놀이를 하는 수렵가들과 농부들의 손에 죽었다. 대부분의 새들은 사냥꾼과 지천에 뿌려진 농약 때문에 생명을 잃었다. 그리고 강물은 많은 사람들이 사는 도시에서 내버린 폐수들 때문에 더러워졌다. 우리는 이러한 "초토화" 정책이 아직도 끝나지 않았다는 것을 알고 있다.

　형제자매들이여, 우리는 앞에 있는 증거들에 대해 경고한다. 오대호 Great Lakes(미국과 캐나다의 국경 지역에 서로 잇닿아 있는 다섯 개의 호수-옮긴이) 주변에 있는 중서부 지역의 산업 중심지에서 나오는 매연은 하늘로 올라가 죽음의 구름을 만들어 아디론댁 Adirondack 산맥 위로 산성비를 뿌리며 되돌아온다. 물고기는 산성화된 물 때문에 새끼를 낳지 못한다. 아디론댁 산맥의 고지대에 있는 호수는 고요하기만 할 뿐 물고기들은 더 이상 살지 않는다.

우리가 수천 년 동안 살았던 땅에서 농사를 짓는 사람들은 이제 이곳에 사는 생명체에 대해 더 이상 애정을 보이지 않는다. 이들은 해마다 똑같은 땅에 똑같은 곡식을 심는다. 이들은 윤작을 하지 않고 땅을 놀리지 않기 때문에 그 땅에서 자연스럽게 자라는 곤충들을 없애기 위해 곡식들에게 살충제를 뿌려야 한다. 곡식에 뿌린 살충제는 새의 목숨을 앗아간다. 그리고 비가 와서 땅 위로 빗물이 흐르면 지표수도 살충제에 오염된다.

또한 이들은 잡초들을 제거하기 위해 제초제를 뿌리는데 밭에서 흘러나온 빗물은 전국의 강 유역으로 독극물을 전달하고 마침내 전 세계의 바닷물로 흘러 들어간다.

형제자매들이여, 우리가 대대로 살아 온 이 땅은 오늘날 수많은 화학 쓰레기들로 얼룩져 있다. 특히 죽음의 물질 다이옥신은 나이아가라 강을 따라 그곳에 사는 생명체들을 위협하고 그곳에 흐르는 강물 주변에 사는 생명체들까지 위험하게 한다. 산림청은 그나마 유황과 산화탄소로 무겁게 가라앉은 도시의 공기를 피해 잠시 여행하는 사람들을 위해 남아 있던 숲에 강력한 살충제를 뿌린다. 살충제는 검은색의 날벌레들을 죽이지만 그곳에 사는 새, 물고기, 동물들의 먹이사슬도 파괴한다.

오대호의 물고기는 공장에서 흘러나오는 수은의 공격을 받고, 알루미늄 공장에서 나오는 플루오르화물은 땅과 인간들을 오염시킨다. 사람이 많이 모여 사는 도시에서 흘러나오는 생활하수는 오대호와 핑거호Finger Lakes(뉴욕 주 서쪽에 남북으로 길게 있는 호수-옮긴이) 유역에서 폴리염화비페닐과 인산완충식염수와 섞인다. 이 강물은 어디로 흘러가든 살아 있는 모든 생물체의 생명에 치명적인 해를 입힌다.

형제자매들이여, 우리는 미국 곳곳에 세워지고 있는 핵발전소에 대해 경고한다. 그리고 우리 영토의 남쪽에 있는 스리마일Three Mile 섬(미국 펜실베이니아 주 남부의 서스쿼해나Susquehanna에 있는 섬으로, 1979년 이 섬의 원자력 발전소에서 대규모의 방사능 누출 사고가 있었음 - 옮긴이)에서 이 땅에 사는 모든 생명체들의 종말을 재촉할 수 있는 "사건"이 발생한 것에 대해 경고한다. 우리는 상류 지역인 서부 계곡(뉴욕 주)에 저장된 핵폐기물이 우리 땅을 통해서 이리호Erie Lake(오대호의 호수 중 하나 - 옮긴이) 방향으로 방사성 물질을 방출하고 있다는 사실에 당황하고 있다. 오직 미국의 최고위층만이 이러한 핵발전소의 본질에 대해 알고 있으며, 일반 국민들은 무방비 상태로 남겨둔 채 계속해서 원자력의 개발을 독려하고 있다는 사실에 분노한다.

우리는 남서부와 북서부 지역에서 우라늄 광산의 위험에 노출된 형제자매들이 계속해서 행복하게 잘 살아갈지 걱정한다. 이 광산에서 우라늄을 채굴하는 것은 핵연료를 만드는 과정에서 방사능이 가장 많이 나오는 부분이며, 기계에 의존해서 우라늄을 채굴하느냐 마느냐 문제의 본질이 아니다. 이미 엄청난 양의 저준위 방사성 폐기물(원자력 발전소나 방사성 물질을 다루는 공장, 연구실 등에서 나오는 폐기물 - 옮긴이)들이 여러 도시에 버려졌고, 남서부 지역에서는 주택이나 공공건물의 건축자재로 광범위하게 쓰였다. 이로 인해 이미 많은 사람들이 죽었고 앞으로 더 많은 사람들이 죽을 수도 있다.

핵발전소를 지지하는 사람들은 국민들에게 여러 차례에 걸쳐 성명서를 발표했다. 그들은 원자로는 매우 정교하고 안전하게 시설되어 있어 원자로가 녹는 것은 거의 불가능하다고 주장한다. 그러나 우리는 인간의 손으로 만든 어떤 기계나 발명품도 영원한 것은 없다는 것을 잘 안다. 인간이 지었던 어떤 건물도 (심지어 이집트의 피라미드도) 영원히 그 목적을 유지하지 못했다. 인간이 만든 도구에 적용될 수 있는 유일한 진리는 모든 것은 결국 고장 난다는 사실이다. 원자로 또한 이 진리의 희생양이 될 것이다.

형제자매들이여, 우리는 모든 생명을 파괴하는 북아메리카 산업과 정부의 정책을 보면서 느끼는 공포감과 혐오감을 적절하게 표현할 수 없다. 우리의 선조들은 유럽 사람들의 생활 방식이 세상에 영적 불균형을 가져올 것이며, 지구는 그 불균형의 결과로써 늙어갈 것이라고 예견했다. 이제 그 불균형의 결과가 우리 앞에 나타나고 있다. 생명을 생산하는 힘은 반대 방향으로 가고 있고, 생명의 잠재력은 이 땅을 떠나고 있다. 이렇게 후세의 생명을 위협하는 방식으로 행동하는 사람들은 진실을 인식할 수 있는 능력이 없는 왜곡된 정신을 가진 사람들뿐이다.

형제자매들이여, 우리는 정의와 이성이 가야 할 영적인 길을 안내한다. 우리는 올바른 정신을 가진 사람들이라면 무엇보다도 만물의 생명을 증진시키려고 애쓴다는 사실을 당신에게 알린다. 우리는 평화가 단순히 전쟁이 없다는 것을 의미하는 것이 아니라, 모든 사람들이 하나 하나, 그리고 인간과 이 세상의 다른 존재들이 서로 조화롭게 살기 위해 끊임없이 애쓰는 것이라는 것을 당신의 마음에 심고자 한다. 우리는 영적 의식이 인류 생존의 길이란 것을 당신에게 알린다. 지금 어머니 지구 주변을 걷고 있는 우리는 잠시 동안 이곳에 머무르는 존재다.

아직 태어나지 않은 후세를 위해 이곳에 있는 생명체들을 보호하는 것은 인간으로서 우리의 의무이다.

형제자매들이여, 하우데노사우네는 어머니 지구의 파괴를 멈출 수 있는 행동이라면 무엇이든 하기로 결정했다. 우리는 우리의 땅에서 이 땅을 영적으로 보살피는 역할을 끊임없이 수행해야 한다. 우리는 후세들의 미래가 이렇게 철저하게 파괴되는 것을 넋 놓고 바라볼 수 없으며, 바라보지도 않을 것이다. 우리는 이 싸움이 금방 끝나지 않을 것이며 혼자서는 이길 수 없다는 것을 인정한다. 우리는 이 싸움에서 이기기 위해, 후세들을 위해 같은 마음을 가진 사람들과 협력해야 하며 통일된 힘을 만들어내야 한다. 우리는 200년 동안 진행된 불의와 세계 파괴의 역사를 이 말로 대신 기념한다.

세상을 잿더미로 만들 조롱박[21]
미국 애리조나 오라이비 지역 호피족

> 헛된 꿈에서 깨어난 세상은 자칫하면 통제와 조작에 휘둘릴 수 있다. 세상이 보편 이론의 구성에 따라 지배된다고 생각하는 과학은 세상 모든 것을 일반적인 법칙에 단조롭게 적용하여 그 다양하고 풍성한 이해를 축소시킴으로써 지배의 도구로 전락한다. 그리고 이 세상의 이방인일 뿐인 인간은 스스로 이 세상의 주인 자리에 앉는다.
> _일리야 프리고진, 물리학자, 이사벨 스텐저스, 화학자[22]

우리는 이 나라의 젊은이들이 서양의 지배에서 벗어나 살아 있는 모든 것을 파괴하려고 하는 요소들을 멈추려고 애쓰는 날이 올 거라고 예언했다. 오늘날 이 나라를 비롯한 전 세계 사람들은 호피족의 예언을 실현시키는 평화를 위해 단결하고 있다.

호피족은 나가사키와 히로시마에 원자폭탄이 투하된 사실을 알고는 그들의 조상이 작지만 엄청난 파괴로 이 세상을 잿더미로 만드는 조롱박에 대해 이야기한 것을 기억했다. 만일 땅에 떨어진다면 엄청난 파괴를 가져와 주변을 모두 불태울 것이라고 말한 것이 바로 이 조롱박이었다. 물 속에 있는 살아 있는 모든 것들도 열 때문에 죽을 것이고, 우리의 의술로 치료할 수 없는 질병도 많이 생겨날 것이다. 예언은 우리가 이 단계를 극복하지 못할 것이며 다른 파괴 무기를 만드는 것도 허용하지 않는다고 했다. 우리는 이제 예언에 나온 파괴 무기가 핵무기였다는 것을 안다. 그리고 만일 우리가 이 길을 계속해서 간다면 더 큰 파괴가 뒤따를 것이다. 더 이상 전쟁은 평화에 도달하기 위한 방법이 아니다. 평화는 오직 영적인 방식, 친절, 이해, 관대함, 사랑을 통해서만 올 수 있다. 우리가 과거의 잘못된 행동을 내던지고 우리의 어머니 지구와 그 지구의 사람들에게 입혔던 상처들을 치유할 수 있는 길은 영적인 방법을 통해서만 가능하다. 지금은 모든 사람들이 단결해서 전쟁의 발생과 핵무기의 사용을 금지하기 위해 적극적으로 나서야 할 때이다. ……

우리는 종교에서 인간과 인간이 서로 올바른 삶의 방식을 찾고 인간과 구름, 비, 동식물 등의 자연이 서로 조화를 이루는 평화로운 방식을 찾고 있는 사람들을 발견할 것이다. 우리 모두는 어머니 지구의 일부이며 우리는 거기에서 분리될 수 없다. 우리는 이것을 이해하고 서로를 바라볼 수 있어야 한다. 우리는 저 밖에 있는 나무들과 같다. 우리는 모두 서로 다른 말과 피부색, 표현방식을 지닌 서로 다른 사람들이다. 우리는 우리를 둘러싼 자연의 일부일 뿐이다. 우리는 이것을 이해해야 한다.

나무로 만든 사람의 파멸[23]
중앙아메리카 마야족

> 일찍이 과학자들은 존재의 의미가 무엇인지에 대한 최종 해답을 얻으려고 했지만 (말하자면 신의 마음을 읽으려고 애쓸 때처럼) 현대인들은 생명을 설명하기 위해 그것을 직접 경험할 수 있다는 생각은 하지 못했다. 서양인은 세상을 설명할 때도 그와 마찬가지로 이 점을 이해하지 못했다.
>
> _바인 델로리아 Vine Deloria[24]

크리스토퍼 콜럼버스가 마야족의 선조들이 살았던 세상 언저리에 도착함으로써 운명처럼 시작된 고통과 저항의 500년 세월이 지난 오늘날까지도 수백만 명의 마야족 인디언들은 여전히 자신들의 토착어를 쓰면서 살고 있다. 많은 마야족은 끊임없는 인종 탄압—특히 과테말라에서는 계속된 군사정권이 전체 인구의 60~80퍼센트(약 500만~700만 명)에 이르는 마야족들을 다스리고 있다—에도 불구하고 과테말라와 멕시코, 온두라스, 엘살바도르, 벨리즈의 일부 지역에 걸친 넓은 전통의 땅을 신이 자신들에게 위탁한 신성한 지역이라고 생각한다.

『포폴 부 Popol Vuh』라고 알려진 위대한 마야족의 기록은 이들의 특별한 문명 유산을 기록한 문서들 가운데 가장 유명할 것이다. 마야족에게 이것은 단순한 책이 아니다. 과테말라 고지대에서 퀴체 Quiche 말을 하며 사는 마야족은 『포폴 부』를 쓴 사람들의 후손으로 책에 실린 마야족의 창조 신화, 연대기, 천문학 계산, 예언들이 마야족 말로 일발

ilbal—우주 안에서 진정한 관계를 인식하게 하는 소중한 "보는 기구" 또는 렌즈—이라고 생각한다. 이들은 이 신성한 경전이 세상을 이해하기 위한 일종의 교정 렌즈라고 주장한다. 우리가 이 책을 현명하게 사용한다면 그것은 마야족의 선조들이 그랬던 것처럼 모든 사건들을 자기가 사는 짧은 시간 속에서 보고, 시간과 공간의 제약 속에서 파악하는 근시안에서 빠져나올 수 있도록 도와줄 수 있다.

부끄럽게도 스페인의 탐욕스런 기독교 침입자들은 마야족의 전통 신앙과 관련된 모든 표현들을 철저하게 파괴했고, 이로 인해 상형문자로 기록된 수백 권의 마야족 책들 가운데 오직 네 권만이 살아 남았다고 한다. 마야족의 책들이 이렇게 비참하게 불에 타버린 것에 대응하여, 스페인의 성직자들에게 글을 배운 마야족 지식인들은 조용히 마야족의 전통 지식을 유럽 지배자의 글로 옮겼다. 『포폴 부』를 세심하게 번역한 데니스 테드록Dennis Tedlock에 따르면, 오늘날 고대 상형문자로 기록된 문서를 "번역한" 것들 가운데 가장 중요한 것은 과테말라 고지대에서 나온 『포폴 부』와 멕시코의 유카탄 반도에서 나온 책 『칠람 발람Chilam Balam』이다.

이 유명한 저작들은 이 세상 최초의 사람들이 쓴 글들 가운데 가장 감동적이고 표현력이 뛰어나며 알기 쉬운 책들이다. 우리는 마야족의 우주를 풍부하게 설명하고 있는 이 책들에 담긴 미묘하고 다층적인 의미 속에서 어렴풋하게나마 오늘날 현대 사회가 처한 환경 재앙을 해결할 수 있는 실마리를 발견할 수 있지 않을까? 이 책들은 오늘날 떠오르는 서양의 생태학적 지혜를 보충하는 현대판 "보는 기구"—자연을 보는 원주민의 신성한 시각—의 구실을 할 수 없을까? 그래서 앞으로 다가올 수십 년 동안 우리의 앞길을 안내해 줄 수 없을까?

우리는 신이 처음에 건강하고 현명하며 완벽한 감정을 지닌 인간을 창조하려다 실패했다는 『포폴 부』에 이야기 속에서 몇 가지 실마리를 찾을 수 있을 것이다. 우리는 태초에 인간이 진흙으로 만들어졌다고 들었다. 그러나 두 번째에는—우리의 관심은 여기에 있다—나무로 만들어졌다고 들었으며, 세 번째에는 마야족 자신들은 마야족의 신성한 식물이며 귀중한 식량자원인 옥수수 가루를 써서 만들어졌다고 들었다. 세상은 신성한 시간의 순환에 따른 고대 마야족의 달력의 흐름에 맞춰 계속해서 모양을 바꾸었다.

『포폴 부』에 따르면 태초에 세상은 거대한 고요함이 깃든 텅 빈 하늘과 원시의 물만 가득한 곳이었다. 하늘의 마음, 땅의 마음, 갓 태어난 번개, 천연 그대로의 번개, 태풍이 순수한 하늘나라에서 내려왔다. 만드는 자, 틀을 만드는 자, 짐꾼, 창시자, 호수의 마음, 바다의 마음, 깃털 장식을 한 최고의 뱀이 순수한 바다 표면에 떠올랐다. 이 신성한 존재들—위대한 지식인, 사상가들—이 함께 모여 잠시 회의를 한 뒤 땅을 만들기로 결정했다. 이들은 그저 이름을 부름으로써 땅을 만들었다.

이들은 처음에 수많은 동물과 식물을 그저 그들의 마음 속에 그려 편백나무와 소나무, 사슴과 새, 재규어와 뱀을 창조했다. 그러나 슬프게도 이 새로운 피조물들은 다양한 색깔과 모습에도 불구하고 말을 할 수 없었다. 이들은 그저 울거나 지저귀거나 짖기만 했다.

신들은 자신들의 멋진 계획에 인간을 포함시키고자 했다. 인간들은 식물이나 동물과 달리 자신들을 창조한 태초의 신성한 힘에게 감사의 기도를 올리고 신성한 시간의 흐름을 정성들여 기록할 것이기 때문이다. 그래서 신들은 최초의 원시 인간을 만들었다. 그리고 진흙으로 형상을 본떴다.

그러나 이 조잡한 진흙 인간은 그 일에 적합하지 않은 것으로 판명났다. 이들은 못생기고 잘못 만들어졌으며 말도 잘 못했다. 걷지도 못했고 무기력에 빠져 자식을 낳을 줄도 몰랐다. 마침내 흙으로 만든 인간의 몸은 흐늘흐늘하게 부서져 흔적도 없이 사라졌다.

신들은 이번에는 찬양할 알고, 존경할 줄 알고, 남에게 줄 줄 알고, 자식을 기를 줄 아는 인간을 만들기 위해 대담하게 진흙 대신에 나무를 쓰기로 마음먹었다. 이들은 에리스리나(인도산 콩과식물로 붉은 꽃이 피는 관상목 - 옮긴이) 목재로 남자의 몸을 깎고 갈대의 속으로 여자의 몸을 깎았다. 이 단단한 나무로 만들어진 인간들은 앞서 만들어졌던 연약한 인간들과는 달리 날로 번창했다. 이들은 빠르게 세상을 생명체들로 채웠고 동식물, 여러 가지 우주의 요소들을 자기들의 필요에 따라 이용했다. 이들은 땅 위에서 최초로 인구를 늘리며 사는 사람들이 되었다.

그러나 나무로 만든 사람들도 치명적인 약점이 있었다. 이들은 옥수수를 재배해서 가루를 내고 그것으로 토르티야(tortilla, 멕시코 지방의 둥글고 얇게 구운 옥수수빵 - 옮긴이)를 만들 수 있으며 주방 도구들을 만들고 개와 칠면조를 기를 줄 아는 뛰어난 기술을 지녔지만, 모든 생명체들에게 공통되는 신성한 기원을 경배할 줄 아는 영성과 동정심, 공감이 전혀 없었다. 이들의 마음과 정신 속에는 아무것도 없었고 자신들을 창조한 신들에 대한 기억도 들어 있지 않았다. 말하자면 이들은 아무 생각 없이 자신들이 원할 때만 움직였던 것이다.

나무로 만든 사람들은 물건을 만들고 자연의 구성요소를 조작하는 데 아주 뛰어난 재주가 있었지만, 신들은 진흙으로 만든 사람들보다 이들에게 더 크게 실망했다. 이들은 흙으로 만든 쓸모없는 사람들처럼 스스로 사라질 운명으로 가고 있었다.

신들은 나무로 만든 사람들이 물질적 삶에 빠져 무례하고 탐욕스러우며 영혼이 마비된 모습으로 사는 것을 실망스럽게 지켜봤다. 마침내 이들은 자신들이 인간을 창조한 것에 대해 크게 후회하며 이 실패한 생각 실험을 끝내기로 결정했다. 그리고 나무로 만든 사람들을 그냥 혼내주는 것이 아니라 지구 표면에서 완전히 제거하기로 했다.

하늘의 마음은 이 계획을 실행하기 위해 대홍수를 일으켰다. 이 거대한 홍수는 이어서 다른 재앙들을 일으켰다. 하늘에서 검은 수액과 같은 비가 밤낮을 가리지 않고 나무로 만든 사람들 머리 위로 쏟아져 내렸다. 괴물들은 그들의 눈구멍에서 눈알을 후벼 파고, 무엇보다 얼굴을 내리쳤으며, 몸의 껍질을 벗겨내고 육신을 먹어버렸다. 놀랍게도 자연의 모든 생물들과 나무로 만든 사람이 만든 발명품들은 이때부터 말을 할 수 있게 되었다. 이들은 잔인하게도 자신들의 전 주인에게 격렬하게 욕설을 퍼부으며 공격했던 것이다.

뒤돌아보면 이것은 마치 신들이 나무로 만든 사람들에게—그리고 미래의 인간들에게—그들이 왜 죽어야 했는지 정확하게 각인시켜 주려고 한 것이 아니었을까 하는 생각이 든다. 마야족의 신들은 우주의 구성요소들이 큰 해를 입었을 때 그들에게 자신들의 슬픔을 얘기할 수 있는 기회를 줌으로써 자연이 인간에게 앙갚음할 수 있게 했다. 신들은 그 과정에서 인간들에게 나무로 만든 인간들이 잊어버리는 바람에 대홍수를 맞아야 했던 바로 그 영성의 의미를 다시 일깨워주었다.

자연의 온갖 요소들이 자신들의 전 주인이었던 나무로 만든 사람들의 창백한 면전에서 처음으로 욕설을 퍼부었을 때, 피가 흐르지 않는 이 나무 사람들조차도 자신들이 끊임없이 자기중심적으로 땅에게 끔찍한 해를 입혔던 것을 어렴풋하게나마 기억해냈을 것이 분명하다.

나무로 만든 사람들이 이들의 공격에 밀려 구석으로 몰렸을 때 칠면조들은 "너는 우리를 아프게 하고 우리를 먹었지. 그러나 지금은 우리가 너를 먹을 차례야!" 하고 소리쳤다.

요리 그릇과 토르티야를 굽는 번철은 나무 사람들이 날마다 만물의 상호연관성을 무시하고 주방의 뜨거운 불길에 무관심했던 것을 기억하고는 "고통! 그것은 네가 언제나 우리에게 주었던 것이지. 우리가 아무런 고통을 느끼지 못할 때까지 너도 당해 봐라." 하고 외쳤다.

심지어 집에서 기르던 개들도 그동안 주인이 날마다 반복해서 잔인하게 매질을 하고, 먹을 것도 제대로 주지 않으며, 수없이 사소한 모욕을 주었던 것을 기억하고는 분노에 치를 떨었다. 이들은 나무로 만든 사람들의 세계가 모든 요소들을 얼마나 학대했는지 그리고 그들이 저지른 악행 때문에 어떤 상황에 처하게 되었는지 이제 분명한 어조로 말하는 것처럼 보였다.

사냥개들은 분노에 겨워 슬픈 듯이 "우리는 말을 못한다. 그래서 우리는 너에게 아무것도 받지 않았다. 너는 어떻게 그것을 모를 수 있단 말이냐?"라며 짖었다.

개들은 으르렁거리며 거품 물은 송곳니로 도망가는 나무로 만든 사람들의 얼굴을 물어뜯었고, 마침내 그들과 그들이 남긴 무자비한 인간 중심의 방식들을 무너뜨렸다. 이 교훈적인 이야기의 끝으로 나무로 만든 사람들이 실패한 흔적을 지금도 볼 수 있는 유일한 모습이 숲에 사는 원숭이들이다. 사람들은 원숭이들이 이전의 인간 모습을 보여주는 흔적이라고 말한다. 이런 의미에서 "너는 어떻게 그것을 몰랐을 수 있단 말이냐?"하고 비탄하며 제어되지 않은 인간의 오만과 기술, 욕망에 대놓고 문제를 제기함으로써 자연 전체가 인간과 신성하게 서로 연결되어 있다는 것을 드러냈던 전 시대를 다시 생각나게 하는 살아 있는 존재가 바로 원숭이라고 볼 수 있을 것이다.

여기에 소개된 『포폴 부』의 내용은 마야족의 전통 지식이 지닌 요소들을 반영한 것이다. 그리고 이것은 전 지구의 기후 변화, 유독물질 오염, 토양 유실, 산림과 어업의 상업적 이용, 핵개발 이후의 환경의 대변화와 같이 현재 진행 중인 열띤 과학 논쟁들보다 앞서 문제를 제기한 것이다. 그럼에도 불구하고 이 이야기는 인간의 탐욕과 낭비, 자연의 탈영성화가 가져올 미래의 결과에 대해 현대 서양 사회를 가르치는 것이 여전히 매우 중요한 문제로 남아 있음을 말해준다.

이 이야기는 다층적인 통찰력으로 새롭고 더욱 적절한 생태계의 평형상태를 찾아냄으로써 인간이 계속해서 과도하게 자연을 수탈하는 것에 대응하는 자연계의 일관되고 아마도 고통스럽게 학습된 타고난 능력을 얘기하고 있는지도 모른다. 또한 어떤 의미에서 자연이 마침내 인간에게 "보복"할 수 있다는 것을 보여 주는지도 모른다. 이것은 오늘날 생태학자들이 앞으로 수십 년 안에 인구의 급격한 증가와 변덕스러운 날씨 변화, 무자비한 해일, 또는 더 이상 오존층의 보호를 받지 못하는 치명적인 자외선 때문에 지구가 큰 위험에 빠질 것이라고 경고하는 것과 통하는 이야기이다.

우리는 마야족의 신성한 『칠람 발람』에서 단호하게 예언하고 있는 어두운 묵시록의 문구에서도 이와 비슷한 생태계의 문제들을 본다. 이것은 사람들에게 인간 사회와 자연 환경이 큰 파멸의 길로 들어설 것이라는 사실을 전달하려고 하는 것 같다. "부드러운 잎사귀가 사라질" 때를 알리려고 하는 것 같다.

먹고 먹어라, 빵이 있는 동안에.
마시고 마셔라, 물이 있는 동안에.
흙먼지가 대기를 어둡게 할 때가 오리니,
마름병이 땅을 시들게 할 때,
구름이 일어날 때,
산이 들어올려질 때,
강한 사람이 도시를 지배할 때,
파멸이 모든 것 위에 떨어질 때,
부드러운 잎사귀가 사라질 때,
나무에 세 가지 신호가 나타날 때,
아버지, 아들, 손자가 똑같은 나무에
목매달려 죽는,
전쟁의 깃발이 올려질 때,
사람들은 숲 속 여기저기로 뿔뿔이 흩어졌다.

독자들은 나무로 만든 사람들이 절멸하는 『포폴 부』의 가슴 아픈 이야기에서 그것이 원주민들의 신비로운 "자연 예언"으로써 과학적 사고에서 벗어난 "이단"이라는 생각에 얽매이지 않고도(많은 마야족 사람들은 지금도 이것을 그러한 예언의 시각에서 바라보고 있지만) 그 속에 담긴 생태적 지혜의 요소들을 확인할 수 있다. 가장 회의적인 서양의 정신들도 반복되는 인간의 본성을 꿰뚫고 자연과 더 건강한 관계를 맺고자 노력하는 시대를 초월한 원주민의 통찰에 감탄할 수밖에 없다.

부록

토착 원주민에 관한 유엔실무위원회가 전 세계 최초의 사람들에 대한 최근의 국제 합의를 반영하여 작성한 〈유엔 토착 원주민 권리 선언 초안〉 발췌 (1994년 8월 26일)

1부

제1조 토착 원주민들은 유엔 헌장과 세계 인권 선언, 국제인권법에서 인정하는 모든 인간의 권리와 기본적인 자유를 완전하고 실질적으로 누릴 권리가 있다.

제2조 토착 원주민 개인과 집단은 위엄과 권리를 지닌 다른 모든 개인과 집단처럼 자유롭고 평등하며, 어떤 종류의 부당한 차별, 특히 토착 원주민의 기원이나 정체성을 바탕으로 한 어떤 차별도 받지 않을 권리가 있다.

제3조 토착 원주민들은 자결권이 있다. 이들은 이 권리에 따라 자신의 정치적 지위를 자유롭게 결정하며 경제적 · 사회적 · 문화적 발전을 자유롭게 추구한다.

제4조 토착 원주민들은 자신들의 고유한 정치적 · 경제적 · 사회적 · 문화적 특징들과 법제도를 유지하고 강화할 권리가 있으며, 자신들이 선택한 정부의 정치적 · 경제적 · 사회적 · 문화적 삶에 완벽하게 참여할 권리가 있다.

제5조 모든 토착 원주민들은 국적을 가질 권리가 있다.

2부

제6조 토착 원주민들은 다른 사람들과 구별되는 고유한 국민으로서 자유롭고 평화로우며 안전한 삶을 누릴 집단적 권리가 있으며, 어떤 핑계로도 아이들을 가족과 사회에서 빼앗아가는 것을 포함한 대량 학살이나 폭력 행위도 용납하지 않는다.

또한, 이들 각자는 모두 인간의 육체적·정신적 고결함과 자유, 안전을 보장하는 생명권이 있다.

제7조 토착 원주민들은 인종 말살과 문화적 대학살을 당하지 않을 집단적·개인적 권리가 있으며, 다음과 같은 일이 일어나지 않도록 막고 바로잡아야 한다.

(1) 고유한 국민으로서 그들의 고결함이나 문화적 가치 또는 민족 정체성을 빼앗을 목적이 있는 또는 그런 효과가 있는 모든 행위

(2) 그들의 땅과 영토 또는 자원을 빼앗을 목적이 있는 또는 그런 효과가 있는 모든 행위

(3) 그들의 권리를 침해하거나 손상시킬 목적이 있는 또는 그런 효과가 있는 모든 형태의 인구 이동

(4) 그들에게 법률이나 행정 또는 다른 조치들로 그들과 다른 문화 또는 생활방식을 억지로 떠맡겨 동화하거나 통합하려는 모든 시도

(5) 그들을 반대하는 모든 형태의 선전 활동

제8조 토착 원주민들은 스스로 토착 원주민으로서 확인하고 그렇게 인정받을 권리를 포함해서 자신들의 고유한 정체성과 특성들을 유지하고 발전시킬 집단적·개인적 권리가 있다.

제9조 토착 원주민 집단과 개인은 관련된 공동체나 국가의 전통과 관습에

따라 특정한 토착 원주민 공동체나 국가에 속할 권리가 있다. 그러한 권리를 행사할 때 어떤 종류의 불이익도 받지 않는다.

제10조 토착 원주민들은 강제로 그들의 땅 또는 영토에서 쫓겨나지 않는다. 토착 원주민 당사자들에게 사전 고지를 하고, 그들의 자유로운 의사에 따른 승낙 없이 그리고 정당하고 공정한 보상과 가능하다면 다시 돌아올 수 있다는 조건 없이 토착 원주민들을 재배치할 수 없다.

제11조 토착 원주민들은 무력 충돌이 일어났을 때 특별한 보호와 안전을 보장받을 권리가 있다.

국가는 국제 기준을 준수할 것이다. 특히 긴급 상황과 무력 충돌 상황에 있는 시민들의 보호를 규정한 1949년 제4차 제네바 협정의 기준을 준수한다.

(1) 토착 원주민을 강제로 군대에 징용해서는 안 되며, 특히 다른 토착 원주민들과 싸우는 곳은 더욱 안 된다.

(2) 토착 원주민 아이들은 어떤 상황에서도 군대에 징용할 수 없다.

(3) 토착 원주민들에게 그들의 땅과 영토 또는 생존 수단들을 포기하도록 강요하거나 군사 목적으로 이들을 특별한 집결지로 재배치해서는 안 된다.

(4) 토착 원주민들을 군사 목적으로 차별하며 강제로 일을 시켜서는 안 된다.

제12조 토착 원주민들은 그들의 문화 전통과 관습을 실천하고 다시 되살릴 권리가 있다. 이것은 고고학적, 역사적 장소, 공예품, 도안, 의식, 기술, 시각 또는 공연 예술, 문학과 같이 그들 문화의 과거·현재·미래를 보여 주는 것들을 유지하고 보호하며 발전시킬 권리를 포함하며, 그들의 자유로운 의사와 사전고지에 따른 승낙 없이 또는 그들의 법과

전통, 관습을 침해하고 빼앗아 간 문화와 지식, 종교, 정신적 자산들을 다시 복원할 권리도 포함한다.

제13조 토착 원주민들은 그들의 정신과 종교 전통, 관습과 의식들을 명시하고 실천하며 발전시키고 가르칠 권리가 있다. 그들의 종교와 문화 장소들을 유지하고 보호하며 누구나 접근할 수 있는 권리가 있다. 의식용 물건들을 사용하고 통제할 권리가 있다. 남은 사람들을 송환할 권리가 있다.

국가는 무덤을 포함한 토착 원주민들의 신성한 장소가 보존되고 존중받으며 보호되도록 토착 원주민들과 함께 실질적인 조치들을 취한다.

제14조 토착 원주민들은 그들의 역사와 언어, 구술 전통, 철학, 글쓰기 체계와 문학을 다시 부흥하고 사용하며, 후손들에게 전달하고 공동체와 장소, 사람의 이름들을 부르고 보존해야 할 권리가 있다.

국가는 토착 원주민들의 권리가 위협받을 때마다 이 권리가 보호받을 수 있고 통역이나 다른 적절한 수단이 필요한 정치적, 법적, 행정적 소송에서 이해할 수 있으며 이해되는 실질적인 조치들을 취한다.

4부

제15조 토착 원주민 아이들은 국가에서 시행하는 모든 수준과 형태의 교육을 받을 권리가 있다. 모든 토착 원주민들도 이 권리가 있으며 그들의 말과 문화적 교수법에 맞는 방식으로 교육을 제공하는 교육 제도와 기관들을 세우고 통제할 수 있는 권리도 있다.

그들의 공동체 밖에서 살고 있는 토착 원주민 아이들은 그들 자신의 문화와 말로 가르치는 곳에 가서 교육을 받을 권리가 있다.

국가는 이 목적을 위해 적절한 자원을 제공하는 실질적인 조치들을 취한다.

제16조 토착 원주민들은 모든 형태의 교육과 공공 정보에 적절하게 반영된 그들의 문화, 전통, 역사와 꿈의 품위와 다양성을 가질 권리가 있다.

국가는 토착 원주민들과 협력하여 사회의 모든 분야에서 그들에 대한 편견과 차별을 없애고, 관용과 이해, 좋은 관계를 촉진할 수 있는 실질적인 조치들을 취한다.

제17조 토착 원주민들은 그들 자신의 말을 쓰는 자체 매체를 세울 권리가 있다. 이들은 또한 모든 형태의 비원주민 매체에 평등하게 접근할 수 있는 권리가 있다.

국가는 국영 매체에서 토착 원주민의 문화다양성을 반영할 수 있도록 실질적인 조치를 취한다.

제18조 토착 원주민들은 국제 노동법과 국내 노동 법률에서 정해진 모든 권리를 완전하게 누릴 권리가 있다.

토착 원주민 개인은 노동, 고용 또는 봉급에서 어떤 차별 조건도 받지 않을 권리가 있다.

5부

제19조 토착 원주민들은 원한다면 자신들의 권리와 생활, 운명과 관련된 문제에 대하여 자신들의 절차에 따라 스스로 뽑은 대표들을 통해 모든 수준의 의사 결정에 완벽하게 참여할 권리가 있으며, 토착 원주민 자체의 의사 결정 기구를 유지하고 발전시킬 권리도 있다.

제20조 토착 원주민들은 원한다면 자신들이 정한 소송절차에 따라 자신

들에게 영향을 미치는 법률적 또는 행정적 조치들을 개정하는 데 완벽하게 참여할 권리가 있다.

국가는 그러한 조치들을 채택하고 시행하기 전에 원주민들에게 고지하고 자유의사에 따라 동의를 얻어야 한다.

제21조 토착 원주민들은 그들의 정치·경제·사회 제도를 유지하고 발전시켜 그들 자신의 생계와 개발 수단을 확실하게 누리고, 그들의 전통 활동과 여러 가지 경제 활동에 자유롭게 참여할 권리가 있다. 지난날 생계와 개발 수단을 빼앗긴 토착 원주민들은 정당하고 공정한 보상을 받아야 한다.

제22조 토착 원주민들은 고용과 직업훈련, 재활, 주택, 공중위생, 건강과 사회보장 영역에서 그들의 경제적·사회적 조건을 즉시 그리고 실질적이고 지속적으로 향상시킬 수 있는 특별한 조치를 받을 권리가 있다.

토착 원주민 노인과 여성, 청소년, 어린이 그리고 장애인들의 권리와 특별한 요구사항은 특별히 관심을 쏟아야 한다.

제23조 토착 원주민들은 스스로 개발권을 행사하기 위한 우선순위와 전략을 결정하고 발전시킬 권리가 있다. 특히 이들은 건강과 주택 그리고 자신들에게 영향을 미칠 여러 경제·사회 계획들을 결정하고 발전시킬 권리가 있으며, 가능하다면 자체 기구를 통해 이 계획들을 관리할 권리가 있다.

제24조 토착 원주민들은 중요한 약효가 있는 식물·동물·광물들을 보호할 권리를 포함해서 전통 의술과 보건을 보호할 권리가 있다.

이들은 또한 어떤 차별도 받지 않고 모든 의료 기관, 보건 서비스, 건강 관리에 접근할 권리가 있다.

6부

제25조 토착 원주민들은 그들이 옛날부터 소유했거나 아니면 점유했거나 실제로 썼던 땅, 영토, 강, 바다와 맺은 고유한 정신적·물질적 관계를 계속 유지하고 강화할 권리가 있으며, 후손에게 그 책임을 넘겨줄 권리가 있다.

제26조 토착 원주민들은 그들이 옛날부터 소유했거나 아니면 점유했거나 실제로 썼던 토지, 공기, 강, 바다, 해빙, 식물과 동물, 여러 가지 자원과 같은 전체 환경을 포함해서 땅과 영토를 소유·개발·통제·사용할 권리가 있다. 이것은 정부가 자원의 개발과 관리를 위한 그들의 법과 전통, 관습, 토지 보유 제도를 완전히 인정하고, 이 권리에 대한 양도 또는 침해 또는 간섭을 막을 수 있는 실질적인 조치를 취하게 할 권리를 포함한다.

제27조 토착 원주민들은 그들이 옛날부터 소유했거나 아니면 점유했거나 실제로 썼던 땅, 영토, 자원들의 반환을 요구할 권리가 있다. 이것들은 과거에 아무 사전 고지 없이 자유로운 동의 없이 몰수·점유·사용되거나 손상되었다. 이것이 가능하지 않다면 이들은 정당하고 공정한 보상을 요구할 권리가 있다. 당사자들이 별도로 합의한 사항이 없다면, 보상받아야 할 대상과 동일한 특성, 크기, 법적 지위를 가진 땅이나 영토, 자원의 형태로 돌려받아야 한다.

제28조 토착 원주민들은 전체 환경과 그들의 땅, 영토, 자원들이 지닌 생산력을 보존하고 복원, 보호할 권리가 있으며, 이 목적을 위해 정부와 국제 협력의 지원을 받을 권리가 있다. 만일 토착 원주민들 사이에 별도로 합의한 사항이 없다면 이들의 땅과 영토에서 군사 활동을 하면 안

된다.

국가는 토착 원주민의 땅과 영토에 위험한 물질을 저장하거나 배치하지 않도록 실질적인 조치를 취한다.

국가는 또한 그런 위험한 물질의 영향으로 발생할지도 모를 토착 원주민들의 건강 이상을 검사하고 유지, 복원하는 계획이 제대로 돌아가고 있는지 보장하는 실질적인 조치를 취한다.

제29조 토착 원주민들은 그들의 문화와 지식 자산을 완전히 소유하고 통제하며 보호할 권리가 있다. 이들은 인간을 비롯한 다른 유전자원, 종자, 의술, 동식물에 대한 지식, 구술 전통, 문학, 도안, 시각 또는 공연예술과 같이 그들의 과학과 기술, 문화유산들을 통제하고 발전시키며 보호하는 특별한 조치를 취할 권리가 있다.

제30조 토착 원주민들은 정부가 특히 광물, 물, 다른 자원들의 개발, 활용, 개척과 관련해서 그들의 땅, 영토, 자원에 영향을 주는 어떤 계획을 승인하기 전에 자신들에게 고지하고 허락을 얻어야 한다고 요구할 권리를 포함해서 그들의 땅, 영토, 자원의 우선순위와 전략을 정하고 개발할 권리가 있다. 환경과 경제·사회·문화·정신에 주는 나쁜 영향을 완화하기 위해 취해진 행동이나 조치에 대해서는 토착 원주민 당사자의 동의에 따라 정당하고 공정한 보상이 이루어져야 한다.

7부

제31조 토착 원주민들은 자결권을 행사하는 특별한 형태로써 문화, 종교, 교육, 정보, 매체, 건강, 주택, 고용, 사회복지, 경제활동, 땅과 자원 관리, 환경, 이방인의 진입을 포함해서 그들의 내부 지역 행정과 관련한

문제에 대해 자치권 또는 자기 지배권이 있으며, 이러한 자치 기능을 지원할 재정 조달 방식과 수단을 가질 권리가 있다.

제32조 토착 원주민들은 그들의 관습과 전통에 따라 그들의 자체 시민권을 결정할 수 있는 집단적 권리가 있다. 토착 원주민의 시민권은 그들이 현재 살고 있는 국가의 시민권을 얻은 원주민 개인의 권리를 약화시키지 않는다.

토착 원주민들은 그들 자신의 절차에 따라 그들 기구의 구성을 결정하고 시민권을 선택할 권리가 있다.

제33조 토착 원주민들은 국제적으로 인정된 인권 기준에 따라 그들 기구의 구성과 고유한 재판 관습·전통·소송절차를 촉진하고 개발하며 유지할 권리가 있다.

제34조 토착 원주민들은 그들 사회에서 개인이 지켜야 할 책임을 결정할 집단적 권리가 있다.

제35조 특히 국제적으로 서로 갈라진 토착 원주민들은 정신과 문화·정치·경제·사회적 목적을 위한 활동을 포함해서 국경 너머의 동포 원주민들과 접촉하고 협력하는 관계를 계속해서 유지하고 발전시킬 권리가 있다.

국가는 이 권리를 행사하고 수행할 수 있도록 실질적인 조치를 취한다.

제36조 토착 원주민들은 국가 또는 그 후계자들과 맺은 협정·조약·추정 합의를 그 안에 담긴 최초의 정신과 의도에 따라 인정하고 준수하며 강제할 권리가 있으며, 국가로 하여금 그 협정·조약·추정 합의를 이행하고 존중하게 할 권리가 있다. 만일 그렇지 못해 해결될 수 없는 갈등과 분쟁은 모든 당사자들이 동의하는 자격 있는 국제단체에 맡긴다.

8부

제37조 국가는 토착 원주민 당사자와 협력하여 이 선언의 조항이 완전한 효력을 가질 수 있도록 실질적이고 적절한 조치를 취한다. 여기서 승인된 권리들은 토착 원주민들이 실제로 활용할 수 있는 방식으로 채택하고 국내법에 포함시킨다.

제38조 토착 원주민들은 그들의 정치・경제・사회・문화・정신의 발전을 자유롭게 추구하기 위해 그리고 이 선언에서 승인된 권리와 자유를 누리기 위해 정부와 국제협력 단체를 통해 적절한 재정과 기술 지원을 받을 권리가 있다.

제39조 토착 원주민들은 정부와 부딪힌 갈등과 분쟁을 해결하고 개인이나 집단의 권리가 침해받은 것에 대한 실질적인 조치를 취하게 하기 위해 서로 받아들일 수 있는 공정한 절차에 따라 결정하고 신속하게 처리할 권리가 있다. 이러한 결정은 당사자인 토착 원주민의 관습, 전통, 규칙, 법제도를 고려해야 한다.

제40조 유엔의 정규 조직과 특별위원회, 그리고 다른 국가들 사이의 여러 단체들은 특히 재정 협력과 기술 지원을 통해서 이 선언의 조항들이 완전히 실현될 수 있도록 기여한다. 우리는 토착 원주민들이 자신들에게 영향을 미치는 문제들에 참여할 수 있도록 보장하는 방식과 수단들을 수립해야 한다.

제41조 유엔은 이 분야에서 특별히 뛰어나고 토착 원주민들이 직접 참여하는 최고 수준의 기구를 만드는 것을 포함해서 이 선언이 실제로 이행될 수 있도록 필요한 조치를 취한다. 유엔의 모든 기구들은 이 선언의 조항들이 존중받고 완전히 적용될 수 있도록 노력한다.

9부

제42조 여기서 승인된 권리들은 전 세계에 있는 토착 원주민들의 생존과 품위, 안녕을 위한 최소 기준이다.

제43조 여기서 승인된 모든 권리와 자유는 남녀의 차별 없이 토착 원주민 개인 모두에게 평등하게 보장된다.

제44조 이 선언에 나오는 어떤 내용도 토착 원주민들이 갖거나 얻을 수 있는 현재 또는 미래의 권리들을 약화시키거나 소멸시키는 것으로 해석될 수 없다.

제45조 이 선언에 나오는 어떤 내용도 어떤 특정 국가, 집단, 개인이 유엔 헌장에 위배되는 어떤 행동을 했다거나 어떤 조치를 취했다고 암시하는 것으로 해석될 수 없다.

주

저자 서문
1. Roger Moody, *Indigenous Voices : Visions and Realities*. International Work Group for Indigenous Affairs, Copenhagen(London and New Jersey : Zed Books, 1988), 40~50쪽 인용.
2. Rudolf Kaiser, "A Whole Religious Concept : Chief's Seattle's Speech(es) : American Origins and European Reception"(Nortrf, Germany : Vökerkundiche Arbeitsgemeinschaft, 1985). (To be published in Christian F. Feest, ed., *Indians and Europe*, Gottingen : Edition Herodot).

1장
1. 위대한 종교사학자 미르체아 엘리아데Mircea Eliade에 따르면 주술사(샤먼)라는 용어는 엄격히 말해서 "그의 영혼이 자기 몸을 떠나서 하늘로 올라가거나 땅 속으로 내려가 있는 동안 무아지경에 빠지는 일을 전문으로 하는 황홀경의 거장"을 뜻한다. 우리는 여기서 이 용어를 좀 더 폭넓게 써서 병을 치유하는 사람이나 의학 전문가에서 신령한 사람과 늙은 현자들까지 원주민들의 전통적 지혜와 지식을 지닌 사람들을 상징하고 표현한다.
2. Claude Lévi-Strauss, "The Concept of Primitiveness," in *Man the Hunter*, edited by Richard B. Lee and Irven de Vore(New York : Aldine Publishing Co., 1968), 351쪽.
3. Gladys A. Reichard, *Navaho Religion : A Study of Symbolism*, Bollingen Series(Princeton : Princeton University Press, 1970), 21, 28, 77쪽.
4. Steve Wall and Harvey Arden, *Wisdomkeepers : Meetings with Native American Spiritual Elders*(Hillsboro, OR : Beyond Words Publishing, 1990), 81쪽.
5. Ferdinand Anton, *Art of the Maya*(London : Thames and Hudson, 1978), 74쪽 인용. 마야의 한 친구가 자신들이 자연에 드리는 기도 가운데 특별히 잘 표현한 것으로 이것을 선정했다.
6. Signe Howell, *Chewong Myths and Legends*, Malaysian Branch of the Royal Asiatic Society, Monograph no. 11(Kuala Lumpur : M.B.R.A.S., 1982), 6쪽.

7. 우리는 여기서 '최초의 사람들'이라는 용어를 전 세계에 널리 퍼져 있는 전통과 종족과 자연 기반의 사회들을 포괄하는 말로 쓴다. 이들은 그들 고유의 정체성과 가치관, 역사를 가지고 있으며, 대개는 곤궁한 생활을 하고 있다. 그리고 이들은 자신들이 사는 지역의 자연과 독특한 동식물과 아주 오랜 옛날부터 매우 친밀한 관계를 유지해오고 있다.

이 일반적이고 불완전한 용어는 대개 앞으로 몇 가지 다른 용어들과 함께 섞여서 사용될 것이다. 때때로 이들 용어 사이에 서로 미묘한 차이가 있을 수도 있고 서로 의미가 겹치는 부분도 있을 것이다. 예를 들면, '토착의~'라는 말은 '원주민' 또는 식민지 이전부터 한 곳에 사는 사람과 그 지역 사이의 관계를 강조하며 '최초의~'라는 말은 원조라는 뜻으로 또는 특정 지역이나 생각에 대한 근원적 관계를 내포한다. 그리고 '원주민의~'라는 말은 한 곳에 '본디부터' 살았던, 말하자면 '언제나 그 곳에서 살았던' 사람들을 지칭하는 것으로 문화와 종족 개념에 초점을 맞춘 것으로 보면 된다.

8. 레비스트로스가 자기 책에서 프랑스어로 쓴 'sauvage'는 영어로 옮긴 'savage'가 지닌 경멸의 뜻을 포함하고 있지 않다. 영어의 'savage'는 열등하고 인간보다 못하며 비천하고 사나운 상태 또는 문명화되지 않은 모습을 나타낸다. 그러나 레비스트로스는 'sauvage'를 세계를 바라보는 사회의 시각에 따라 종종 경탄하는 뜻으로 그리고 더 나아가 "야생"의 포착하기 어려운 특성을 나타내는 말로 사용한 것처럼 보인다.

우리는 오해를 피하기 위해 레비스트로스가 쓴 『야생의 사고Savage Mind』를 "원주민의 사고(방식)Native Mind"라는 중립적인 용어로 바꾸어 쓸 것이다. 이 책에서 '최초의~', '토착의~', '원주민의~'와 관련된 이런 말들은 전 세계의 다양한 전통적, 범신론적, 자연 중심의 토착 세계관의 발생과 소멸을 가치중립적으로 표현한 것으로 보면 된다.

9. Claude Lévi-Strauss, *The Savage Mind*(Chicago : University of Chicago Press, 1966), 14쪽.
10. 같은 책, 269쪽.
11. 같은 책, 268쪽.
12. 브리티시컬럼비아 원주민들 가운데 한 집단은 서양에서 말하는 "천연자원"에 가장 근접하는 개념을 그들 말로 "모든 생명의 운명을 좌우하는 것"이라고 명쾌하게 번역했다. 과거든 현재든 토착민 사회의 생각과 어휘가 자연계와 본능적으로 밀접한 유대 관계를 갖고 있다고 볼 때 토착민의 부족한 자원들을 개발하려던 노력은 역사적으로 서양보다도 훨씬 더 힘들고 고통스런 과정이었을 것이다.
13. Åke Hultkrantz, *Native Religions of North America*(San Francisco : Harper and Row, 1987), 24쪽.
14. Alfonso Ortiz, "Why Nature Hates the White Man," interviewed by Jane Bosveld, Omni(March 1990), 77쪽.
15. World Commission on Environment and Development, *Our Common Future*(Oxford and New York : Oxford University Press), 114~115쪽.

2장

1. Ernst Mayr, "Darwinian Flights"(interviewed by Carol A. Johnmann), in *The Omni Interview*(New York : Ticknor & Fields, 1984), 50쪽.
2. James D. Watson, Nancy H. Hopkins, Jeffrey W. Roberts, Joan A. Steitz, and Alan M. Weiner, *Molecular Biology of the Gene*, 4th ed.(Menlo Park, CA : Benjamin/Cummings, 1987).
3. Gerardo Reichel-Dolmatoff, *Amazonian Cosmos : The Sexual and Religious Symbolism of the Tukano Indians*(Chicago : University of Chicago Press, 1971), 142, 145쪽.
4. Lynn Margulis, *Early Life*(Boston : Science Books International, 1982), 138쪽.
5. Hamilton Tyler, *Pueblo Gods and Myths*(Norman : University of Oklahoma Press, 1964), 86, 104~108쪽.
6. Roger Sperry, "Changed Concepts of Brain and Consciousness : Some Value Implications," *Zygon : Journal of Religion and Science* 20 : 1(1985), 26쪽.
7. Joseph Campbell, *The Masks of God : Primitive Mythology*(New York : Penguin Books, 1976), 274쪽 ; Richard K. Nelson, *Make Prayers to the Raven*(Chicago and London : University of Chicago Press, 1983), 14, 16, 17, 53~54, 56쪽.
8. John R. Platt, *The Steps to Man*(New York : John Wiley and Sons, 1966), 185쪽.
9. Robin Ridington, *Trail to Heaven:Knowledge and Narrative in a Northern Native Community*(Vancouver/Toronto : Douglas & McIntyre, 1988).
10. Aldo Leopold, *A Sand County Almanac*(New York : Oxford University Press, 1968), 109쪽.
11. Signe Howell, *Society and Cosmos : Chewong of Peninsular Malaysia* (Chicago : University of Chicago Press, 1989), 63, 80, 85, 181, 182쪽.
12. Stephen Jay Gould, *The Mismeasure of Man*(New York : W. W. Norton, 1981), 324쪽.
13. Deborah Bird Rose, *Dingo Makes Us Human:Life and Land in an Aboriginal Culture*(Cambridge, MA : Cambridge University Press, in press), 64, 357~358, 378쪽.
14. Platt, *Steps to Man*, 185쪽.
15. Knud Rasmussen, "Intellectual Culture of the Caribou Eskimos," *Report of the Fifth Thule Expedition* 1921~1924, vol. 7, no. 2(Copenhagen, 1930), 79쪽 ; Knud Rasmussen, "Iglulik and Caribou Eskimo Texts," *Report of the Fifth Thule Expedition* 1921~1924, vol. 7, no. 3(Copenhagen, 1930), 59~60쪽.
16. George Wald, "The Search for Common Ground," *Zygon : Journal of Religion and Science* 11(1966), 46쪽.
17. 우리는 원전에서 '꿈의 시대'와 '꿈꾸는 시대'로 쓴 용어를 그대로 쓸 것이다. 이 용

어는 인류학 문헌에서 널리 사용되기 때문이다. 그러나 일부 오스트레일리아 학자들은 이 용어가 "현실과 동떨어진" 꿈이라는 의미를 함축하기 때문에 토착 원주민의 말(영어로 번역된 용어가 아닌) 또는 좀 더 중립적인 용어로 '창조 시대'를 쓰는 것이 낫다고 주장한다. 우리는 이것의 옳고 그름을 판단하기보다는 땅의 기원에 대한 원주민들의 생각을 뚜렷하게 전달하기 위해 '꿈의 시대'와 '꿈꾸기'를 '창조시대'와 서로 섞어가며 사용할 것이다.

3장

1. Howard T. Odum, *Environment, Power, and Society*(New York : John Wiley and Sons, 1971), 8쪽.
2. James Lovelock, *The Ages of Gaia*(Oxford : Oxford University Press, 1988).
3. Gerardo Reichel-Dolmatoff, *Amazonian Cosmos : The Sexual and Religious Symbolism of the Tukano Indians*(Chicago : University of Chicago Press, 1971).
4. Réne Dubos, *The World of Réne Dubos:A Collection of Historical Writings*, edited by Gerard Piel and Osborn Segerberg, Jr.(New York : Henry Holt, 1990), 386~387쪽.
5. John P. Harrington, *Ethnography of the Tewa*, 29th Annual Report, Bureau of American Ethnology(Washington, D. C., 1916), 46~47쪽; Alfonso Ortiz, *The Tewa World:Space, Time, Being and Becoming in Pueblo Society* (Chicago : University of Chicago Press, 1969), 13, 102, 103쪽.
6. James Lovelock, *The Ages of Gaia*, 22쪽.
7. Daryll A. Posey, "Indigenous Ecological Knowledge and Development of the Amazon," in *The Dilemma of Amazonian Development*, edited by Emilio F. Moran(Boulder, CO : Westview Press, 1983), 234~235쪽. 포시가 기록한 카야포족의 붉은 개미 이야기를 운문 형식으로 바꾸었다.
8. Edward O. Wilson, *Biophilia*(Cambridge, MA : Harvard University Press, 1984), 8쪽.
9. Harvey A. Feit, "The Ethno-Ecology of the Waswanipi Cree ; or How Hunters Can Manage Their Resources," in *Cultural Ecology*, edited by Bruce Cox (Toronto : McClelland and Stewart, 1973), 115~125쪽.
10. Charles Birch and John B. Cobb, Jr., *The Liberation of Life : From the Cell to the Community*(Cambridge and New York : Cambridge University Press, 1981), 83쪽.
11. Reichel-Dolmatoff, *Amazonian Cosmos*, 42쪽.
12. Odum, *Environment*, 244쪽.

4장

1. Alan Guth quth quoted in A.J.S. Rayl and K.T. McKinney, "The Mind of God,"

Omni 13 : 11(Aug. 1991), 48쪽에서 재인용.
2. Albert Einstein in quoted in Ronald W. Clark, Einstein : *The Life and Times*(New York : Avon Books, 1971), 243쪽에서 재인용.
3. Marguerite Anne Biesele, *Folklore and Ritual of !Kung Hunter-Gatherers*, 하버드대 제출 논문,(Cambridge, MA, 1975), 160~161, 168쪽 ; Joseph Campbell, *Historical Atlas of World Mythology*, vol. 1 : *The Way of Animal Powers*, part 1 : *Mythologies of the Primitive Hunters and Gatherers*(New York : Harper and Row, 1988), 90~101쪽 ; Hans J. Heinz, "The Bushmen's Store of Scientific Knowledge," in *The Bushmen : San Hunters and Herders of Southern Africa*, edited by Phillip V. Tobias(Cape Town and Pretoria : Human and Rousseau, 1978) ; Richard B. Lee, "What Hunters Do for a Living, or How to Make Out on Scarce Resources," in *Man the Hunter*, edited by Richard B. Lee and Irven de Vore(New York : Aldine Publishing Co., 1968), 3, 30~48쪽 ; Lorna Marshall, "!Kung Bushman Religious Beliefs," *Africa* 32 : 3(1962), 242쪽.
4. Albert Einstein in quoted in Ronald W. Clark, Einstein : *The Life and Times*(New York : Avon Books, 1971), 755쪽에서 재인용.
5. Gerardo Reichel-Dolmatoff, "Brain and Mind in Desana Shamanism," *Journal of Latin American Lore* 7 : 1((1981), 73~98쪽 ; Peter Knudtson, "Portraits of Neurons : The Artistry of Neuronatomist Santiago Ramón y Cajal," *Science* 85, May, 1985.
6. Lewis Thomas, *The Medusa and the Snail*(New York : Bantam, 1980), 128쪽.
7. Wilder Penfield quoted in George Wald, "The Cosmology of Life and Mind," in *Synthesis of Science and Religion : Critical Essays and Dialogues*, edited by T. D. Singh and Ravi Gomatam(San Francisco and Bombay : Bhaktivedanta Institute, 1988), 128쪽에서 재인용.
8. Darryl A. Posey, "Indigenous Ecological Knowledge and Development of the Amazon," in *The Dilemma of Amazonian Development*, edited by Emilio F. Moran(Boulder, CO : Westview Press, 1983), 225~257쪽.
9. Paul Ehrlich, *The Machinery of Nature*(New York : Simon and Schuster, 1986), 13쪽.
10. Signe Howell, *Society and Cosmos : Chewong of Peninsular Malaysia*(Chicago : University of Chicago Press, 1989), 44, 54, 66~67쪽.
11. Ehrlich, The Machinary of Nature, 291쪽.

5장

1. Santiago Ramóny Cajal, *Recollection of My Life*, E. Horne Craigie 번역. (Cambridge, MA : Harvard University Press), 1969.

2. Knud Rasmussen, "Intellectual Culture of the Caribou Eskimos," *Report of the Fifth Thule Expedition* 1921~1924, vol. 7, no. 2(Copenhagen, 1930). 키브카루크Kibkaruk가 구술함.
3. Loren Eiseley, *The Invisible Pyramid*(New York : Scribner's, 1970), 144쪽.
4. Harvey A. Feit, "The Ethno-Ecology of the Waswanipi Cree ; or How Hunters Can Manage Their Resources," in *Cultural Ecology*, edited by Bruce Cox(Toronto : McClelland and Stewart, 1973), 115~125쪽; Richard J. Preston, *Cree Narrative : Expressing the Personal Meaning of Events*, National Museum of Man Mercury Series, Canadian Ethnology Service, no. 30(Ottawa, 1975), 208쪽. 조지 헤드George Head가 노래.
5. Aldo Leopold, *A Sand County Almanac*(New York : Oxford University Press, 1968), 161쪽.
6. Signe Howell, Chewong Myths and Legends, Malaysian Branch of the Royal Asiatic Society, Monograph no. 11(Kuala Lumpur : M.B.R.A.S., 1982), xxiii~xxv, 72~73쪽; Signe Howell, *Society and Cosmos:Chewong of Peninsular Malaysia*(Chicago : University of Chicago Press, 1989), 143~144, 164~166쪽.
7. Niko Tinbergen, *The Study of Instinct*(Oxford : Clarendon Press), 1951, 16쪽.
8. Hans J. Heinz, "The Bushmen's Store of Scientific Knowledge," in *The Bushmen:San Hunters and Herders of Southern Africa*, edited by Phillip V. Tobias(Cape Town and Pretoria : Human and Rousseau, 1978).
9. Donald R. Griffen, *Animal Thinking*(Cambridge, MA : Harvard University Press, 1984), 47쪽.
10. Gerardo Reichel-Dolmatoff, *Amazonian Cosmos : The Sexual and Religious Symbolism of the Tukano Indians*(Chicago : University of Chicago Press, 1971), 80~86, 218~225, 274~275쪽; Gerardo Reichel-Dolmatoff, *The Shaman and the Jaguar : A Study of Narcotic Drugs Among the Indians of Colombia* (Philadelphia : Temple University Press, 1975), 92쪽.
11. Edward O. Wilson, *Biophilia*(Cambridge, MA : Harvard University Press, 1984), 324쪽.
12. Peter M. Knudtson, *The Wintun Indians of California*(Healdsburg, CA : Naturegraph Publishers, 1988) ; Dorothy Lee, "Linguistic Reflection of Wintu Thought," in *Freedom and Culture*(Englewood Cliffs, NJ : Prentice-Hall, 1979), 121, 128, 129쪽; Cora Du Bois, *Wintu Ethnography*, University of California Publications in American Archaeology and Ethnology, vol. 36(Berkeley : University of California Press, 1940), 73쪽.
13. George Wald, "Life and Mind In the Universe," *International Journal of Quantum Chemistry*, Quantum Biology Symposium no. 11(1984), 8쪽.

14. Francisco J. Varela, "Laying Down a Path in Walking : A Biologist's Look at a New Biology and Its Ethics," in *Human Survival and Consciousness Evolution*, edited by Stanislav Grof(Albany : State University of New York Press, 1988), 209쪽.

6장

1. Evelyn Fox Keller, *A Feeling for the Organism : The Life and Work of Barbara McClintock*(San Francisco : W. H. Freeman, 1983), 198~199쪽에서 재인용.
2. Richard K. Nelson, *Make Prayers to the Raven*(Chicago : University of Chicago Press, 1983), 17, 31, 47~57쪽.
3. Edward O. Wilson, *Biophilia*(Cambridge, MA : Harvard University Press, 1984), 84~85쪽.
4. Burger, *Gaia Atlas*, 36쪽 ; Jason W. Clay, *Indigenous People and Tropical Forests : Models of Land Use and management from Latin America*, Cultural Survival Report no. 27(Cambridge, MA : Cultural Survival, 1988), 55쪽 ; Darryl A. Posey, "Keepers of the Campo," *Garden*(Nov.~Dec. 1984), 8~32쪽 ; Darryl A. Posey, "Indigenous Ecological Knowledge and Development of the Amazon," in *The Dilemma of Amazonian Development*, edited by Emilio F. Moran(Boulder, CO : Westview Press, 1983), 225~256쪽.
5. Paiakan, quoted in Julian Burger, *The Gaia Atlas of First Peoples*(London : Anchor Books, Doubleday, 1990), 32쪽.
6. Chris Maser, *The Redesigned Forest*(San Pedro, CA : R. & E. Miles, 1988), 173~174쪽.
7. Signe Howell, *Society and Cosmos:Chewong of Peninsular Malaysia*(Chicago : University of Chicago Press, 1989), 18, 21, 24, 89, 92~94, 104, 159, 163쪽.
8. Arne Naess, *Ecology, Community, and Lifestyle:Outline of an Ecosophy*(New York : Bantam Books, 1988), 164~165쪽.
9. Carol Rubenstein, *The Honey Tree Song : Poems and Chants of Sarawak Dayaks* (Athens : Ohio University Press,1985).
10. Paul Ehrlich, *The Machinery of Nature*(New York : Simon and Schuster, 1986), 164쪽.

7장

1. Aldo Leopold, *A Sand County Almanac*(New York : Oxford University Press, 1949), 230~231쪽.
2. J. Donald Hughes, "How Much of the Earth Is Sacred Space?" *Environmental Review* 10 : 4(Winter 1986), 247~260쪽.
3. Sam D. Gill, *Sacred Words : A Study of Navajo Religion and Prayer*(Westport,

CT : Greenwood Press, 1981), 62~64쪽 ; Susan Kent, "Hogans, Sacred Circles and Symbols : The Navajo Use of Space," in *Navajo Religion and Culture : Selected Views*, edited by David M. Brugge and Charlotte J. Frisbie(Santa Fe : Museum of New Mexico Press, 1975), 128~137쪽 ; Ray B. Lois, *Child of the Hogan*(Provo, UT : Brigham Young University Press, 1978), 3쪽 ; Frank Mitchell, *Navajo Blessingway Singer*(Tucson : University of Arizona Press, 1978), 171~175쪽 ; Rik Pinxten, Ingrid van Dooren, and Frank Harvey, *Anthropology of Space : Explorations in the Natural philosophy and Semantics of the Navajo*(Philadelphia : University of Pennsylvania Press, 1983), 9~11쪽.
4. Loren Eiseley, *The Invisible Pyramid*(New York : Scribner's, 1970), 70쪽.
5. 이 설명은 19세기 말에 처음 지어진 오늘날 나바호 호간의 형태를 바탕으로 한 것이다. 이보다 앞선 설계는 여러 갈래의 막대를 사용해 원뿔 모양으로 지은 형태라고 한다. 어느 경우나 모두 맨바닥이며 원형이었다.
6. Gisday Wa and Delgam Uukw, *The Spirit of the Land: The Opening Statement of the Gitksan and Wets uweténr Hereditary Chiefs in the Supreme Court of British Columbia*(Gabriola, B.C. : Reflections, 1987), 7, 26쪽.
7. Roger Sperry, "Changed Concepts of Brain and Consciousness : Some Value Implications," *Zygon : Journal of Religion and Science* 20 : 1(summer 1983), 29쪽.
8. A. E. Newsome, "The Eco-Mythology of the Red Kangaroo in Central Australia," *Mankind* 12 : 4(Dec. 1980), 327~333쪽 ; W. E. H. Stanner, *White Man Got No Dreaming*(Canberra : Australian National University Press, 1974) ; T. G. H. Strehlow, *Aranda Traditions*(Melbourne : Melbourne University Press, 1947), 17, 26, 31, 36~37, 140쪽 ; Bruce Chatwin, *The Songlines*(New York : Penguin Books, 1987), 13쪽.
9. Leopold, *A Sand County Almanac*, 236쪽.
10. Lomayaktewa, Starlie, Mina Lansa, Ned Nayatewa, Claude Kewanyama, Jack Pongayesvia, Thomas Banyacya, Sr., David Monogye, and Carlotta Shattuck, "Statement of Hopi Religious Leaders"(1990년 3월 애리조나 키코소모비에 Kykotsomovie에서 반야크야Banyacya가 너슨Knudtson에게 준 등사판 성명서로 반야크야의 허락을 받아 인용).
11. Nicolas Peterson, "Totemism Yesterday : Sentiment and Local Organisation among the Australian Aborigines," *Man* 7 : 1(Mar. 1972), 13~32쪽.
12. Leopold, *A Sand County Almanac*, 176쪽.

8장

1. Stephen Hawking, *A Brief History of Time*(Toronto and New York : Cambridge University Press, 1988), 145쪽.

2. Knud Rasmussen, "Iglulik and Caribou Eskimo Texts," *Report of the Fifth Thule Expedition* 1921~1924, vol. 7, no. 3(Copenhagen, 1930), 125~126쪽. 달의 이름은 이기우가리우크Igyugaryuk가 알려주었다. 철자는 영어를 소리나는 대로 썼다.
3. James Lovelock, *The Ages of Gaia*(Oxford : Oxford University Press, 1988), 65쪽.
4. Robin Ridington, *Trail to Heaven : Knowledge and Narrative in a Northern Native Community*(Vancouver/Toronto : Douglas & McIntyre, 1988), 70, 78, 99, 104쪽.
5. Aldo Leopold, *A Sand County Almanac*(New York : Oxford University Press, 1966), 96~97쪽.
6. Berard Haile, *The Upward Moving and Emergence Way*(Lincoln : University of Nebraska Press, 1981), 129쪽 ; Rik Pinxten, Ingrid van Dooren, and Frank Harvey, "The Natural Philosophy of Navajo Language and world view," in *Anthropology of Space*(Philadelphia : University of Pennsylvania Press, 1983) ; Gladys A. Reichard, *Navaho Religion : A Study of Symbolism*, Bollingen Series(Priceton : princeton University Press, 1963), 159~160쪽.
7. Hawking, *Brief History*, 145쪽.
8. Gisday Wa and Delgam Uukw, *The Spirit of the Land : The Opening Statement of the Gitksan and Wets̓uweténn Hereditary Chiefs in the Supreme Court of British Columbia*(Gabriola, B.C. : Reflections, 1987), 23쪽.
9. Ilya Prigogine and Isabelle Stengers, *Order Out of Chaos : Man's New Dialogue with Nature*(New York : Bantam, 1984), 22~23쪽.
10. Condominas, Georges, *We Have Eaten the Forest : The Story of a Montagnard Village in the Central Highlands of Vietnam*, Adrienne Foulke가 불어로 번역. (New York : Hill and Wang, 1957), xvii, 4~5, 231~232, 254쪽.
11. Northrop Frye, *The Great Code : The Bible and Literature*(Toronto : Penguin Books, 1990), 124쪽.

9장

1. Victor B. Scheffer, *Spire of Form : Glimpses of Evolution*(University of Washington Press, 1983), 28쪽.
2. Ilya Prigogine and Isabelle Stengers, *Order Out of Chaos : Man's New Dialogue with Nature*(New York : Bantam, 1984), 312쪽.
3. Edward O. Wilson, *Biophilia*(Cambridge, MA : Harvard University Press, 1984), 140쪽.
4. Cora Du Bois, *Wintu Ethnography*, University of California Press Publications in American Archaeology and Ethnology, no. 35(1935), 75~76쪽 ; Peter Knudtson, "Flora, Shaman of the Wintu," *Natural History*, May 1975, 6쪽.
5. Aldo Leopold, *A Sand County Almanac*(New York : Oxford University Press,

1949), 183쪽.
6. Sam D. Gill, *Sacred Words : A Study of Navajo Religion and Prayer*, Contributions in Intercultural and Comparative Studies, no. 4(Westport, CN : Greenwood Press), 67쪽 ; Sam D. Gill, "The Trees Stood Deep Rooted," in *I Become Part of It*(New York : Parabola Books, 1989), 23~31쪽.
7. Aldo Leopold, *A Sand County Almanac*, 96쪽.
8. Darryl A. Posey, "Time, Space, and the Interface of Divergent Cultures : The Kayapó Indians of the Amazon Face the Future," *Revista de Antropologia* 25(1982), 89~104쪽.
9. Loren Eiseley, *The Invisible Pyramid*(New York : Scribner's, 1970), 115쪽.
10. Peter Raven, "What the Fate of the Rain Forests Means to Us," in *The Cassandra Conferences*, edited by Paul Ehrlich and John Holdren, 1988(College Station, TX. : Texas A & M University Press), 121쪽.
11. Gerardo Reichel-Dolmatoff, *Amazonian Cosmos : The Sexual and Religious Symbolism of the Tukano Indians*(Chicago : University of Chicago Press, 1971), 219쪽.
12. Gregory Bateson, *Steps to an Ecology of Mind*(New York : Ballantine Books, 1985), 492쪽.
13. Dorothy Lee, "Responsibility Among the Dakota," in *Freedom and Culture*(Englewood Cliffs, NJ : Prentice-Hall, 1959), 61~67쪽.
14. Alice Miller, *The Untouched Key : Tracing Childhood Trauma in Creativity and Destructiveness*(New York : Doubleday, 1990), 167쪽.
15. Signe Howell, *Society and Cosmos : Chewong of Peninsular Malaysia* (Chicago : University of Chicago Press, 1989), 132~133쪽.
16. Paul Davies quorted in A. J. S. Rayl and K. T. McKinney, "The Mind of God," *Omni* 13 : 11(Aug. 1991), 46쪽.
17. Alfonso Ortiz, *The Tewa World:Space, Time, Being and Becoming in Pueblo Society*(Chicago : University of Chicago Press, 1969), 21쪽.
18. Henry David Thoreau, *Walden*(Princeton : Princeton University Press, 1971).
19. 우리는 테와족 출신이며 산 후안 푸에블로족의 행동하는 지식인인 저명한 미국 인류학자 알폰소 오르티즈Alfonso Ortiz가 테와족의 정신적, 사회적 토대를 연구한 훌륭한 저서 『테와족의 세계*The Tewa World*』에서 생명의 싹 틔우기 의식이 지닌 여러 가지 특징들을 볼 수 있어서 행운으로 생각한다.

10장

1. John G. Neihardt, *Black Elk Speaks*(New York : Washington Square Press, 1959), 1쪽. 시애틀 추장의 경우처럼 검은 엘크가 한 말에 대한 신뢰성을 두고 최근 약간의

논쟁이 있다.
2. 콜로라도는 원주민 주술사와 치료사 같은 전통 원로들을 "과학자들"이라고 조심스럽게 말한다. 그녀는 또한 자연에 대한 원주민의 전통 지식을 "원주민 과학"이라고 부른다. 그녀가 이렇게 하는 까닭은 서양의 "지식 제국주의"가 원주민의 지식을 공격하고 헐뜯는 것에 대항하고, 원주민이 지닌 자연에 대한 지혜를 서양의 과학과 동등한 수준으로 올려놓기 위함이다. 우리는 "과학"이라는 용어를 서양의 자연을 이해하는 방식으로 한정해서 사용했는데 이것은 원주민의 생각을 폄훼하려는 것이 전혀 아니다.
3. Pam Colorado, "Bridging Native and Western Science," Convergence 21 : 2-3(1988), 57쪽.
4. Alice Miller, *The Untouched Key : Tracing Childhood Trauma in Creativity and Destructiveness*(New York : Doubleday, 1990), 155, 158쪽.
5. Howard T. Odum, *Environment, Power, and Society*(New York : John Wiley and Sons, 1971), 245쪽.
6. 흥미롭게도(만일 누군가가 많은 원주민 사상가들이 자연을 바라보는 그들의 생각과 과학적 인식 사이에 서로 일치하는 것이 있다는 것을 오래 전부터 알고 있었다는 것을 증명하라고 한다면) 가장 먼저 이 성명서를 제안한 사람은 유명한 아메리카 원주민 원로인 토머스 바냐챠Thomas Banyacya로 그는 수십 년 동안 특정한 호피족 전통 공동체의 대변인이었다.
이 성명서는 전 세계의 종교와 과학 지도자들이 서로 협력하여 "지구를 보존하고 보호"할 새로운 과학 정신을 만들어 낼 것을 긴급하게 호소한다.
7. Roger Sperry, "Changed Concepts of Brain and Consciousness : Some Value Implications," *Zygon : Journal of Religion and Science* 20 : 1(1985), 28쪽.
8. Gregory Bateson, *Steps to an Ecology of Mind*(New York : Ballantine Books, 1972), 464쪽.
9. Morris Berman, *The Reenchantment of the World*(New York : Bantam, 1989), 10, 186쪽.
10. Paul Ehrlich, *The Machinery of Nature*(New York : Simon and Schuster, 1986), 17~18쪽.
11. Howard T. Odum, *Environment, Power, and Society*, 253쪽.
12. J. Baird Callicott, "Traditional American Indian and Western European Attitudes Towards Nature : An Overview," in *In Defense of the Land Ethic:Essays in Environmental Philosophy*(Albany : State University of New York, 1989), 219쪽.
13. Claude Lévi-Strauss, *The Savage Mind*(Chicago : University of Chicago Press, 1966), 239쪽.
14. Alfonso Ortiz, "Why Nature Hates the White Man," *Omni*(March 1990), 97쪽.
15. Ruby Dunstan, 브리티시컬럼비아 리톤 인디언 구역 행정관을 역임하고 1990년 3

월 밴쿠버에서 열린 '산업과 환경에 관한 글로브 90 회의'에서 한 연설. Ruby Dunstan의 허락을 받아 인용.
16. Edward O. Wilson, *Biophilia*(Cambridge, MA : Harvard University Press, 1984), 139~140쪽.
17. Carolyn Tawangyoma, 1983년 10월, 애리조나 호테빌라에 호피족 자치 독립국가의 대변인이 낸 보도자료. *The Indigenous Voice : Visions and Realities*, edited by Roger Moody, International Work Group for Indigenous Affairs, Copenhagen(London and New Jersey : Zed Books, 1988), 189~190쪽에도 나옴.
18. Barry Commoner, *The Closing Circle : Nature, Man, and Technology*(New York : Knopf, 1971), 33~48쪽.
19. 1979년 4월 17일에 Six Nations Iroquois Confederacy가 "The Haudenosaunee 'People-of-the-Longhouse' Declaration of the Iroquois"를 선언, *Akwesasne Notes*에서 발간.(Spring 1979 ; *Akwesasne Notes*의 허락을 받아 인용) 이로쿼이족 협의체는 자신들의 선언이 세계에 널리 알려질 수 있도록 해달라고 요청.
20. Robert Jastraw quoted in A. J. S. Rayl and K. T. McKinney, "The Mind of God," *Omni* 13 : 11(Aug. 1991), 48쪽에서 재인용.
21. Thomas Banyacya, 호피족 종교지도자들의 대변인. "호피족이 세계 지도자들을 향해 유엔에 보내는 메시지"(1990년 3월 애리조나 키코소모비에Kykotsomovie에서 반야크야Banyacya가 너슨Knudtson에게 준 등사판 성명서로 반야크야의 허락을 받아 인용).
22. Ilya Prigogine and Isabelle Stengers, *Order Out of Chaos : Man's New Dialogue with Nature*(New York : Bantam, 1984), 32쪽.
23. *Popol Vuh, Dennis Tedlock*이 번역(New York : Simon and Schuster, 1985) ; D. G. Brinton, *The Books of Chilam Balam*, *The Indigenous Voice*, 15~16쪽에서 인용. Roger Moody 편집 ; Michael D. Coe, *The Maya*, 4th ed.(New York : Thames and Hudson, 1987) ; Rigoberta Menchu, *I Rigoberta Menchu –An Indian Woman in Guatemala*, edited by Elisabeth Burgos-Debray(London : Verso Editions, 1984) ; Jean-Maire Simon, *Guatemala : Eternal Spring –Eternal Tyranny*(New York and London : W. W. Norton, 1987).
24. Vine Deloria, *God Is Red*(New York : Grosset, 1973), 298쪽.

생명은 끝이 없는 길을 간다

초판 1쇄 인쇄일 · 2008년 7월 23일
초판 1쇄 발행일 · 2008년 7월 30일

지은이 · 데이비드 스즈키, 피터 너슨
옮긴이 · 김병순
펴낸이 · 양미자

편집 · 한고규선, 정안나
경영 기획 · 하보해
본문 디자인 · 이춘희

펴낸곳 · 도서출판 **모티브북**
등록번호 · 제 313-2004-00084호
주소 · 서울시 마포구 동교동 203-30 2층
전화 · 02-3141-6921, 6924 / 팩스 · 02-3141-5822
e-mail · motivebook@naver.com

ISBN 978-89-91195-26-4 03300

- 잘못된 책은 구입한 곳에서 바꾸어 드립니다.
- 이 책은 저작권법에 따라 보호를 받는 저작물이므로 무단 전재와 무단 복제, 광전자매체 수록을 금합니다. 이 책 내용의 전부 또는 일부를 이용하려면 도서출판 모티브북의 서명동의를 받아야 합니다.